Die Zeitschrift für Politikwissenschaft (ZPol) wird herausgegeben von:

Prof. Dr. Manuel Fröhlich,
Universität Trier

Prof. Dr. Karl-Rudolf Korte,
Universität Duisburg-Essen (geschäftsführend)

Prof. Dr. Stefan A. Schirm,
Ruhr-Universität Bochum

Prof. Dr. Hans Vorländer,
Technische Universität Dresden

Sonderband 2015 II

Lena Partzsch | Sabine Weiland (Hrsg.)

Macht und Wandel in der Umweltpolitik

Nomos

Die Deutsche Nationalbibliothek verzeichnet diese Publikation in der Deutschen Nationalbibliografie; detaillierte bibliografische Daten sind im Internet über http://dnb.d-nb.de abrufbar.

ISBN 978-3-8487-1969-3 (Print)
ISBN 978-3-8452-6113-3 (ePDF)

Redaktion: Dr. Ray Hebestreit
Adresse der Redaktion: NRW School of Governance, Institut für Politikwissenschaft, Universität Duisburg-Essen, Lotharstraße 53, 47057 Duisburg
Telefon: (0203) 379-4106
Fax: (0203) 379-3179
E-Mail: ray.hebestreit@uni-due.de

1. Auflage 2015

Inhalt

Teil IV: Schluss

Lena Partzsch

Umweltpolitik: Welche Macht führt zum Wandel?

Kurzfassung

Fragen nach Formen und Strukturen von Macht und Herrschaft stellen sich neu unter den Bedingungen der postnationalen und postdemokratischen Konstellation. Der Sonderband untersucht diese für das Politikfeld der Umweltpolitik, um Wandel und Stillstand in Richtung Nachhaltigkeit zu erklären. Die Autor/inn/en stützen sich dabei auf die drei Kategorien von ‚power over' (Zwang und Manipulation), ‚power to' (Gestaltungsfähigkeit) und ‚power with' (gemeinsames Handeln) als analytische Heuristiken. In diesem Einleitungskapitel werden die drei Machtkategorien jede für sich vorgestellt und erläutert, inwiefern sie in der Umweltpolitikforschung und speziell in diesem Sonderband Anwendung finden. Die übergeordneten Fragestellungen des Sonderbandes lauten: Wie hängen Macht und Wandel zusammen? Welche Arten von Macht gibt es, die einen politischen Wandel zu mehr Nachhaltigkeit fördern oder verhindern können?

Inhalt

1. Einleitung

Ziel dieses Sonderbandes ist ein besseres Verständnis dessen, was Wandel und Stillstand in politischen Steuerungsprozessen ausmacht. Unter den möglichen Herangehensweisen entscheiden wir uns in diesem Sonderband für einen Fokus auf *Macht*: Politik wird verstanden als strukturiert durch Machtbeziehungen. Gerade unter den Bedingungen der postnationalen und postdemokratischen Konstellation stellt sich die Frage nach den Formen und Strukturen von Macht und Herrschaft neu (Brodocz/Hammer 2013). Wer einen Wandel in Richtung einer nachhaltigen Entwicklung anstoßen oder auch die Stabilität des bestehenden gesellschaftlichen Systems verstehen will, muss sich die Machtfrage stellen.[1]

Für kaum ein anderes Politikfeld ist die Notwendigkeit zu einem radikalen Wandel so offensichtlich wie für die Umweltpolitik, die wir als empirisches Anwendungsfeld auswählen. Anthropogener Treibhauseffekt, Artensterben und Süßwasserverknappung sind beispielsweise Probleme, die bisher nur unzureichend adressiert werden. Die übergeordneten Fragestellungen des Sonderbandes lauten: Wie hängen Macht und Wandel zusammen? Welche Arten von Macht gibt es, die einen politischen Wandel zu mehr Nachhaltigkeit fördern oder verhindern können? Sie werden am Beispiel der Umweltpolitik untersucht.

Das innovative Potenzial und die politikwissenschaftliche Relevanz des Sonderbandes liegen insbesondere in der Übersetzungsleistung politischer Theorien für die empirisch-analytische Anwendung. Es werden aktuelle Debatten zu Machtkonzepten und -theorien aus unterschiedlichen ontologischen und epistemologischen Lagern zusammengebracht. Wir ordnen diese den drei idealtypischen Verständnissen von ‚power over', ‚power to', und ‚power with' zu (siehe unten).

Die Möglichkeit von politischem Wandel ist eng mit der Frage nach Macht verbunden. Jedoch ist kaum ein Konzept in der Politikwissenschaft so umstritten wie der Begriff der Macht. In der politischen Theorie haben sich teils sehr unterschiedliche Verständnisse von Macht herausgebildet. Während Weber (1972) das berühmte Verständnis von Macht als Durchsetzung des eigenen Willens in einer

1 Die Machtfrage impliziert Fragen nach Einfluss, Gewalt, Herrschaft und Autorität. Einfluss und Gewalt werden im Artikel weitgehend synonym zu ‚power over' verwendet. Auch Herrschaft im Sinne von Dominieren lässt sich diesem Machtverständnis zuordnen, insofern ‚power over' sich auf eine asymmetrische Beziehung und damit Herrschaft von Akteuren, Strukturen und/oder Diskursen *über* andere bezieht. Herrschaft wird im Artikel aber auch als positiv konnotierte ‚Leadership' im Sinne der Ermächtigung Einzelner, im Namen Anderer zu handeln, unter ‚power with' diskutiert. Eine solche Leadership kann zudem als Autorität, verstanden als legitimierte Macht, ausgelegt werden; die Frage der Legitimität unterschiedlicher Machtverständnisse wird im Artikel jedoch zurückgestellt (Partzsch 2014: 123-146).

asymmetrischen Relation etablierte, wurde Macht in originären Debatten, angefangen bei Dahl (1957), selbstverständlich mit Zwang (‚power over') gleichgesetzt – A bekommt B dazu, etwas zu tun, was B sonst nicht täte. Dabei wurden wenig später schon alternative Theorien zu Macht von Parsons (1963) als Gestaltungsfähigkeit (‚power to') und von Arendt (1970) als gemeinsames Handeln (‚power with') entwickelt.

Jüngst gewinnen zudem kritische und (post-)strukturalistische Ansätze an Bedeutung, für die das Verhältnis von Wissen und Macht eine zentrale Rolle spielt (Beck u. a. 2014; Voss 2010). Sie beziehen sich auf Foucault (1979, 1982), der in seinen späten Arbeiten darauf hinweist, dass Macht nicht nur Unterdrückung bedeutet, sondern gleichzeitig positiv wirkt und Gestaltungsräume eröffnen kann. Auf Verbindungen von Zwang und Konsens hat auch Gramsci (2008) in seinen Arbeiten hingewiesen. Neuere Ansätze haben diese Diskussionen aufgegriffen und sprechen zunehmend von diskursiver Macht (Fuchs/Kalfagianni 2009; Methman/Rothe/Stephan 2013; Mert 2009).

Allen (1998) führte die Debatten durch die drei Begrifflichkeiten von ‚power over', ‚power to' und ‚power with' zusammen. Die drei Konzeptionen bilden die übergeordnete Gliederungsebene des Sonderbandes. Sie fungieren als analytische Heuristiken, die sich in der empirischen Forschung nicht ohne weiteres trennen lassen. Die unterschiedlichen Verständnisse als analytische Zugänge und in der Praxis bestehende Formen der Machtausübung sind miteinander verbunden. Uns geht es in der Gesamtkonzeption des Sonderbandes deshalb weniger darum, eine dieser Sichtweisen gegen die anderen abzuwägen. Es wird vielmehr der Nexus zwischen Macht und Wandel am Beispiel der Umweltpolitik diskutiert. In diesem Einleitungskapitel werden die drei Machtkategorien deshalb zunächst jede für sich vorgestellt und erläutert, inwiefern sie allgemein in der Umweltpolitikforschung und speziell in diesem Sonderband Anwendung finden. Im Schlusskapitel werden die Verbindungen zwischen ‚power over', ‚power to' und ‚power with' in Hinblick auf die Auslösung und Verhinderung von Wandel in Richtung Nachhaltigkeit diskutiert.

2. ‚Power over' – Umweltschutz ‚von oben'

‚Power over' meint Macht über Andere – über Akteure, Strukturen und Diskurse. Analytisch lassen sich in dieser Kategorie mindestens vier Machtdimensionen unterscheiden: erstens, ‚sichtbare' Macht; zweitens, ‚verdeckte' Macht; drittens, ‚unsichtbare' Macht und, viertens, meist ‚unbewusste' Macht (Gaventa 2006: 29; Partzsch 2014: 60-66).

In der *ersten Dimension* wird Macht direkt und sichtbar ausgeübt (wobei natürlich nicht die Macht selbst, sondern nur ihre physischen Mittel sichtbar sind), z. B. Lobbying oder Parteifinanzierung durch nicht-staatliche Akteure, aber auch Polizei- und Militärgewalt durch den Staat (Fuchs 2006: 149). Dahl (1957: 201, meine Hervorhebung) definiert: „A has *power over* B to the extent that he can get B to do something that B would not otherwise do".

Hubo und Krott (in diesem Band) plädieren, um einen Wandel in Richtung Nachhaltigkeit zu erreichen, für einen entsprechenden Umweltschutz ‚von oben'. Sie illustrieren, wie Naturschutzvertreter/innen einseitig Einfluss auf die Forstpolitik über Aufklärung nehmen können. Ein Wandel zu mehr Waldnaturschutz gegen den Widerstand des Forstsektors kann dem Beitrag von Hubo und Krott zufolge aber vor allem mittels regulativer Politik, verbunden mit Polizeigewalt, Strafzahlungen etc. erreicht werden.

Die machttheoretische Forschung verweist darauf, dass noch entscheidender dafür, ob es tatsächlich zu einem Wandel kommt oder nicht, vielfach ‚verdeckte' Machtstrukturen sind, die indirekt wirken und denen sich niemand offensichtlich widersetzt. Bachrach und Baratz (1962: 947) sprechen von „zwei Gesichtern der Macht". Sie weisen darauf hin, dass einige Themen gar nicht erst auf die politische Agenda kommen und schon verworfen werden, bevor beobachtbare Verhandlungen beginnen. In der empirischen Anwendung erfasst die *zweite Machtdimension* vor allem die aus der Kapitalmobilität erwachsende Macht von Unternehmen (Cox 1987; Fuchs 2006). Im globalisierten Wettbewerb stehen Nationalstaaten und auch subnationale politische Einheiten zunehmend im Wettbewerb miteinander, und Unternehmen profitieren davon: Um Investitionen anzuziehen und Arbeitsplätze zu erhalten, deregulieren Staaten ihre Märkte und bauen u. a. Umweltstandards ab (Altvater/Mahnkopf 1999). Dabei muss die Gefahr, dass Unternehmen im Ausland investieren könnten, gar nicht geäußert werden, und trotzdem bewirkt sie politische Entscheidungen zu Gunsten der Unternehmen (Fuchs 2006).

Gerade die Wirkung dieser zweiten Machtdimension wurde für die Umweltpolitik intensiv diskutiert. Empirisch lässt sich ein ‚Wettlauf nach unten' nicht eindeutig nachweisen. Einige Autor/inn/en stellen sogar im Gegenteil einen ‚Wettlauf nach oben' fest: Umweltpolitische Regulierung nimmt zu und verbreitet sich weltweit (Holzinger 2007; Jänicke 2008). Dass der zunehmende Anteil von spekulativem Finanzkapital in globalen Kapitalströmen allerdings mit einer wachsenden Unabhängigkeit von Produktionsstandorten einhergeht, ist auch für die Umweltpolitik kaum von der Hand zu weisen (Sassen 2005). Trotz sich verdichtender umweltpolitischer Regulierung steht ein Wandel, der das gesellschaftliche System in Richtung Nachhaltigkeit zu reformieren vermag, weiter aus.

Neben der Macht im Standortwettbewerb verfügen Wirtschaftsunternehmen zudem in immer stärkerem Maße über Macht, selbst Regeln zu setzen, was ebenfalls in den Bereich verdeckter ‚power over' fällt. Als komplexer, in den 1980ern relativ spät institutionalisierter Problembereich ist die Umweltpolitik geprägt durch nicht-staatliche Akteure und Prozesse, die intensiv untersucht werden (Bulkeley/Jordan 2012; Pattberg/Betsill/Dellas 2011). Die Zahl der Selbst- und Ko-Regulierungsinstitutionen und der Grad an Autonomie und Einfluss nicht-staatlicher Akteure – vor allem von Unternehmen, aber auch Nichtregierungsorganisationen (NGOs) – ist besonders hoch (Mert 2009; Partzsch 2007).

In der *dritten Dimension* werden Machtverhältnisse in den Blick genommen, die mit latenten Interessenkonflikten in Verbindung stehen (Lukes 1974: 23). Macht resultiert aus dieser Perspektive vorwiegend aus ideellen systemischen Faktoren. Interessenkonflikte werden in dieser Dimension weder offen ausgetragen noch sind sie bloß ‚verdeckt'. ‚Unsichtbare' Macht wirkt durch Normen und Ideen (Gaventa 2006: 29). Sie spiegelt sich in Diskursen, Kommunikationspraktiken, kulturellen Werten und Institutionen wider, die Handlungen und Gedanken manipulieren (Inhetveen 2008: 260). Lukes (1974: 23, meine Hervorhebungen) hat sie, anknüpfend an Gramsci und dessen Konzept der Hegemonie, als ‚power over' definiert:

> "To put the matter sharply, A may exercise *power over* B by getting him to do what he does not want to do, but he also exercises *power over* him by influencing, shaping, or determining his very wants. Indeed, is it not the supreme exercise of power to get another or others to have the desires you want them to have – that is, to secure their compliance by controlling their thoughts and desires?"

Brand und Görg (2002: 14) identifizieren entsprechend dieser dritten Machtdimension „Mythen globalen Umweltmanagements" und kritisieren am politisch-institutionellen Diskurs um nachhaltige Entwicklung eine ‚technokratische' und ‚von oben' gedachte Politikausrichtung (so auch Jessop 2012; Voss 2010). Inzwischen finden sich zahlreiche Studien im Forschungsfeld der Umweltpolitik, die sich kritisch mit spezifischen Begriffen und Diskursen auseinandersetzen. Altmann (in diesem Band) zeigt, wie der Begriff des ‚Guten Lebens' (‚Buen Vivir' oder ‚Sumak Kawsay'), der in den 1990er Jahren in Ecuador durch die Indigenenbewegung entwickelt wurde, allmählich zu einer Alternative zum gesamten bestehenden System überhöht wurde. Weil Konflikte um dessen Bedeutung vor allem im Bereich Ökologie und Kapitalismuskritik ausgeblendet werden, dient er ‚unsichtbar' der Ausübung von ‚power over' durch dominante und nur vorgeblich alternativen Interessen und Ideen.

Internationale Umweltabkommen werden aus diesem Machtverständnis heraus als Instrument stärkerer, durch Eigeninteressen geleiteter Akteure gesehen (Brand/Görg 2002: 14). Mithilfe der (neo-)gramscianischen Internationalen Politischen Ökonomie werden Herrschaftsverhältnisse identifiziert. So zeigen Häfner und Brunnengräber (in diesem Band), wie beim Umgang mit den Hinterlassenschaften des fossil-nuklearen Energiesystems (Stichwort: ‚Endlagerung') Herrschaftsverhältnisse trotz gegenteiliger Bekundungen nur reproduziert werden. Die staatlich dominierte Problembearbeitung und -deutung wird institutionell neu abgesichert, während eine anspruchsvolle Einflussnahme durch betroffene Bürger/innen nicht erfolgt.

Eine weitere spannende Auseinandersetzung ist vor dem Hintergrund der dritten Machtdimension das Für und Wider einer „Weltumweltorganisation“ (Biermann/Simonis 2000): Diverse Autor/inn/en wollen eine Umweltorganisation im Rahmen der UN zur „Regulierung der Anthroposphäre“ (Biermann u. a. 2012: 1, eigene Übersetzung) und als „Gegengewicht“ zur Welthandelsorganisation (WTO) etablieren (Sachs/Santarius 2005; Zelli 2010). (Neo-)Gramscianische Ansätze verdeutlichen aber, dass selbst die UN hegemonialen Diskursen unterliegen und zur Verfestigung von Herrschaftsstrukturen beitragen (Lederer 2012; Levy/Newell 2004). Die Schaffung einer Weltumweltorganisation wäre aus dieser Perspektive eher „Kitt des neoliberalen Scherbenhaufens“ (Brand/Görg 2002: 1) als Garant für weltweiten Umweltschutz.

In einer *vierten Dimension* der Macht lässt sich auch die normative Beeinflussung nicht nur von B (wie im obigen Zitat von Lukes), sondern auch von A selbst untersuchen (Digeser 1992; Haugaard 2011). Konstruktivisten haben in diesem Zusammenhang und unter Bezugnahme auf Foucault und Bourdieu auf Verbindungen zwischen Wissen, Macht und Politik hingewiesen (Barnett/Duvall 2005). Diskurse und Strukturen üben ‚power over‘ letztlich mittels des vorhandenen Wissens sowohl über A als auch B aus. Es sind zwar die Akteure, die hauptsächlich zur Reproduktion von Systemen und Positionen beitragen (Guzzini 2007). Macht meint nach diesem Verständnis aber, dass Subjektivität bzw. Individualität soziale Konstrukte sind, deren Bildung historisch beschrieben wird (Digeser 1992). Die oft unbewusste Macht eines Akteurs hängt nicht nur von seiner Wahrnehmung als legitimem politischem Akteur durch Andere, sondern auch durch ihn oder sie selbst ab.

In der vierten Dimension ist Macht nicht nur als repressiv (‚power over‘), sondern hat in Verbindung mit Wissen auch eine produktive Wirkung (‚power to‘ – siehe unten). Die Wirkungsweise ist sowohl eine beschränkende als auch ermöglichende Konstitution (Göhler 2004). So grenzen ‚grüne‘ Gestaltungsdiskurse durch Ignoranzzonen und Disziplinardynamiken auf der einen Seite aus. Altmann (in diesem

Band) zeigt, wie der andauernde diskursive Konflikt um das ,Gute Leben' aber auch produktiv ist: Jeder Akteur ist gezwungen, beständig neue Texte, Definitionen und Bedeutungen zu produzieren.

In der Umweltpolitikforschung spielen solche kritischen und post-strukturalistischen Machtverständnisse eine wachsende Rolle (Beck u. a. 2014; Okereke/Bulkeley/Schroeder 2009). Unter dem Schlagwort „Eco-Gouvernementalität" entstehen immer mehr diskursanalytische Studien, für die Wissen und Framing eine zentrale Rolle spielen (Methman/Rothe/ Stephan 2013; Oels 2010). Umweltprobleme werden danach jeweils mittels einer bestimmten Rationalität des Regierens hervorgebracht, die Foucault (1982) als Gouvernementalität bezeichnet. Neben Ansätzen von Hajer zu Diskurskoalitionen (Hajer/Versteeg 2005) kommen vor allem Untersuchungen zu kulturellen Hegemonien (z. B. Laclau/Mouffe 1985) und kritische Diskursanalysen (z. B. Fairclough/Wodak 1997) zur Anwendung. Jüngst forderten Beck u. a. (2014) einen „reflexive turn" für die internationale Klima- und Biodiversitätspolitik ein: Angesichts dessen, dass es nicht nur die *eine* Lösung für das Klimaproblem gibt, schlagen sie vor, auch die Steuerung von Expertise durch Organisationen wie den internationalen Klima- und Biodiversitätsrat (IPCC und IPBES) stärker politisch zu reflektieren.

Hinsichtlich der theoretischen Reflektion des in der Umweltpolitik vorherrschenden Machtverständnisses, um das es uns in diesem Sonderband geht, ist entscheidend, dass Macht als ‚power over' inzwischen in wachsendem Maße thematisiert wird. Die entsprechenden Beiträge gehen in der Mehrzahl über die Analyse direkter, sichtbarer Macht hinaus und beachten verdeckte, unsichtbare und unbewusste Formen der Macht, die allzu oft übersehen werden. Wer nach ‚power over' in der Umweltpolitik fragt, richtet den Blick auf unberücksichtigte Alternativen bei ihrer Gestaltung und auf benachteiligte Akteure sowie marginalisierte Strukturen im Umgang mit Umwelt und Naturverhältnissen. Charakteristisch für Studien, die nach ‚power over' fragen, ist die Annahme, dass es eine Konkurrenz um Alternativen gibt.

3. ‚Power to' – Gestaltungsfähigkeit und ‚grüner' Widerstand

Während Studien, die auf einem Machtverständnis von ‚power over' basieren, auf die Konkurrenz zwischen Alternativen fokussieren, geht es weiten Teilen der Umweltpolitikforschung schwerpunktmäßig um den Imperativ zur ‚grünen' Emanzipation, die auf den Schutz der Umwelt und die Erhaltung der natürlichen Lebensgrundlagen zielt. Pitkin (1985: 276) stellt heraus, dass

„eine Person [...] auch die Macht haben [kann], etwas aus eigener Kraft zu tun oder zu erledigen [power to], und diese Macht ist keineswegs relational; sie kann zwar andere Personen mit befassen, wenn das, wozu die Macht imstande ist, in einer sozialen oder politischen Aktion zum Ausdruck kommt, aber das ist hierfür nicht notwendig“ (Übersetzung aus Göhler 2004: 245)[2].

Ein Beispiel wäre, dass ein Akteur (‚B‘) einen nachhaltigen Lebensstil (Mobilität durch Radfahren; Anbau biologischer Lebensmittel etc.) praktiziert, ohne dass es die Erlaubnis dafür oder überhaupt Einmischung eines anderen Akteurs (‚A‘) braucht. So können sich ebenso (Parallel-/Alternativ-)Strukturen und Diskurse entwickeln. Gewissermaßen in Erweiterung zu Pitkins Definition von ‚power to‘ berücksichtigen Barnett und Duvall (2005: 10) bei ihrer Definition zudem soziale Beziehungen, die das Handeln einzelner Akteure (z. B. von Umweltaktivist/inn/en) zumindest indirekt beeinflussen:

„Concepts of power tied to social relations of constitution [...] consider how social relations define who are the actors and what are the capacities and practices they are socially empowered to undertake; these concepts are, then, focused on the social production of actors’ ‘power to’.“

Beispielhaft lässt sich das am Akteur, der sich einen nachhaltigen Lebensstil zulegt, illustrieren, insofern Biolebensmittel in Deutschland in erster Linie in einem Umfeld mit überdurchschnittlichem Bildungsstand und Einkommen konsumiert werden, das die Einzelnen prägt (und im Sinne von ‚power over‘ unter Druck setzt, sich dem Umfeld angepasst zu verhalten). Nichtsdestotrotz ist der oder die Einzelne (oder Gruppe) fähig, etwas zu gestalten im Sinne von Parsons‘ Verständnis politischer Macht als „to get things done“ (Parsons 1963: 232). Das gilt insbesondere, wenn die Ziele der jeweiligen Akteure (zunächst) durch Widerstand oder Opposition blockiert werden. Ein solches Machtverständnis liegt weiten Teilen der Umweltpolitikforschung zugrunde. Am deutlichsten wird es in der Bewegungsforschung (Rucht 1996; Schreurs/Papadakis 2009).

Das Bild vom Kampf ‚David gegen Goliath‘ wird oft heraufbeschworen (z. B. Radloff 2001), wobei anders als bei ‚power over‘ nicht die Tötung des Goliath, z. B.

2 Göhler (2000) kritisiert die Unterscheidung in ‚power over‘ und ‚power to‘ und schlägt stattdessen eine Unterscheidung von „transitiver“ und „intransitiver“ Macht vor. Transitive Macht versteht er als Vermögen von Akteuren, sich gegen Andere durchzusetzen (ohne Zwang oder Gewalt auszuüben). Intransitive Macht richtet sich dagegen nicht gegen Andere. Gemeint ist die Selbstermächtigung einer Gruppe, gemeinsam zu handeln. Voraussetzung dafür ist ein Grundwertekonsenses und gemeinsame Praktiken, wie sie in Prozessen von ‚power with‘ (von Göhler nicht diskutiert) entwickelt werden.

umweltverschmutzender Unternehmen, sondern die Handlungsfähigkeit des David im Vordergrund steht. Die Goliaths sollen sich zu nachhaltigen Akteuren wandeln – allerdings durch das Erstarken grüner Ideen und Werte, nicht wie bei ‚power over' in Folge von Zwang und Manipulation. Walk (2011: 1) fragt im Sinne dieses Machtverständnisses nach der „Gestaltungskraft" von NGOs; sie werden als Gegengewicht zu staatlicher Politik, Wirtschaft und neoliberaler Globalisierung gesehen. Dem ‚grünen' Widerstand der NGOs gegenüber anderen Akteuren ist es der entsprechenden Forschung zufolge zu verdanken, wenn internationale Abkommen stärker im Sinne des Umweltschutzes ausfallen (auch wenn andere Akteure das zu verhindern suchen) (Wapner 2000). Ihre Ermächtigung dient demnach Umwelt und Gesellschaft; ihr Widerstand wird nicht nur als legitim, sondern sogar als vorbildlich erachtet, z. B. ihr Engagement in der Klimapolitik (Betsill 2006) und ihr Widerstand gegen Atomkraft (Kolb 2002).

Untersucht wird in der entsprechenden Forschung inzwischen vor allem, welchen Akteuren tatsächlich wie viel Einfluss zukommt. So untersuchen Glaab und Fuchs (in diesem Band) das Potenzial glaubensbasierter Akteure (GBAs), alternative Narrative im Nachhaltigkeits-Diskurs bereit zu stellen. GBAs problematisieren ethische Herausforderungen der ökologischen Krise und führen einen normativen Diskurs, der sich vorrangig auf religiöse Praktiken anstatt auf liberale Wachstumsnorm und globale Nachhaltigkeits-Governance bezieht.

Möldner (in diesem Band) fragt nach der „emanzipatorischen Macht der Diskurse" am Beispiel der Medienberichterstattung zum Atomausstieg. Er zeigt, dass die Medien nicht nur Austragungsort für Diskurse sind, sondern selbst aktiv an der Wissensproduktion teilnehmen. Nach dem Reaktorunfall von Fukushima 2011 kam es zu einem „dynamischen Diskurswandel". Das Deutungsmuster der Gegner, wonach Atomkraft ein zu großes Risiko darstellt, wurde von einer immer größer werdenden Masse kollektiver Akteure, einschließlich aller etablierten Parteien, unterstützt, während Deutungsmuster der Befürworter schlicht an Relevanz verloren. So kann laut Möldner der erfolgreiche Widerstand gegen die Atomkraft in Deutschland erklärt werden

Peuker (in diesem Band) untersucht „Community Supported Agriculture" (CSA) als eine sich herausbildende Alternative zu etablierten landwirtschaftlichen Praktiken der Produktion und des Vertriebes. Macht wirkt in den CSA-Projekten im Sinne von ‚power to' produktiv in der Herstellung von Teilnehmer/innen (statt „Konsument/innen") und Produzent/innen (statt „Landwirt/inn/en") als ökonomische, soziale und politische Subjekte, die dazu befähigt werden, ihre Alltagspraktiken zu verändern. Peuker hinterfragt jedoch deren tatsächliche Gestaltungsfähigkeit angesichts der Rahmenbedingungen, angefangen von Definitionen und Regeln in Handbüchern, die die beteiligten Akteure sozial konstituieren.

Wie lässt sich das Verständnis von ‚power to' in der Umweltpolitikforschung theoretisch reflektieren? In diesen Debatten gibt es wie bei ‚power over' zunächst ein klares Gegenüber (z. B. Befürworter der Atomkraft bzw. befürwortende Narrative und Diskurse; konventionelle Landwirtschaft). „Pioniere des Wandels" oder „Agenten der Transformation" (WBGU 2011: 241, 287) sind – zumindest zunächst – nur bestimmte Akteure (z. B. GBAs, Anti-Atom- und CSA-Bewegungen). Aus ‚power to'-Perspektive leitet sich für die Pioniere aber im Unterschied zu ‚power over' nicht aufgrund von Eigeninteressen und Konkurrenz, sondern aufgrund normativ höher gestellter Werte, ein Imperativ zum Handeln ab. Das Handeln von Akteuren oder auch bestimmter Diskurse und Strukturen richtet sich nicht (in erster Linie) *gegen* andere, sondern sie stehen *für* bestimmte Werte und Entwicklungen.

4. ‚Power with' – Leadership für die Umwelt

Während sich ‚power to' nur auf einzelne, abgrenzbare Akteure und Diskurse bezieht, die sich als widerständig verstehen und sich emanzipieren, geht es bei ‚power with' schließlich um kollektives Empowerment und Solidarität, die nicht nur eine kleine Gruppe, sondern von Anfang an die gesamte Gesellschaft betrifft. Der Umweltpolitikforschung liegt häufig ein noch stärker positiv konnotiertes Machtverständnis zugrunde, als im vorangegangenen Abschnitt dargestellt. ‚Power with' ist ein Begriff, der sich weniger auf die Verbreitung bereits bestehender Normen (z. B. die Verbreitung des europäischen Emissionshandelssystems als globales Modell, vgl. dazu den Beitrag von Lindenthal in diesem Band) als vielmehr die Entwicklung geteilter Werte, den Prozess des Findens von Gemeinsamkeiten und die Schaffung kollektiver Stärke durch Organisation bezieht (z. B. Verständigung darüber, wie Staaten gemeinsam Treibhausgasemissionen im Luft- und Seeverkehr reduzieren wollen, ob überhaupt mittels Marktmechanismen und in einem global einheitlichen Modell) (Gaard 2010: 71-72; Partzsch 2014: 66-69). ‚Power with' meint Lernprozesse, einschließlich des sich selbst Hinterfragens und neuer Bewusstseinsbildung von Individuen und/oder einer Gruppe (Eyben/Harris/Pettit 2006: 8-9).

Allen (1998: 35) definiert ‚power with' als „the ability of a collectivity to act together for the attainment of a common or shared end or series of ends". Sie stützt sich auf das Machtverständnis von Arendt.[3] Macht wird bei Arendt als Gewinn und Erhalt von gemeinsamer Handlungsfähigkeit verstanden und bezieht sich immer auf eine Gruppe bzw. eine Gemeinschaft von Individuen. Arendt (1970: 45) definiert Macht positiv als das Zusammenwirken von freien Menschen im politischen Raum zugunsten des Gemeinwesens:

> „Macht entspricht der menschlichen Fähigkeit, nicht nur zu handeln oder etwas zu tun, sondern sich mit anderen zusammenzuschließen und im Einvernehmen mit ihnen zu handeln. Über Macht verfügt niemals ein Einzelner; sie ist im Besitz einer Gruppe und bleibt nur solange existent, als die Gruppe zusammenhält. Wenn wir von jemandem sagen, er ‚habe die Macht', heißt das in Wirklichkeit, dass er von einer bestimmten Anzahl von Menschen ermächtigt ist, in ihrem Namen zu handeln."

Dieses positiv konnotierte Machtverständnis findet sich in der Umweltpolitikforschung in Youngs viel zitierter Definition von Leadership bzw. des einzelnen ‚Leader', der die Macht in internationalen Umweltverhandlungen hat, wieder:

> „Leadership [...] refers to the actions of individuals who endeavor to solve or circumvent the collective action problems that plague the efforts of parties seeking to reap joint gains in processes of institutional bargaining" (Young 1991: 285).

Der Leader setzt sich bei Young im Sinne von ‚power with' für das Gemeinwohl ein. Entscheidend ist diese Orientierung des Leaders, die sich nicht gegen Andere wendet – auch wenn er (oder sie) dafür materielle (‚hard') und nicht nur ideelle (‚soft') Anreize einsetzt, wie Lindenthal (in diesem Band) erläutert. Hinzu kommt als zweites entscheidendes Kriterium einer Leadership, die sich als ‚power with' auslegen lässt, dass die Gefolgschaft freiwillig erfolgt (und damit keine Unterordnung im engeren Sinne meint, sondern im Sinne Arendts eine Ermächtigung des Leaders, im Namen der Gruppe zu handeln). Als Beispiel führt Young u. a. Tommy Koh an, den Präsidenten der Dritten UN-Konferenz zum Seerecht (UNCLOS), der das internationale Seerechtsregime nicht zugunsten von Partikular-, sondern von Gemeinwohlinteressen erkämpfte (so auch Skodvin/Andresen 2006).

Die (umfassende) Forschung zu Vorreiter- bzw. Pionierländern basiert auf Youngs Verständnis von Leadership (explizit u. a. in Wurzel/Connelly 2010). In-

3 ‚Power with' ist nicht identisch mit Arendts Machtverständnis bzw. wird dessen Operationalisierung Arendt selten gerecht. So bauen auch deliberative Demokratietheorien auf Arendts Machtverständnis auf, ohne es direkt umgesetzt zu finden (Dryzek 2000; Habermas 1992; Prittwitz 1996). Anders als deliberative Prozesse umfasst ‚power with' nicht nur das miteinander Reden, sondern auch Handeln.

ternationale Umweltkonventionen an sich, z. B. UNCLOS, werden als erstrebenswert dargestellt. Ihr Aufkommen, ihre Diffusion, Effizienz und/oder Effektivität werden entsprechend mit dem – zumindest impliziten – Ziel untersucht, sie zu fördern und zu verbreiten (Breitmeier/Young/Zürn 2006; Young 2002). In diesem Forschungsstrang geht es um die für den Umweltschutz sinnvolle Ausgestaltung einer politischen Architektur jenseits des Nationalstaates, die „Steuerung der Anthroprozän“, einschließlich privater Regime (Biermann u. a. 2012).

Vorreiterländer, z. B. die EU, sind nach dem zugrundeliegenden Machtverständnis nur ermächtigt und nicht selbst machtvoll. Die EU wird als „normative Macht“ (Manners 2002) untersucht, die die Verbreitung bestimmter, kollektiv geteilter Normen und – oft in Abgrenzung zu den USA – nicht vorrangig ihr Eigeninteresse verfolgt (z. B. Gupta/Grubb 2000; Lightfoot/Burchell 2005; Wurzel/Connelly 2010). Lindenthal (in diesem Band) grenzt dieses auf ‚power with‘ basierende Leadership-Verständnis von in der Forschung der Internationalen Beziehungen bestehenden Definitionen von Leadership als ‚power over‘ ab (insbesondere Nye 2008). Sie untersucht die Rolle der EU in der internationalen Umweltpolitik anhand der Fälle der internationalen Verhandlungen der Internationalen Zivilluftfahrtsorganisation (ICAO) und der Internationalen Seeschifffahrtsorganisation (IMO). Die EU versuchte in beiden Handlungsfeldern vergeblich, ihr internes Emissionshandelssystem als globales Modell durchzusetzen.

Wallmeier (in diesem Band) untersucht Öko-Dörfer und beschreibt deren interne Prozesse als ‚power with‘. Die Bewohner/innen von Öko-Dörfern versuchen kooperativ, nachhaltig und gemeinschaftlich zu leben. Sie lassen sich zwar in Abgrenzung zum nicht nachhaltigen ‚Mainstream’ beschreiben und untersuchen. Wallmeier meint jedoch, dass ein solches Vorgehen die Besonderheit dieser „Dissidenz“ (Wallmeier) nicht treffend erfasst. Denn den Bewohner/innen von Öko-Dörfern geht es in erster Linie um die Herstellung gemeinsamer Gestaltungsmacht, ‚power with‘. Sie verzichten bewusst auf die Benennung eines „Anderen“. Dichotomien zwischen Natur und Mensch, „Ich“ und „Du“ sowie Mittel und Zweck sollen überwunden werden. Dazu gehört auch, dass Bewohner/innen von Öko-Dörfern über sich selbst forschen und publizieren (z. B. Jackson/Svensson 2002).

Im Rahmen der transdisziplinären Forschung sollen realweltliche Prozesse durch Experimente deliberativer Demokratie, wie wissenschaftsbasierte Stakeholder-Dialoge, angestoßen werden (Benson/Huitema/Jordan 2012; Welpa u. a. 2006). Die Bundesregierung hat für die „Deutsche Anpassungsstrategie an den Klimawandel“ Förderprogramme aufgelegt, die Akteure aus Wissenschaft, Wirtschaft, Verwaltung und anderen gesellschaftlichen Gruppen zusammenbringen. Knierim (in diesem Band) untersucht die Möglichkeiten und Grenzen solcher vorgeblich auf ‚power with‘ basierenden Netzwerkprozesse aus ihrer Perspektive der beteiligten Forscherin im Innovationsnetzwerk Klimaanpassung Brandenburg Berlin (INKA BB).

Benson u. a. (2012) stellen in diesem Zusammenhang heraus, dass Lernen potenziell in zwei Richtungen erfolgt und keine Einbahnstraße ist. So kann beispielsweise auch die EU als potenzielle Umweltvorreiterin von politischen Praktiken in anderen (Mehr-Ebenen-) Systemen lernen, z. B. von öffentlichen Beteiligungsverfahren in den USA und Australien.

Wie lässt sich das Verständnis von ‚power with‘, der Macht des gemeinsamen Handelns, bzw. von einer positiv konnotierten Leadership, bei der auch die Vorreiter von denjenigen lernen, die sie ermächtigen, nun zusammenfassend reflektieren? Zunächst werden bei ‚power with‘ keine im engeren Sinne Unterworfenen angenommen, sondern allen Akteuren – Staat, Bürger/innen, NGOs, Unternehmen, Konsument/innen etc. – wird eine aktive Rolle in der Entscheidungsfindung zugestanden. A und B überzeugen sich gegenseitig und lernen gemeinsam. Weil so ‚oben-unten’- oder auch ‚gut-böse’-Dichotomien zugunsten des Gemeinsamen ausgeblendet werden, folgt – anders als bei ‚power to‘ – kein Imperativ zur Emanzipation oder zum Widerstand (nicht konzeptionierter) benachteiligter Gruppen.

Aus ‚power to‘-Perspektive wird für die Umweltpolitik zumindest ein Gegenüber (konventionelle Wirtschaft u. a.) angenommen, das sich wandeln und ebenfalls nach normativ höher gestellten Werten des Umweltschutzes richten soll. Aus ‚power over‘-Perspektive sind Delegierte wie Koh in den UNCLOS-Verhandlungen, wenn nicht gar selbst durch Eigeninteressen geleitet, Handlanger stärkerer Interessen (die einen Wandel im Interesse des Gemeinwohls zu mehr Nachhaltigkeit verhindern). Die Orientierung der Akteure bzw. die Annahmen der Forschenden über sie entscheiden damit darüber, welche Machtperspektive eingenommen wird. Gerade die als letzte vorgestellte Machtkategorie des ‚power with‘ provoziert deshalb Fragen nach Verbindungen der unterschiedlichen Kategorien und dem Nexus zwischen Macht und Wandel. Wie hängen die unterschiedlichen Machtkategorien und Wandel zusammen? Inwiefern können sie einen Wandel in Richtung Nachhaltigkeit fördern oder verhindern?

5. Fazit

Die Umweltpolitikforschung thematisiert Macht auf sehr unterschiedliche Weise und operiert mit jeweils spezifischen, oftmals wenig reflektierten Konzeptionen. Vorangehend wurden diese unterschiedlichen Verständnisse anhand der drei idealtypischen Konzeptionen von ‚power over‘, ‚power to‘ und ‚power with‘ abgegrenzt.

Sie erlauben es, Debatten auf einer übergeordnete Gliederungsebene zusammenzubringen.

Bisher war es so, dass, wenn Macht und Herrschaft in der Umweltpolitikforschung explizit thematisiert wurden, das fast ausschließlich durch Vertreter/innen konfrontativer bzw. konstruktivistischer Machtansätze geschah (‚power over', auch ‚power to'). Ihnen gegenüber erscheint das Gros der Forschung, denen implizit Konzeptionen von ‚power with' und teilweise ‚power to' zugrunde liegen, als sehr idealistisch geprägt und mitunter geradezu naiv. Deliberations- und Partizipationsverfahren werden kritisiert, weil sie Tendenzen einer „simulativen Demokratie" (Blühdorn 2013: 1) erkennen lassen. Statt eines tatsächlichen Aushandelns von Interessen dahingehend, dass Verhaltensweisen und Strukturen so verändert werden, dass sie sozial und ökologisch nachhaltig werden, ginge es nur Widersprüche simulierend darum, den Folgen bereits eingetretener oder vorhersehbarer Umweltprobleme zu begegnen.

Als Konsequenz unterschiedlicher Machtkonzeptionen haben – so hier die These – weite Teile der (Umwelt-)Politikforschung in den letzten Jahr(zehnt)en weniger miteinander als vielmehr nebeneinanderher, allenfalls übereinander geforscht. Ein gemeinsamer, substantieller Dialog, zum einen analytisch, zum anderen aber auch mit realweltlichem Bezug, wie eine Transformation zur nachhaltigen Gesellschaft ausgelöst werden kann, fand nicht statt.[4] ‚Power with', ‚power to' und ‚power over' sind jedoch sowohl in ihrer analytischen Dimension, die die unterschiedlichen Machtverständnisse greifbar macht, als auch in der Praxis als unterschiedliche Formen der Machtausübung, die mit der umfassenden Kategorisierung anerkannt werden, miteinander verbunden.

Formen von ‚power over' bestimmen darüber, wer an Prozessen von ‚power with' beteiligt wird, und beeinflussen, welche Möglichkeiten eines Empowerment durch ‚power to' bestehen. Umgekehrt bietet aber insbesondere die transdisziplinäre Forschung (vgl. dazu Beitrag von Knierim in diesem Band) zahlreiche Beispiele, bei denen durch die Ausübung von ‚power to' und ‚power with' Veränderungen von

4 Ausnahmen sind beispielsweise, dass die Forschung, die auf ‚power with' basiert, die These zum ‚Wettlauf nach unten' aufgegriffen hat (z. B. Holzinger 2007; Jänicke 2008); sie ist aber von der entsprechenden Forschung, die ich ‚power over' zugeordnet habe, nicht weiter entwickelt worden (ansatzweise evtl. von Sassen 2005). Umgekehrt hat die Kritik aus einer ‚power over'-Perspektive an der Forschung zur Ökologischen Modernisierung (z. B. die Kritik von Brand/Görg 2002 und Methmann/Rothe/Stephan 2013 an Huber 2011; Jänicke 2008 etc.) bisher nicht zu einer substantiellen Modifizierung dieser auf ‚power with' basierenden Konzeptionen geführt. So blieben Fragen wie, wie ein ‚Wettlauf nach unten' für die Umweltpolitik abgewandt wird und wie Verlierer vermeintlicher ‚win-win'-Situationen vermieden bzw. kompensiert werden können, bisher weitgehend unbeantwortet.

‚power over'-Verhältnissen bewirkt wurden. Der Nexus von Macht und Wandel, wie er sich in den einzelnen Beiträgen des Sonderbandes darstellt, wird im Schlusskapitel (Weiland/Partzsch in diesem Band) diskutiert.

Gerade für das empirische Anwendungsfeld der Umweltpolitik wird, wer darlegen will, dass Leadership allein strategisch erfolgt, den jeweiligen Akteuren und Diskursen wohl in den seltensten Fällen gerecht. Verständigungsorientiertes Handeln findet statt, und es wird durch Experimente gezielt gefördert. Vorreiterpolitik verdeutlicht, dass eine Einigung jenseits des kleinsten gemeinsamen Nenners möglich ist, und stellt so die Legitimität bislang mächtiger, aber weniger umweltfreundlicher Akteure, wie multinationaler Mineralöl- und Erdgas-Unternehmen, zur Disposition. Das wird relevant, wenn wir Transformationsprozesse in Richtung Nachhaltigkeit umfassend verstehen wollen. Wenn wir nur eine der drei vorgestellten Machtperspektiven einnehmen, werden sie nur unzureichend erfasst. In diesem Sonderband geht es uns deshalb unter Bezugnahme auf die Umweltpolitik insbesondere um das Zusammenspiel von ‚power with', ‚power to' und ‚power over'.

Erst wenn die drei hier vorgestellten Perspektiven auf Macht nicht mehr als einander ausschließend (widersprüchliche Interpretation desselben Phänomens), sondern ergänzend verstanden werden (unterschiedliche Aspekte von Wandel), wird es möglich, ihre Verbindungen zu untersuchen. Insofern sie unterschiedliche Aspekte eines Wandlungsprozesses in Richtung einer nachhaltigen Entwicklung beleuchten, genügt es nicht, nur eine Perspektive der Macht einzunehmen. Eine umfassende Analyse von *Macht* ist letztlich Voraussetzung dafür zu verstehen, wie politischer *Wandel* oder auch die Stabilität des bestehenden, nicht nachhaltigen gesellschaftlichen Systems bewirkt wird.

Literatur

Allen, Amy, 1998: Rethinking power, in: Hypatia, 13 (1), 21-40.

Altvater, Elmar/Mahnkopf, Birgit, 1999: Grenzen der Globalisierung. Ökonomie, Ökologie und Politik in der Weltgesellschaft, Münster.

Arendt, Hannah, 1970: Macht und Gewalt, München.

Bachrach, Peter/Baratz, Morton S., 1962: Two faces of power, in: The American political science review 4 (56), 947-952.

Barnett, Michael/Duvall, Raymond, 2005: Power in global governance, in: Michael N. Barnett/Raymond Duvall (Hrsg.), Power in Global Governance, Cambridge, 1-32.

*Beck, Silke/Borie, M./Chilvers, J./Esguerra, A./ Heubach, K./Hulme, M./Lidskog, R./Lövbrand, E./Marquard, E./Miller, C./Nadim, T./Neßhöver, C./Settele, J./

Turnhout, E./Vasileiadou, E./Görg, C., 2014: Towards a reflexive turn in the governance of global environmental expertise. The cases of the IPCC and the IPBES, in: GAIA 23 (2), 80-87.

Benson, David/Huitema, Dave/Jordan, Andrew, 2012: Involving the public in catchment management. An analysis of the scope for learning lessons from abroad, in: Environmental Policy and Governance 22 (1), 42-54.

Betsill, Michele M., 2006: Transnational actors in international environmental politics, in: Michele M. Betsill/Kathryn Hochstetler/Dimitris Stevis (Hrsg.), International Environmental Politics, New York, 172-202.

Biermann, Frank/Abbott, K./Andresen, S./Bäckstrand, K./Bernstein, S./Betsill, M. M./Bulkeley, H./Cashore, B./Clapp, J./Folke, C./Gupta, A./Gupta, J./Haas, P. M./Jordan, A./Kanie, N./Kluvánková-Oravská, T./Lebel, L./Liverman, D./Meadowcroft, J./Mitchell, R. B./Newell, P./Oberthür, S./Olsson, L./Pattberg, P./ Sánchez-Rodríguez, R./Schroeder, H./Underdal, A./Camargo Vieira, S./Vogel, C./Young, O. R./Brock, A./Zondervan, R., 2012: Navigating the Anthropocene: Improving Earth System Governance, in: Science & Policy 335 (6974), 1306-1307.

Biermann, Frank/Simonis, Udo E., 2000: Institutionelle Reform der Weltumweltpolitik? Zur politischen Debatte um die Gründung einer „Weltumweltorganisation“, in: Zeitschrift für Internationale Beziehungen 7 (1), 163-184.

Blühdorn, Ingolfur, 2013: Simulative Demokratie: Neue Politik nach der postdemokratischen Wende, Berlin.

Brand, Ulrich/Görg, Christoph, 2002: Nachhaltige Globalisierung? Sustainable Development als Kitt des neoliberalen Scherbenhaufens, in: Christoph Görg/ Ulrich Brand (Hrsg.), Mythen globalen Umweltmanagements, Münster, 12-47.

Breitmeier, Helmut/Young, Oran R./Zürn, Michael (Hrsg.), 2006: Analyzing International Environmental Regimes: From Case Study to Database, Cambridge, MA.

Brodocz, André/Hammer, Stefanie (Hrsg.), 2013: Variationen der Macht, Baden-Baden.

Bulkeley, Harriet/Jordan, Andrew, 2012: Transnational environmental governance: New findings and emerging research agendas, in: Environment and Planning C: Government and Policy 30 (4), 556-590.

Cox, Robert, 1987: Production, Power, and World Order, New York.

Dahl, Robert A., 1957: The concept of power, in: Behavioral Science 2 (3), 201-215.

Digeser, Peter, 1992: The fourth face of power, in: Journal of Politics 54 (4), 977-1007.

Dryzek, John S., 1987: Rational ecology: Environment and Political Economy. New York.

Dryzek, John S., 2000: Deliberative Democracy and Beyond. Liberals, Critics, Contestations, New York.

Eyben, Rosalind/Harris, Colette/Pettit, Jethro, 2006: Introduction: Exploring power for change, in: IDS Bulletin 37 (6), 1-10.

Fairclough, Norman/Wodak, Ruth, 1997: Critical discourse analysis, in: Teun A. van Dijk (Hrsg.), Discourse as Social Interaction, London, 258-284.

Foucault, Michel, 1979: Discipline and Punish, Harmondsworth.

Foucault, Michel, 1982: The subject and power, in: Critical Inquiry 8 (4), 777-795.

Fuchs, Doris, 2006: Transnationale Unternehmen in der Global Governance. Die Effektivität privaten Regierens, in: Stefan A. Schirm (Hrsg.), Globalisierung, Baden-Baden, 147-168.

Fuchs, Doris/Kalfagianni, Agni, 2009: Discursive power as source of legitimation in food retail governance, in: International Review of Retail, Distribution and Consumer Research 19 (5): 553-570.

Gaard, Greta, 2010: Women, water, energy: An ecofeminist approach, in: Peter G. Brown/Jeremy J. Schmidt (Hrsg.), Water Ethics, Washington, DC, 59-75.

Gaventa, John, 2006: Finding Spaces for Change: A Power Analysis, in: IDS Bulletin 37 (6), 23-33.

Göhler, Gerhard, 2004: Macht, in: Gerhard Göhler/Mattias Iser/Ina Kerner (Hrsg.), Politische Theorie, Wiesbaden, 244-261.

Gramsci, Antonio, 2008: Selection from the Prison Notebooks, New York.

Gupta, Joyeeta/Grubb, Michael (Hrsg.), 2000: Climate Change and European Leadership: A Sustainable Role for Europe. Environment and Policy Series, Dordrecht.

Guzzini, Stefano, 2007: The concept of power. A constructivist analysis, in: Felix Berenskoetter/M. J. Williams (Hrsg.), Power in World Politics, New York, 23-42.

Habermas, Jürgen, 1992: Faktizität und Geltung, Frankfurt a. M.

Hajer, Maarten A./Versteeg, Wytske, 2005: A decade of discourse analysis of environmental politics: Achievements, challenges, perspectives, in: Journal of Environmental Policy and Planning, 7 (3), 175-184.

Haugaard, Mark, 2011: Editorial, in: Journal of Political Power 4 (1), 1-8.

Holzinger, Katharina, 2007: „Races to the Bottom" oder „Races to the Top". „Regulierungswettbewerb" im Umweltschutz, in: PVS Sonderheft 37, 177-199.

Huber, Joseph, 2011: Ökologische Modernisierung und Umweltinnovation, in: Matthias Groß (Hrsg.), Handbuch Umweltsoziologie, Wiesbaden, 279-302.

Inhetveen, Katharina, 2008: Macht, in: Nina Baur/Hermann Korte/Martina Löw/ Markus Schroer (Hrsg.), Handbuch Soziologie, Wiesbaden, 253-272.

Jackson, Hildur/Svensson, Karen (Hrsg.), 2002: Ecovillage Living: Restoring the Earth and her People, Cambridge.

Jänicke, Martin, 2008: Megatrend Umweltinnovation: Zur ökologischen Modernisierung von Wirtschaft und Staat, München.

Jessop, Bob, 2012: Economic and ecological crises: Green new deals and no-growth economies, in: Development Policy Review 55 (1), 17-24.

Kolb, Felix, 2002: Soziale Bewegungen und politischer Wandel, www.stiftung-bridge.de/fileadmin/user_upload/bridge/dokumente/mass_studienbrief.pdf (Stand: 10.10.2012).

Laclau, Ernesto/Mouffe Chantal, 1985: Hegemony and Socialist Strategy. Towards a Radical Democratic Politics, London.

Lederer, Markus, 2012: The practice of carbon markets, in: Environmental Politics 21 (4), 640-656.

Levy, David L./Newell, Peter J., 2004: The Business of Global Environmental Governance. Global Environmental Accord: Strategies for Sustainability and Institutional Innovation, Boston.

Lightfoot, Simon/Burchell, Jon, 2005: The European Union and the World Summit on Sustainable development: Normative power Europe in action?, in: Journal of Common Market Studies 43 (1), 75-95.

Lukes, Steven, 1974: Power: A Radical View, London.

Manners, Ian, 2002: Normative power Europe: A contradiction in terms?, in: Journal of Common Market Studies 40 (2), 235-258.

Mert, Ayşem, 2009: Partnerships for sustainable development as discursive practice. Shifts in discourses of environment and democracy, in: Forest Policy and Economics (11), 326-339.

Methmann, Chris/Rothe, Delf/Stephan, Benjamin (Hrsg.), 2013: Deconstructing the Greenhouse. Interpretive Approaches to Global Climate Governance, London.

Nye, Joseph S., 2008: The Powers to Lead, New York.

Oels, Angela, 2010: Die Gouvernementalität der internationalen Klimapolitik. Biomacht oder fortgeschritten liberales Regieren, in: Martin Voss (Hrsg.), Der Klimawandel – Sozialwissenschaftliche Perspektiven, Wiesbaden, 171-186.

Okereke, Chukwumerije/Bulkeley, Harriet/Schroeder, Heike, 2009: Conceptualizing climate governance beyond international regime, in: Global Environmental Politics 9 (1), 56-76.

Parsons, Talcott, 1963: On the concept of political power, in: Proceedings of the American Philosophical Society 107 (3), 232-262.

Partzsch, Lena, 2007: Global Governance in Partnerschaft. Die EU-Initiative „Water for Life“, Baden-Baden.

Partzsch, Lena, 2014: Die neue Macht von Individuen in der globalen Politik. Wandel durch Prominente, Philanthropen und Social Entrepreneurs, Baden-Baden.

Pattberg, Philipp/Betsill, Michele/Dellas, Eleni (Hrsg.), 2011: Agency in Earth System Governance. Special Issue in International Environmental Agreements: Politics Law and Economics 11 (1).

Pitkin, Hanna Fenichel, 1985: Wittgenstein and Justice. On the Significance of Ludwig Wittgenstein for Social and Political Thought, Berkeley u. a.

Prittwitz, Volker (Hrsg.), 1996: Verhandeln und Argumentieren, Opladen.

Radloff, Jacob (Hrsg.), 2001. Vom David zum Goliath? NGOs im Wandel. Special Issue Politische Ökologie 19 (4), München.

Rucht, Dieter, 1996: Wirkungen von Umweltbewegungen. Von den Schwierigkeiten einer Bilanz, in: Forschungsjournal Neue Soziale Bewegungen 9 (4), 15-27.

Sachs, Wolfgang/Santarius, Tilman, 2005: Fair Future: Begrenzte Ressourcen und globale Gerechtigkeit. Ein Report des Wuppertal Instituts, München.

Sassen, Saskia, 2005: The ecology of global economic power. Changing investment practices to promote environmental sustainability, in: Journal of International Affairs 58 (2), 11-33.

Schreurs, Miranda/Papadakis, Elim, 2009: The A to Z of the Green Movement, Lanham/Md.

Skodvin, Tora/Andresen, Steinar, 2006: Leadership revisited, in: Global Environmental Politics 6 (3), 13-27.

Voss, Martin (Hrsg.), 2010: Der Klimawandel – Sozialwissenschaftliche Perspektiven, Wiesbaden.

Walk, Heike (Hrsg.), 2011: (Ohn-)Mächtige Helden? Die Gestaltungskraft von NGOs in der internationalen Politik, Bonn.

Wapner, Paul, 2000: The transnational politics of environmental NGOs. Governmental, economic and social activism, in: Pamela Chasek (Hrsg.), The Global Environment in the Twenty-first Century, Tokyo u. a., 86-108.

WBGU, 2011: Welt im Wandel: Gesellschaftsvertrag für eine Große Transformation, Berlin.

Weber, Max, 1972: Wirtschaft und Gesellschaft, Tübingen.

Welpa, Martin/La Vega-Leinert, Anne Cristina de/Stoll-Kleemann, Susanne/Jaeger, Carlo C., 2006: Science-based stakeholder dialogues: Theories and tools, in: Global Environmental Change 16 (2), 170-181.

Wurzel, Rüdiger/Connelly, James (Hrsg.), 2010: The European Union as a Leader in International Climate Change Politics, New York.

Young, Oran R., 1991: Political leadership and regime formation. On the development of institutions in international society, in: International Organization 45 (3), 281-308.
Young, Oran R., 2002: The Institutional Dimensions of Environmental Change: Fit, Interplay, and Scale, Cambridge.
Zelli, Fariborz, 2010: Conflicts Among International Regimes on Environmental Issues. A Theory-driven Analysis, Tübingen.

Korrespondenzanschrift:

PD Dr. Lena Partzsch
Environmental Governance
Fakultät für Umwelt und Natürliche Ressourcen
Universität Freiburg
Tennenbacher Strasse 4
79106 Freiburg
E-Mail: lena.partzsch@envgov.uni-freiburg.de

Teil I: ‚Power over' – Umweltschutz ‚von oben'

*Christiane Hubo und Max Krott**

Macht von Politiksektoren als Chance für Wandel am Beispiel Waldnaturschutz

Kurzfassung

Dem vorliegenden Beitrag liegt die These zugrunde, dass umweltpolitischer Wandel durch Politiksektoren, die Machtpotenziale generieren, bestimmt wird. Der Beitrag konzeptualisiert diese These, indem die Machtpotenziale im Rahmen von Politiksektoren als erklärende Variable spezifiziert werden. Politiksektoren, verstanden als das Zusammenspiel von öffentlichen und privaten Akteuren, Steuerungsverfahren und Instrumenten für die politische Gestaltung eines bestimmten öffentlichen Aufgabenfeldes, stellen Zentren politischer Macht dar. Macht wird hierbei in Form von Machtressourcen greifbar, die in politischen Instrumenten mit unterschiedlichen Wirkungslogiken wie auch im Organisieren politischer Unterstützung insbesondere durch Bündnispartner liegen können. Mit Zwang, Anreiz und dominanter Information werden einfache generelle Wirkungslogiken beschrieben, die dennoch den Kern komplexer Machtprozesse erfassen können, um Politikwandel zu erklären. Das Analysekonzept wird auf drei Konflikte der aktuellen Waldnaturschutzpolitik angewandt. In den Fallstudien besteht das Einflusspotenzial der Sektorakteure hauptsächlich in der Verfügbarkeit von Zwangsressourcen. Deren erfolgreiche Mobilisierung hängt stark von der parteipolitischen Konstellation der Regierung als Bündnispartner ab. Wissensressourcen werden von beiden Politiksektoren in erheblichem Umfang eingesetzt, auch als dominante Information. Mit ökonomischen Machtmitteln ist der Politiksektor Naturschutz im Verhältnis zum Forstsektor schwach ausgestattet. Allerdings ermöglichen Finanzmittel aus unterschiedlichen staatlichen Ebenen die Durchsetzung eines Nationalparks gegen den Widerstand des Forstsektors. Das Ergebnis zeigt, dass die Machtressourcen konkurrierender politischer Kräfte, soweit sie von den Akteuren mobilisiert werden, die Chancen des Wandels wesentlich bestimmen.

* Anlässlich 20 Jahre wissenschaftlicher Zusammenarbeit im Rahmen der Professur für Forst- und Naturschutzpolitik.

Inhalt

1. Einleitung

Gesellschaftliche Transformationsprozesse werden geprägt durch Konflikte zwischen beharrenden Kräften, die von den bestehenden Verhältnissen profitieren, und solchen Kräften, die bestehende Verhältnisse kritisieren und Veränderungen anstreben. Welche Kräfte sich erfolgreich durchsetzen, hängt entscheidend von verfügbaren Machtpotenzialen ab. Deren Analyse kann damit wesentlich zum Verständnis von Veränderungsprozessen beitragen. Dazu stellt sich die Frage, wie sich Machtpotenziale analytisch fassen und so operationalisieren lassen, dass politische Veränderungen erklärt und Chancen des Wandels eingeschätzt und strategisch nutzbar gemacht werden können.

Dem vorliegenden Beitrag liegt die These zugrunde, dass Politiksektoren zu umweltpolitischem Wandel beitragen, indem sie Machtpotenziale generieren und diese für oder gegen Veränderungen einsetzen. Der Beitrag will diese These konzeptualisieren, indem die Machtpotenziale im Kontext von Politiksektoren als erklärende Variable spezifiziert werden. Politiksektoren, verstanden als das Zusammenspiel von öffentlichen und privaten Akteuren, Steuerungsverfahren und Instrumenten für die politische Gestaltung eines bestimmten öffentlichen Aufgabenfeldes, stellen Zentren politischer Macht dar. Macht wird hierbei in Form von Machtelementen greifbar, die innerhalb politischer Instrumente wirken. Die Chancen des Wandels hängen vom Verhältnis der Machtpotenziale konkurrierender politischer Kräfte ab. In der Umweltpolitik fällt die Konfliktlinie zwischen beharrenden und verändernden Kräften häufig mit sektoralen Grenzen zusammen.

Ein Beispiel findet sich im Waldnaturschutz, bei dem sich der Forstsektor als beharrende Kraft im Konflikt mit dem Naturschutzsektor befindet, der praktizierte Methoden der Waldbewirtschaftung kritisiert und unter Berufung auf öffentliche Zielsetzungen weitreichende Veränderungen fordert. Die Erfolgsaussichten solcher Forderungen werden von Sektorakteuren unterschiedlich eingeschätzt. Während sich Naturschutzakteure häufig als machtlos erleben, wirken ihre Forderungen auf Forstakteure äußerst alarmierend (siehe etwa die Pressemitteilungen des Deutschen Forstwirtschaftsrates). Fraglich ist, welches Potenzial Naturschutzakteure tatsächlich haben, um Ziele in der Waldnaturschutzpolitik zu erreichen und damit zu naturschutzbezogenem Wandel in der Forstwirtschaft beizutragen. Der vorliegende Beitrag will dazu Antworten finden, indem er das entwickelte Analysekonzept für die Machtpotenziale beider Sektoren anhand konkreter Fälle testet und zugleich eine Grundlage schafft, um Chancen des Wandels durch Politiksektoren im Konfliktfeld Waldnaturschutz einzuschätzen.

2. Analyserahmen

Die These, dass Politiksektoren Machtpotenziale generieren und mit diesen zu umweltpolitischem Wandel beitragen, beinhaltet die Komponenten „umweltpolitischer Wandel“ als abhängige Variable und „Machtpotenziale“ im Kontext von „Politiksektoren“ als erklärende Variable.

a) Umweltpolitischer Wandel

Politikwandel als abhängige Variable wird in der Literatur unterschiedlich definiert (siehe etwa Lindblom 1959; Hall 1989; Howlett 2011; Jenkins-Smith u. a. 2014) und kann sich auf umweltpolitische Institutionen, Prozesse, Akteure und Inhalte beziehen (Schubert 1991: 26). Die vorliegende Analyse beschränkt sich jedoch auf die inhaltliche Dimension (*policy*), denn es geht hier um die Frage, welchen Einfluss Akteure in einem bestimmten Kontext auf die Ergebnisse von Politik nehmen. Bei diesen handelt es sich zunächst um *policy output* wie Politikprogramme, Rechtsnormen und Vollzugsentscheidungen. Da diese kein Selbstzweck sind, ist auch ihre Wirkung in den Blick zu nehmen, die Veränderungen, die sie bei den Adressaten (*policy impact)* und in der erfahrbaren Lebenswelt erzeugen (*policy outcome*) (Knill/ Tosun 2012: 28; Jann/Wegrich 2014). Wir betrachten vorrangig Veränderungen des *policy output,* die unmittelbar politischen Prozessen und Entscheidungen zuordenbar sind. Im Anschluss an Knill u. a. (2010) präzisieren wir somit Politikwandel als „Politikergebniswandel" und verstehen unter Wandel im Politikfeld Waldnaturschutz Veränderungen von Politikinhalten in verbindlichen Programmen, die Aussagen zum Naturschutz im Wald treffen. Der Wandel von Politikinhalten ist an den Änderungen von Programmzielen und -instrumenten im Zeitablauf ablesbar. Politikwandel kann in der Formulierung neuer oder in der Änderung oder Abschaffung bestehender Ziele und Instrumente bestehen.

b) Politiksektoren

Ein wichtiger Kontext, in dem politische Akteure handeln, sind Politiksektoren. Darunter verstehen wir einen Ausschnitt des gesamten politischen Systems bezogen auf einen bestimmten Regelungsgegenstand, wie z. B. den Wald oder die natürliche Umwelt (Hubo/Krott 2010). Im Unterschied zum „Politikfeld", das sich auf die inhaltliche Dimension von Politik (*policy*) bezieht (Schubert/Bandelow 2014), umfasst ein Politiksektor eine funktional abgegrenzte politische Arena, in der empirisch beobachtbare Gruppen staatlicher und nichtstaatlicher Akteure interagieren (Verbij 2008: 23). Der Begriff ähnelt damit dem Begriff des *policy subsystem*, der im Advocacy-Koalitionenansatz als Referenzgröße für Diskurskoalitionen bedeutsam ist (Jenkins-Smith u. a. 2014: 189 f.). Politiksektoren können unterschiedlich stark ausgeprägt sein, ihre Grenzen sind häufig über längere Zeiträume stabil. Eine wesentliche Rolle spielen dafür die Identität, die Sektorakteure über unterschiedliche Interessen hinweg verbindet, wie auch rechtliche Kompetenzen, die den Gestaltungsspielraum der Akteure wesentlich bestimmen (Hubo/Krott 2010).

Unter Zugrundelegung der Definition eines politischen Akteurs als Entität, die auf politische Entscheidungen Einfluss nehmen kann (Schusser u. a. 2015), bestimmt sich die Zugehörigkeit eines Akteurs zu einem Politiksektor durch seinen formalen Anspruch, als Teil des Sektors zu handeln. Dies trifft insbesondere auf zuständige Behörden und Verbände, deren Zweck sich auf das Aufgabenfeld bezieht, zu. Hinzu kommen als informale Kriterien die Identifizierung mit dem Sektor und die Akzeptanz durch andere Sektorakteure hinzu. Beispielsweise können sich Naturschutzverbände formal an der Forstpolitik beteiligen und sind als Waldeigentümer auch Teil des zugehörigen sozio-ökonomischen Teilsystems, ganz überwiegend identifizieren sie sich jedoch nicht mit dem politischen Forstsektor, sondern mit dem Naturschutzsektor und werden von den Akteuren des Forstsektors auch nicht als zu ‚ihrem' Sektor gehörig akzeptiert.

c) Machtpotenziale

(1) Einfluss von Politiksektoren durch Aufklärung und Macht

Der Einfluss von Politiksektoren entsteht durch Handeln von Akteuren, die sich zum Politiksektor zugehörig zählen und den Waldnaturschutz so gestalten wollen, dass er ihren Interessen dient. Die Handlungen erfolgen in einem komplexen politischen Prozess, in dem die Akteure Waldnaturschutz thematisieren, Programme mit Zielen und Instrumenten formulieren, die Implementation gestalten und schließlich die Evaluation der Ergebnisse im Wald zu beeinflussen suchen. Jeder Akteur kann im Bestreben, seinen Interessen gegenüber anderen Akteuren Geltung zu verschaffen, auf zwei Bausteine sozialer Beziehungen zurückgreifen: auf Aufklärung oder auf Macht (Krott 2001: 10).

Mit *Aufklärung* ist hier gemeint, dass ein Akteur Einsichten in Politik und Waldnaturschutz hat, die er für zutreffend hält und über die er unverfälschte Aussagen macht, die anderen Akteuren zugänglich sind. Diese Informationen eröffnen die Chance, gemeinsames Wissen über Vor- und Nachteile des Waldnaturschutzes und dessen Steuerbarkeit aufzubauen. Eine Folge könnte sein, dass sich Akteure auch aus anderen Sektoren der eigenen Auffassung anschließen und eine gemeinsame Lösung gefunden wird (Krott 1990: 72). Die Aufklärung greift beispielsweise, wenn Naturschutzakteure Vertretern des Privatwaldes gestützt auf wissenschaftliche Argumente klar machen, dass der Anbau bestimmter ausländischer Baumarten erhöhte Risiken mit sich bringt, die auf längere Sicht auch den Produktionsinteressen des Privatwaldeigentümers schaden. Dieser Teil der Naturschutznorm „gute fachliche Praxis" bietet deshalb auch für Forstakteure Vorteile und darf bei wissenschaftlich begründeter Aufklärung auf Akzeptanz bei den Forstakteuren hoffen. In diesem Fall würden Naturschutzakteure über Aufklärung den Forstsektor im Waldnaturschutz beeinflussen. Auf diese Aufklärung setzt auch der Forstsektor selbst, wenn er durch vorbildliche Bewirtschaftung des Staatswaldes hofft, Privatwaldeigentümer zur Nachahmung anzuregen.

Wenn allerdings die Aufklärung den Forstakteuren signalisiert, dass sie große Nachteile zu erwarten haben, dann werden die Forstakteure die Naturschutzanliegen, die ihre forstlichen Interessen zu verletzten drohen, ablehnen. Beispielsweise können Informationen den Forstakteuren klar machen, welche zusätzlichen Kosten auf sie zukommen durch die Einrichtung von dauerhaften Schutzgebieten im Wald, die Ertrag bringende Holznutzung untersagen. Diesen Konflikt kann der Politiksektor Naturschutz nicht über Aufklärung gestalten. Durch den Einsatz von Macht jedoch können die Naturschutzakteure die Akteure des Forstsektors zwingen, den Naturschutzanordnungen zu folgen. Das Besondere von Macht ist, dass durch sie „ein Akteur das Handeln eines anderen Akteurs unabhängig von dessen Willen ändern kann“ (Krott u. a. 2014: 37). Dieser im Kern an die Definition von Weber (1921) und Dahl (1956) angelehnte Machtbegriff eignet sich aufgrund seines Akteursbezugs gut dafür, die Macht von Politiksektoren zu kennzeichnen und für empirische Forschung zu operationalisieren.

Der *akteursbezogene Machtbegriff* unterscheidet sich von strukturellen Machtkonzepten (Arts/van Tatenhove 2004). Macht wird als soziale Beziehung gesehen, die von bestimmten Akteuren ausgeht und auf bestimmte andere Akteure trifft. Strukturen entfalten in unserem Konzept erst dann Macht, wenn sich Akteure ihrer bedienen. Der Akteursbezug stellt eine Verbindung zum Politiksektor als Handlungskontext für Akteure her. Die empirische Identifikation eines Akteurs, der zum Politiksektor zählt, ist Voraussetzung, um von Macht des Politiksektors zu sprechen. Durch dieses Kriterium sind Machtprozesse eindeutig einem Politiksektor zuordenbar.

Tabelle 1: Akteurszentrierte Macht

Definition	Macht ist das Potenzial eines Akteurs, das Handeln eines anderen Akteurs unabhängig von dessen Willen zu ändern		
Elemente	Zwang Physische Gewalt und Kontrolle	Anreiz Materielle oder immaterielle Vor-/Nachteile	Dominante Information Vom Adressaten nicht geprüfte Information
Beispiele	Polizeigewalt	Finanzielle Förderung, Strafzahlungen	Falschinformation
Ressourcen	Akteurszentrierte Macht beruht auf der Verfügbarkeit oder dem Einsatz von Ressourcen oder der glaubhaften Ankündigung ihres Einsatzes		

(2) Elemente der Macht

Die Macht der Akteure entzieht sich der unmittelbaren Beobachtung. Um eine Brücke zu beobachtbaren Phänomenen zu bauen, verwenden wir Elemente, die zugleich den Machtbegriff theoretisch begründen und detailliert darstellen (Krott u. a. 2014). Wir unterscheiden drei Elemente akteurszentrierter Macht: Zwang, Anreiz und dominante Information (Tabelle 1).

Die Macht beruht auf *Zwang*, soweit ein Akteur das Handeln eines anderen durch Androhung oder Ausübung physischer Gewalt bestimmt. Staatlicher Zwang beruht innenpolitisch auf Polizeigewalt, um die Befolgung verbindlicher Regeln durchzusetzen. So kann etwa der Waldeigentümer erwarten, dass er die Nutzung seiner Bäume notfalls mit Polizeigewalt erzwingen kann; und Naturschützer sollten darauf zählen können, dass verbindlicher Schutz bestimmter Pflanzen in letzter Konsequenz auch mit Polizeigewalt durchgesetzt wird. Damit ist nicht gesagt, dass verbindliche Regeln mit Zwang durchgesetzt werden müssen. Die Legitimierung von Regeln etwa durch demokratische und rechtsstaatliche Verfahren dient ja gerade der akzeptanzbasierten freiwilligen Befolgung durch die Adressaten. Bleibt diese jedoch aus, ist Zwang ein Element der Macht, mit dem die Befolgung der Regeln durchgesetzt werden kann. Für die Androhung oder Ausübung von Gewalt spielen die einsetzbaren Ressourcen eine wichtige Rolle. Hier kommt es besonders auf die verfügbaren Polizeikräfte an, die in Deutschland ausreichen, um die Einhaltung von Waldnaturschutzregeln zu erzwingen.

Das zweite Machtelement kennzeichnen wir mit positiven und negativen *Anreizen*. Ein Akteur übt Macht durch Anreiz aus, wenn er das Handeln eines anderen durch das Angebot von Vorteilen oder die Androhung von Nachteilen beeinflusst. Im Vergleich zum Zwang verfügt der Adressat beim Anreiz über einen größeren Entscheidungsspielraum, innerhalb dessen er Vor- und Nachteile von Alternativen abwägen kann. Die Grundformen für Anreiz sind Geldzahlungen für erwünschte Handlungen, beispielsweise durch Naturschutzförderprogramme oder die Förderung forstwirtschaftlicher Maßnahmen, und die Erhebung von Strafzahlungen für unerwünschte Handlungen, die vielfach im Ordnungsrecht vorgesehen ist. Die Strafhöhe, z. B. für die forstliche Nutzung in Wildnisgebieten oder die Entfernung nichtheimischer Arten in Privatwäldern, ist im Idealfall so bemessen, dass eine Zuwiderhandlung zu teuer wird und der Akteur die beabsichtigte Handlung unterlässt. Diesem Verhalten liegt anreizbasierte Macht zugrunde.

Auch die Verwendung von ‚Anreiz' als Machtelement ist an die Verfügbarkeit von Ressourcen gebunden. Ein Akteur, der über große finanzielle Ressourcen verfügt, setzt wichtige Rahmenbedingungen der Entscheidungssituation, weil er den positiven bzw. negativen Anreiz solange erhöhen kann, bis er seinen Willen durchsetzt. Hätte der Staat im Politiksektor Naturschutz große finanzielle Ressourcen, so könnte er so hohe Entgelte für Wildnisgebiete anbieten, dass die Waldeigentümer großflächig auf Nutzung verzichten. Diese Handlungsänderung wäre unabhängig davon, dass die Waldeigentümer lieber mit Holznutzung ihr Geld verdienen. Bei Strafandrohungen wird der Machtprozess durch die Strafhöhe begründet. Der Machtunterworfene wägt zwar ab, ob der Schaden durch Strafe oder unterlassene Handlung für ihn größer ist. Der Rahmen für die Abwägung wird jedoch unabhängig vom Willen des Machtunterworfenen gesetzt. Sofern die Ressourcen des Staates die des einzelnen Machtunterworfenen übersteigen, kann der Staat mit der Strafzahlung den Betroffenen zu Handlungen unabhängig von dessen Willen veranlassen. Moe (2005) hat die Macht, die den Rahmen setzt für die ‚freiwilligen' Tauschprozesse, die in der ökonomischen Theorie im Vordergrund stehen, umfassend dargestellt. Die Erweiterung des Anreizmodells um Macht bedeutet nicht, dass die ökonomischen Analysen der gegenseitigen Vorteile, die freiwillig getauscht werden, gegenstandlos sind. Sie argumentiert aber, dass die Macht über die verfügbaren Ressourcen mit in die Analyse von Tauschprozessen einbezogen werden muss, um Tauschprozesse besser zu erklären. Das akteurszentrierte Machtelement ‚positiver bzw. negativer Anreiz' lenkt die Aufmerksamkeit auf die Verfügung über die Tauschmittel. Im Beispiel der Strafandrohung bleibt diese wirkungslos, wenn der Betroffene über so umfangreiche Ressourcen verfügt, dass er den Verlust durch Strafzahlung leicht verkraften kann.

Das dritte Machtelement ist *dominante Information*. Diese setzt ein Akteur ein, der die Handlungen eines anderen Akteurs durch von letzterem nicht überprüfte Information beeinflusst. Ein Akteur, der durch selektive Information die Entscheidungsgrundlagen anderer verändert und damit deren Willen wirkungslos macht, dominiert Informationen und übt damit Macht aus. Dazu zählt auch die Vortäuschung von Naturschutzleistungen im Vollzug durch symbolische Einzellösungen (Hubo/Krott 2013) oder die Darstellung forstlicher Eingriffe als großflächige Kahlschläge (BUND 2009). Die Überprüfung von Information ist das Kriterium, um Informationsprozesse, die die Entscheidung aller Akteure verbessern und Lernprozesse in Gang setzen können, von Macht durch dominante Information zu unterscheiden (Simon 1981). Eine häufige Form ist die Teil- oder Falschinformation. Beispielsweise behaupten Akteure des Forstsektors, mit forstfachlicher Bewirtschaftung Naturschutzziele zu verwirklichen. Soweit Naturschutzakteure diesen Behauptungen Glauben schenken, können die Forstakteure damit Macht ausüben. Nur wenn Akteure des Naturschutzes die Information überprüfen, können sie ihren Willen in die Entscheidung einfließen lassen.

Das Potenzial dieses Machtelements basiert entscheidend auf dem Zugang zu Information und den Ressourcen, um Wissen zu beschaffen. Weiterhin ist die Informationsvermittlung wesentlich, denn die Information kann nur dann verhaltenswirksam werden, wenn sie entsprechend kommuniziert wird.

d) Operationalisierung für die empirische Analyse

Die unabhängige Variable *akteurszentrierte Macht eines Sektors* kann anhand der Macht einzelner Akteure, die zum Sektor zählen, gemessen werden. Die drei unterschiedlichen Elemente der Macht sind als verfügbare Ressource, deren Einsatz oder als Drohung, sie einzusetzen, vorhanden.

Wichtige Ressourcen für das Machtelement *Zwang* sind legislative Entscheidungsrechte und administrative Kompetenzen. In der parlamentarischen Demokratie sind Parlamente und Regierungen wesentlich von politischen Parteien beeinflusst, die informal verstärkte Beteiligungschancen für ihnen nahestehende Verbände eröffnen (Böcher/Töller 2012: 119). Daraus ergibt sich, dass die parteipolitischen Konstellationen im Bund und in den Ländern die Handlungsressourcen der Politiksektoren beeinflussen. Im Vollzug sind die rechtlichen Zwangsmittel bedeutsam, ebenso die Fähigkeit, die Befolgung von Regeln zu überwachen.

Das Element *Anreiz* umfasst alle Vor- und Nachteile, die ein Akteur anbieten kann. Von zentraler Bedeutung sind Förderprogramme und ihre finanzielle Ausstattung. Gelingt es beispielsweise Akteuren des Naturschutzsektors, Finanzmittel für den Naturschutz zu mobilisieren, erhöhen sich die verfügbaren Anreizressourcen zugunsten eines naturschutzorientierten Politikwandels. Politiker können umfangreiche informale Tauschgeschäfte anbieten, Verbände die Unterstützung durch potenzielle Wähler und die technische Unterstützung im Vollzug. Große Wirtschaftsakteure können mit Arbeitsplätzen und Steuereinnahmen locken oder mit deren Entzug drohen.

Unter dem Gesichtspunkt von dominanter *Information* ist die Gestaltung des Diskurses, die um Dominanz der Argumente eines Politiksektors ringt (Kleinschmit 2014: 119; Feindt/Kleinschmit 2011), bedeutsam. Die Informationsprozesse basieren auf Informationen, die von der Wissenschaft bereitgestellt oder in kooperativen Prozessen gefunden werden. Durch selektive Nutzung der Informationsressourcen können die Politiksektoren ihre jeweilige Position stärken.

Für alle drei Elemente der Macht sind neben den Handlungen einzelner Akteure auch die Handlungen gemeinsam mit Bündnispartnern innerhalb und außerhalb des Sektors wichtig. Starke Bündnispartner sind die politischen Parteien, Fachverwaltungen und Verbände.

Der Beitrag untersucht in konkreten Konflikten, welche Ressourcen die Sektorakteure jeweils mobilisieren konnten. Dabei kommt es darauf an, welchem Sektor dies in stärkerem Masse gelungen ist und in welcher Beziehung das Stärkeverhältnis zur inhaltlichen Ausrichtung des Wandels (naturschutz- oder holznutzungsorientiert) steht. Die Mobilisierung der Ressourcen wird qualitativ beurteilt, wobei der gesamte politische Prozess, der zu dem jeweiligen Politikergebnis geführt hat, Berücksichtigung findet. Die empirischen Daten werden durch Sekundäranalyse öffentlicher und nicht öffentlicher schriftlicher Quellen gewonnen. Wichtig sind alle öffentlichen Dokumente der Sektoren wie Gesetzestexte, programmatische Aussagen und Medienberichte. Hinzu kommen nichtöffentliche Quellen wie Protokolle von Verhandlungen von Verbänden und Fachverwaltungen. Zusätzlich wird die wissenschaftliche Literatur ausgewertet, die sich zum einen mit politischen Prozessen im Waldnaturschutz und zum anderen mit naturwissenschaftlichen Beschreibungen und Wirkungsanalysen befasst (Winkel 2007; Storch/Winkel 2012).

2. Beispiel Waldnaturschutz

a) Die Konfliktlage

Waldnaturschutz ist ein sektorenübergreifendes Politikfeld, das den ökologischen Aspekt der Waldbewirtschaftung in der Zuständigkeit des Forstwirtschaftssektors und zugleich den Wald als Teil der natürlichen Umwelt in der Zuständigkeit des Naturschutzsektors umfasst. Grundlegend für das heutige Selbstverständnis des Forstwirtschaftssektors ist das Leitbild der multifunktionalen Forstwirtschaft, das neben der ökonomischen auch die soziale und ökologische Funktion des Waldes beinhaltet (Peters/Schraml 2014). Naturschutzakteure teilen das Leitbild, jedoch ist aus ihrer Sicht die forstliche Bewirtschaftung einseitig auf die Bereitstellung von Rohstoffen und Maximierung der Holzerträge ausgerichtet (SRU 2012: Tz. 377) und bedarf der Änderung hin zu einer stärker ökologisch orientierten Waldnutzung. Dagegen sind Forstwirtschaftsakteure traditionell an der Aufrechterhaltung der herkömmlichen Forstwirtschaft bzw. einer Stärkung der ökonomischen Orientierung interessiert (Brukas/Weber 2009). Damit ist die zentrale Konfliktlinie im Waldnaturschutz umrissen: Aufrechterhaltung bzw. Stärkung der an nachhaltiger Holzproduktion orientierten forstlichen Bewirtschaftung versus Wandel zu einer stärker ökologisch ausgerichteten Waldnutzung.

Am deutlichsten kristallisiert sich der Konflikt in der von Naturschutzakteuren angestrebten Flächensegregation, welche das integrative Leitbild der multifunktionalen Forstwirtschaft in Frage stellt. Sie beinhaltet die Überlassung bestimmter Flächen für die natürliche Waldentwicklung ohne forstliche Bewirtschaftung, während die übrigen Flächen als Wirtschaftswald genutzt werden. Im Wirtschaftswald dreht sich der Konflikt um die Ausrichtung der forstlichen Bewirtschaftung auf ökologische Ziele (integrativer Naturschutz), insbesondere den Umbau zu Mischwäldern und die Verwendung heimischer Baumarten. Aus Naturschutzsicht ist die Kombination beider Ansätze, Segregation und Integration, nötig (SRU 2012 Tz. 383; Jessel u. a. 2008), während der Forstsektor segregative Ansätze kritisch sieht (BMELV 2011: 20; Waldbesitzerverband Niedersachsen 2011).

b) Fallauswahl

Für die vorliegende Analyse haben wir drei Fälle ausgewählt, die beispielhaft für diese Konfliktlage sind. Auswahlkriterien waren, dass die Fälle Kernkonflikte zwischen den Politiksektoren Forstwirtschaft und Naturschutz beleuchten und dass aktuelle Politikergebnisse vorliegen. Entsprechend unserer Fragestellung sollten die Fälle auf Veränderungsinitiativen des Politiksektors Naturschutz zurückgehen, die ökologisch orientierten Wandel anstreben und damit den Forstsektor herausfordern.

Zwei der ausgewählten Fälle beziehen sich auf den segregativen Ansatz und einer auf integrativen Naturschutz. Der grundlegende Konflikt in Bezug auf den segregativen Ansatz zeigt sich seit ca. 100 Jahren in Verbindung mit Naturschutzgebieten, insbesondere mit Nationalparken als der Kategorie für Großschutzgebiete mit den strengsten Vorgaben. Aktuell reflektiert die Diskussion um natürliche Waldentwicklung (Meyer u. a. 2011; NW-FVA 2013) diesen Konflikt. Ein aktuelles Politikergebnis ist mit der Festlegung des sog. Fünfprozentziels in der Nationalen Strategie für Biologische Vielfalt (NBS) von 2007 gegeben. In den Bundesländern gibt es einige Aktivitäten für Zielformulierungen und instrumentelle Umsetzungen, etwa durch Biodiversitätsstrategien oder Nationalparke. Als aktuelles Politikergebnis verwenden wir den Nationalpark Schwarzwald. In Bezug auf den integrativen Naturschutz sind Regelungen für die gute fachliche Praxis ein Instrument, mit dem mehrere Naturschutzziele als Mindeststandards in der forstlichen Bewirtschaftung verankert werden können. Mit der Novellierung des Bundeswaldgesetzes von 2010 liegt dazu ein aktuelles Politikergebnis vor.

c) Natürliche Waldentwicklung auf 5% der Waldfläche

Akteure des Politiksektors Naturschutz verfolgen bereits seit den 1990er Jahren das Ziel, fünf bis zehn Prozent der (Wald-)Fläche Deutschlands als „Urwälder von morgen" dauerhaft der natürlichen Entwicklung zu überlassen (LANA 1992: 44 f.; SRU 1994, 1996, 2000; NABU 1996, 2013; BUND 2011). In der NBS, die eines der wichtigsten konzeptionell-strategischen Instrumente des Naturschutzes auf Bundesebene darstellt (Höltermann 2013), hat die Bundesregierung dieses Ziel erstmals in einem Programm festgelegt. Danach soll sich der Wald bis zum Jahr 2020 auf fünf Prozent seiner Fläche natürlich entwickeln (BMU 2007: B1.2.1.). Dieses Ziel soll möglichst auf Flächen realisiert werden, die sich in öffentlicher Hand befinden. Der Forstsektor hat sich entschieden gegen das Ziel positioniert (siehe z. B. DFWR 2011).

Sowohl der Politiksektor Naturschutz als auch der Politiksektor Forstwirtschaft können Ressourcen mobilisieren, um das Machtelement *Zwang* einzusetzen. Dies ergibt sich vor allem daraus, dass die Umsetzung des Fünfprozentziels überwiegend Sache der Länder ist, die unterschiedliche Schwerpunkte setzen. Dem Forstwirtschaftssektor gelingt es eher, eigentümerfreundliche Parteien wie CDU/CSU und FDP für die eigene Position zu gewinnen, während Landesregierungen mit Beteiligung von Bündnis 90/Die Grünen dem Naturschutzsektor näher stehen. Diese Konstellation wird wirksam in der Entscheidung des jeweiligen Forstministers, das Fünfprozentziel zu verfolgen oder nicht. So hat der grüne niedersächsische Forstminister angekündigt, dass Niedersachsen dieses Ziel leicht erreichen werde (ML Niedersachsen 2013), und die schwarz-grüne Koalition in Hessen hat sich in ihrem Koalitionsvertrag im Jahr 2014 auf das Fünfprozentziel verständigt (CDU Hessen/ Bündnis 90/Die Grünen Hessen 2014: 17). Dagegen erwähnt etwa das Biodiversitätsprogramm des Freistaates Bayern das Fünfprozentziel nicht (Bayerische Staatsregierung 2014). Die Forstverwaltungen haben je nach Bundesland unterschiedliche Positionen zu den Zielen der NBS (Höltermann/Winkel 2011). Beide Politiksektoren verfügen über Instrumente zur Umsetzung des Fünfprozentziels. Dazu zählen naturschutzrechtliche Schutzgebiete, die in der Zuständigkeit der Naturschutzverwaltungen liegen, wie auch Schutzgebiete nach Forstrecht und verbindliche Planungsinstrumente für den Staatswald.

Mobilisierbare Ressourcen für das Machtelement *Anreiz* sind auf Naturschutzseite die Auszeichnung von Flächen z. B. als UNESCO-Weltnaturerbe oder Biosphärenreservat und die Erfüllung internationaler Verpflichtungen insbesondere im Rahmen der Biodiversitätskonvention. Auf forstlicher Seite liegen Anreizressourcen in den Folgen wirtschaftlicher Nutzung wie Wirtschaftswachstum, Arbeitsplätze und Steuereinnahmen.

Ressourcen für das Machtelement *dominante Information* bestehen hauptsächlich in fachlicher Expertise auf forstlicher Seite. Obgleich nutzungsfreie Wälder fachlich auch von forstlichen Experten als wichtiger Beitrag zur Biodiversität gewertet werden (Meyer u. a. 2011), erklärten forstliche Verbände, ungenutzte Flächen seien ungeeignet für den Schutz der Biologischen Vielfalt (AGDW/DBV 2011). Je nach Definition geeigneter Flächen kann das Fünfprozentziel als unerreichbar (Meyer 2013: 12) oder als übererfüllt erklärt werden (AGR/DeSH 2013).

Im Ergebnis ist festzustellen, dass beide Sektoren über starke Machtressourcen vor allem in Bezug auf Zwang verfügen. Bei den Anreizen spielt vor allem die Umsetzung der Biodiversitätskonvention eine Rolle. Dagegen hat in Bezug auf dominante Information der Forstsektor deutlich bessere Möglichkeiten als der Naturschutzsektor. Letzterem ist mit dem Fünfprozentziel der Bundesregierung ein Teilerfolg gelungen. Es ist zu erwarten, dass in der Umsetzung Unterschiede in den Bundesländern und je nach Parteikonstellation eintreten.

d) Nationalpark Schwarzwald

Die Ausweisung eines Nationalparks im Nordschwarzwald stellt ebenfalls seit den 1990er Jahren ein Ziel von Naturschutzakteuren dar (Späth 1992; Biebelriether u. a. 1997; NABU 2007; NABU Landesverband Baden-Württemberg 2011). Mit dem Gesetz zur Errichtung des Nationalparks Schwarzwald, das am 1. Januar 2014 in Kraft getreten ist, hat der Naturschutzsektor dieses Ziel gegen den Willen des Forstsektors (Forstkammer Baden-Württemberg 2013; Verband der Säge- und Holzindustrie Baden-Württemberg e. V. 2011) als Politikergebnis erreicht.

Der Politiksektor Forstwirtschaft konnte über zwei Jahrzehnte lang die CDU-geführten Landesregierungen von Baden-Württemberg für seine Position gegen einen Nationalpark im Schwarzwald gewinnen, so dass ein Nationalpark als politisch nicht durchsetzbar galt (Aretz u. a. 2003). Die mobilisierbaren Ressourcen für das Machtelement *Zwang* veränderten sich im Jahr 2011 mit dem Wechsel zu einer grün-roten Regierungskoalition, die das Nationalparkziel in ihren Koalitionsvertrag aufnahm (Bündnis 90/Die Grünen Baden-Württemberg/SPD Baden-Württemberg 2011). Die neue Regierung brachte das Vorhaben auf den Weg und beschloss den Entwurf für ein Nationalparkgesetz, der mit der grün-roten Landtagsmehrheit am 28.11.2013 als Gesetz verabschiedet wurde. Eine wichtige Zwangsressource, über die der Forstsektor weiterhin verfügte, ist das Eigentum an Waldflächen. In Nationalparken werden deshalb ganz überwiegend öffentliche Flächen einbezogen.

Obwohl die staatlichen Zwangsressourcen somit für die Position des Naturschutzsektors einsetzbar waren, hat die Landesregierung einen zweieinhalbjährigen Informations- und Beteiligungsprozess durchgeführt (MLR Baden-Württemberg 2013 b; siehe auch das Portal www.nationalpark-schwarzwald-dialog.de). Sie hat damit die Möglichkeit für Sachlösungen eröffnet, die im breiten Umfang genutzt wurden. In diesem Rahmen wurden von Befürwortern und Gegnern informationelle Instrumente eingesetzt, vielfach auch als *dominante Information.* So veranlassten die Nationalparkgegner eine Bürgerbefragung, die gegen den Nationalpark ausfiel (Gemeinde Baiersbronn 2013). Innerhalb des Forstsektors wurde daraufhin kommuniziert, dass die grün-rote Landesregierung einen Nationalpark gegen den Willen der Bevölkerung durchdrücken wolle (AGR 2013). Verschwiegen wurde dabei, dass die Befragung lediglich in 7 Gemeinden durchgeführt wurde, die weniger als die Hälfte der Gemeinden im Umfeld der Gebietskulisse repräsentierten (NABU Landesverband Baden-Württemberg/ Freundeskreis Nationalpark Schwarzwald 2013). Nach einer vom NABU in Auftrag gegebenen Bevölkerungsumfrage befürworteten 69% der Gesamtbevölkerung Baden-Württembergs und 59% der Befragten aus dem Nordschwarzwald den Nationalpark. Dass es sich auch hierbei um eine Teilinformation handelt, verdeutlicht eine weitere Umfrage im Auftrag des Vereins „Unser Nordschwarzwald", in dem sich die Gegner des Nationalparks organisiert hatten. Die Befragung ergab, dass die Bevölkerung Baden-Württembergs überwiegend einheimisches Holz nutzen und darauf nicht zugunsten eines Naturschutzgebietes verzichten wollte (Unser Nordschwarzwald e. V. 2013).

Im Rahmen des Beteiligungsprozesses wurden auch Ressourcen für das Machtelement *Anreiz* eingesetzt, um die Zustimmung für den Nationalpark zu erhöhen. So kündigte die Regierung an, erhebliche zusätzliche Finanzmittel in den Naturschutzetat einzustellen und zusätzliche Arbeitsplätze im Nationalpark zu schaffen (MLR Baden-Württemberg 2013 b). Den Gemeinden wurde finanzielle Förderung in Aussicht gestellt (MLR Baden-Württemberg 2013 a; Jehle 2014) und den regional ansässigen Sägewerken wurde zugesichert, dass sie wie bisher mit Holz versorgt werden (PricewaterhouseCoopers & ö:konzept 2013: 190). Weiterhin wurde ein Borkenkäfer- und Wildtiermanagement zum Schutz benachbarter Wirtschaftswälder vereinbart. Anreizressourcen auf Seiten der Gegner bestanden im Erhalt der Wirtschaftskraft und von Arbeitsplätzen in der Forst- und Holzwirtschaft (Verband der Säge- und Holzindustrie Baden-Württemberg e. V. 2011; Frühwald/Knauf 2013).

Zusammenfassend zeigt sich der Regierungswechsel zu Grün-Rot als entscheidender Wandel in der Mobilisierbarkeit von Zwangsressourcen durch die Politiksektoren und damit für die Erreichung des Nationalparkziels. Zwar hat die CDU-geführte Landesregierung noch 2010 die Prüfung einer Nationalparkausweisung beschlossen (MU Baden-Württemberg 2010) und eine Gruppe von CDU-Abgeordneten setzte sich auch in der Opposition für den Nationalpark Schwarzwald ein (Weible 2012, 2013), jedoch stellte sich die CDU-Fraktion hinter die Nationalparkgegner. Diese hätten bei einer CDU-Regierung größere Chancen gehabt, einen Nationalpark zu verhindern, während die Chancen für einen Nationalpark durch Grün-Rot vergrößert wurden. Zusätzlich konnte der Naturschutzsektor wesentlich mehr Anreizressourcen mobilisieren als der Forstsektor, während beide Sektoren in erheblichem Umfang Informationsressourcen einsetzten. Im Ergebnis wurden neue Zwangsressourcen im Nationalparkgesetz geschaffen, die eine wichtige Weichenstellung für die Wirkung des Nationalparks auf den Wald sind. Die umfangreichen institutionalisierten Partizipationsmöglichkeiten bieten Chancen für beide Politiksektoren.

e) Gute fachliche Praxis für die Forstwirtschaft

Akteure des Naturschutzsektors setzen sich für eine gesetzliche Definition einer guten fachlichen Praxis für die Forstwirtschaft ein, um bundesweit einheitliche Naturschutzstandards im Wald verbindlich festzulegen (NABU 2004, 2008; BfN 2008; Jessel u. a. 2009). Das Ziel wurde in der NBS (BMU 2007) verankert. Der Politiksektor Forstwirtschaft lehnt diese Gesetzesänderung ab und setzt sich für eine Beibehaltung des unbestimmten Rechtsbegriffs der ordnungsgemäßen Forstwirtschaft und die Formulierung von Grundsätzen auf Länderebene ein (BDF o. J.; Reif/Wagner/Bieling 2005: 29 ff.).

Während der Regierungsperiode 2002 bis 2005 ergriff die rot-grüne Bundesregierung die Initiative für eine Novellierung des Bundeswaldgesetzes, die auch Regeln für eine gute fachliche Praxis enthalten sollte (Winkel/Volz 2003). Obwohl die Kompetenz für das Bundeswaldgesetz beim Forstminister liegt und damit dem Politiksektor Forstwirtschaft zuzuordnen ist, gelang es dem Naturschutzsektor, das Thema auf die politische Agenda zu bringen (Memmler/Winkel 2007: 213). Möglich wurde dies durch die parteipolitische Konstellation der Bundesregierung mit einer grünen Forstministerin.

Währenddessen wurde das Machtelement *Anreiz* kontraproduktiv eingesetzt, indem eine bundesgesetzliche Normierung der guten fachlichen Praxis die Streichung der Naturschutzförderung für Leistungen auf dem Niveau der Naturschutzstandards zur Folge habe sollte (Winkel/Volz 2003; NABU 2005; DNR/Landesbüro der Naturschutzverbände NRW o. J: 14; SRU 2012: 360, 365). Die Auseinandersetzung wurde außerdem begleitet vom Einsatz informationeller Instrumente, insbesondere durch eine Fachstudie des Bundesamtes für Naturschutz (Winkel/Volz 2003), mit der die weitere Entwicklung maßgeblich geprägt wurde (Jessel u. a. 2009: 60), und in Form von Stellungnahmen durch Naturschützer und Waldbesitzer, die jeweils ihre Ressourcen für *dominante Information* einsetzten.

Die Realisierung der Gesetzesnovelle wurde verschleppt (Memmler/Winkel 2007: 216) und ruhte während der Regierungszeit der nachfolgenden schwarz-roten Bundesregierung. Im Koalitionsvertrag von CDU/CSU/SPD (2005) wurde vereinbart, Grundsätze der nachhaltigen Waldbewirtschaftung im Zuge der Novellierung des Bundeswaldgesetzes bis 2010 umzusetzen. Nachdem 2009 eine schwarz-gelbe Regierung antrat, stoppte die CSU-Forstministerin das Vorhaben schließlich und entschied, einen neuen Gesetzentwurf zu erarbeiten. Dabei wurden die Initiativen von grünen und sozialdemokratischen Bundestagsmitgliedern, das Bundeswaldgesetz auf Ziele der NBS zu beziehen und ökologische Standards zu definieren, mit den Stimmen von CDU/CSU und FDP abgewiesen (BT-Drs. 17/2184, 16.06.2010).

Im Jahr 2010 wurde die Gesetzesnovelle von einer schwarz-gelben Regierungsmehrheit verabschiedet, womit der Abwehrerfolg des Forstsektors durch ein eigenes Reformvorhaben abgesichert wurde.

Das Politikergebnis besteht somit darin, dass ein Wandel verhindert wurde. Als Erklärung steht die Mobilisierbarkeit der Machtressource *Zwang* im Vordergrund, für die sich die parteipolitische Konstellation der Regierungsmehrheit und die Blockademacht der Ministerialverwaltung als ausschlaggebend zeigen.

f) Ergebnisse der Fallstudien

Die Fallstudien zeigen, dass bei zwei der untersuchten Fälle Akteure des Politiksektors Naturschutz ausreichend Machtressourcen mobilisieren konnten, um einen naturschutzorientierten Wandel als Politikergebnis zu erzielen (Tabelle 2). Im Nationalpark Schwarzwald haben die verfügbaren Machtressourcen im Verhältnis zu den Machtressourcen des Politiksektors Forstwirtschaft deutlich überwogen. Hier wurde ein Politikergebnis erreicht, dass auch bei möglichen Abstrichen in der Umsetzung eine naturschutzorientierte Wirkung auf den Wald erwarten lässt. Das Fünfprozentziel für natürliche Waldentwicklung stellt als Politikergebnis einen Teilerfolg auf Zielebene dar, die entscheidende instrumentelle Verankerung wurde jedoch nicht erreicht. Beim dritten Fall ist zu sehen, dass der Politiksektor Naturschutz gescheitert ist, weil die mobilisierbaren Machtressourcen im Verhältnis zu denen des Politiksektors Forstwirtschaft zu gering waren.

Tabelle 2: Einfluss von Machtressourcen der Politiksektoren Forstwirtschaft und Naturschutz auf Politikwandel

Fall	Machtressourcen der Politiksektoren						Wandel	
	Politiksektor Naturschutz			Politiksektor Forstwirtschaft				
	Zwang	Anreiz	dominante Information	Zwang	Anreiz	dominante Information	Politikergebnis	Wirkung
5% natürl. Waldentw.	+++	++	+	+++	+	++	pro Naturschutz	Offen
Nationalp. Schwarzw.	+++	+++	++	+	+	++	pro Naturschutz	pro Naturschutz
Gute fachliche Praxis	++	+	+	+++	+	+	Kein Wandel	pro Holznutzung

Legende: +++ starker Einfluss der Machtressourcen; ++ mittlerer Einfluss der Machtressourcen; + geringer Einfluss der Machtressourcen.

In den Fallstudien besteht das Einflusspotenzial der Sektorakteure hauptsächlich in der Verfügbarkeit von Zwangsressourcen. Deren erfolgreiche Mobilisierung hängt stark von der parteipolitischen Konstellation der Regierung als Bündnispartner ab. Dies zeigt sich deutlich bei den beiden Gesetzesvorhaben. Der Naturschutzsektor konnte sein Ziel bei der Nationalparkausweisung über eine Regierung mit Beteiligung von Bündnis 90/Die Grünen durchsetzen und die Abwehr der Naturschutzanliegen bei der Novellierung des Bundeswaldgesetzes gelang dem Forstsektor überwiegend durch die Regierungskoalition von CDU/CSU und FDP sowie die Kompetenzen der Forstverwaltung. Für die Umsetzung des Fünfprozentziels können beide Sektoren je nach Regierungskonstellation in den Bundesländern Bündnispartner für Zwangsressourcen finden.

Wissensressourcen werden von beiden Politiksektoren in erheblichem Umfang eingesetzt, auch als dominante Information. Das Kräfteverhältnis war in den untersuchten Fällen etwa ausgewogen.

Mit ökonomischen Machtmitteln ist der Politiksektor Naturschutz im Verhältnis zum Forstsektor schwach ausgestattet. Anders als dieser kann er kaum Finanzressourcen aus den Märkten erschließen; in begrenztem Umfang stehen Spendengelder und Finanzmittel aus unterschiedlichen staatlichen Ebenen zur Verfügung. Dass letztere wirksam eingesetzt werden können, zeigt der Fall der Nationalparkausweisung.

3. Fazit und Diskussion der Bezüge des akteurszentrierten Machtmodells zu ‚power over', ‚power to' und ‚power with'

Die Fallstudien ergeben empirisch untermauerte Anhaltspunkte für die Leistungsfähigkeit des theoretischen Konzeptes der akteurszentrierten Macht von Politiksektoren und dessen Erklärungskraft des Wandels im Waldnaturschutz. Darüber hinaus wird die Verbindung zu anderen Konzepten von Macht deutlich.

(1) In den untersuchten Streitfragen können alle drei Politikergebnisse durch die mobilisierten Machtressourcen erklärt werden. Damit hat der Ansatz eine Bewährungsprobe für die Erklärung von Politikwandel bestanden.

(2) Eine besondere Herausforderung des analytischen Ansatzes liegt in seinem Anspruch, aus der Analyse der Machtressourcen der Sektorakteure die Chancen auf erfolgreichen Politikwandel im Vorhinein abschätzen zu können. Eine vorausschauende Machtanalyse kann Bedingungen aufzeigen, die den Erfolg von Naturschutzinitiativen bestimmen. Wichtig für ein erklärungskräftiges Ergebnis ist, dass die Machtressourcen empirisch ermittelt werden.

(3) In Bezug zur politischen Praxis wird das kritische Potenzial des Machtmodells deutlich. Akteure beider Politiksektoren kommunizieren den von ihnen verfolgten Wandel jeweils als die bessere Sachlösung und vermeiden es, Politikwandel als Ergebnis überlegener oder fehlender Macht zu thematisieren. Damit verdeckt der wertende Praxisdiskurs die machtbestimmten Ursachen für Politikwandel. Eine akteurszentrierte Machtanalyse eröffnet den Blick auf die Machtprozesse und erweitert damit die Gestaltungsmöglichkeiten von Politik.
(4) Die Ergebnisse der Fallstudien illustrieren auch die theoretischen Bezüge des akteurszentrierten Machtmodells zu den hier diskutierten Machttheorien (Krott u. a. 2014):

- Das akteurszentrierte Machtmodell gehört zum Typ ‚power over'. Dieser Typus bietet den Vorteil, dass sowohl der machtausübende als auch der machtunterworfene Akteur überprüfbar benannt werden kann. Mit den Elementen *Zwang* und *Anreiz* wird vor allem sichtbares Machthandeln in Anlehnung an Dahl (1957) und Weber (1921) erfasst. Das Element dominante Information erweitert das akteurszentrierte Machtmodell wesentlich gegenüber den Ansätzen, die nur auf Zwang fokussieren, und erfasst auch die ‚unsichtbare' Macht. Auch Normen und Ideen werden als dominante Information in ihrer Wirkung als Machtfaktoren erfasst (Lukes 1974). Selbst die normative Beeinflussung des Stärkeren (A) durch den Schwächeren wird durch das Element dominante Information abgebildet. Denn das Modell lässt offen, wer sich mit seinen Ressourcen im Wettstreit um dominante Information durchsetzt. Wenn ein Schwächerer (B) wichtige Erkenntnisse gegenüber dem in der Regel Stärkeren (A) verschweigt, dann übt B (Gegen-)Macht aus. Das akteurszentrierte Machtmodell verdeutlicht auch, dass jeder Akteur – sei es der Staat oder die naturschutzorientierte Bürgerbewegung – Machtelemente aufbauen kann. Der Aufbau von ‚power over' ist gerade auch für schwache Naturschutzakteure wichtig, um Natur zu schützen. Wie die Fallstudien zeigen, gibt es immer wieder politische Gelegenheitsfenster, in denen die Naturschutzakteure gegen einen im Grunde mächtigen Forstsektor Machtressourcen mobilisieren können. In diesem Sinne ist ‚power over' von oben und von unten möglich.
- Das akteurszentrierte Machtmodell grenzt sich vom Typ ‚power to' ab. Zentral ist hierfür die Unterscheidung von Macht und Aufklärung. Partizipative Prozesse bauen darauf, dass aus der offenen Diskussion auf der Basis allen zugänglichen Wissens die Kraft zu neuen Lösungen erwächst, die alle gemeinsam tragen (Stoll-Kleemann/Welp 2008; Oppermann 2000). Solche Prozesse sind im Waldnaturschutz wichtig. Sie erreichen Willensübereinstimmung von allen Seiten und können daher von Machtprozessen, die eine einseitige Dominanz der Willensdurch-

setzung kennzeichnet, unterschieden werden. Das akteurszentrierte Machtmodell beschränkt Macht auf einseitig dominierte Prozesse. Da Aufklärung andere Eigenschaften aufweist als Macht, ist es analytisch sinnvoll, beide Begriffe zu unterscheiden. Unabhängig davon können Naturschutzziele im Wald punktuell auch erreicht werden, in dem Akteure aus eigenen Ressourcen etwas positiv gestalten. Insofern kann ‚power to' Wirkungen erzielen, ohne dass ein entsprechender policy output durch Machtprozesse erreicht wurde.

- Der Bezug zum Typ ‚power with' ergibt sich im akteurszentrierten Machtmodell aus dem Verhältnis der Akteure zu ihrem Umfeld (Krott u. a. 2014). Über jedes Element der Macht verfügt ein Akteur nur zu geringen Anteilen. Der größte Teil liegt in der Verfügung anderer Akteure. Das Modell kennzeichnet Machtbildungsprozesse dadurch, dass ein Akteur durch Bündnisse mit anderen Akteuren seine Machtressourcen vermehrt. In den Beispielen wurde diese Option etwa durch Mobilisierung Grüner Parteien durch den Naturschutzsektor für den Nationalpark besonders deutlich. Professionelle „Leadership" (Young 1991) zielt auf solche Bündnisse ab. Allerdings geht das akteurszentrierte Machtmodell nicht davon aus, dass immer alle betroffenen Akteure für eine Lösung im Gemeinwohl gewonnen werden können. In der Regel genügt es, ein Bündnis zu formen, das dem Gegner in Sachen Macht überlegen ist, wie im untersuchten Beispiel Nationalpark. Ein Fall, in dem alle Akteure als Bündnispartner gewonnen werden können, wäre für uns Problemlösung durch Aufklärung. In unseren Beispielen konnten wir solche Fälle nicht nachweisen.
- Zusammenfassend möchte das akteurszentrierte Machtmodell mit seinen drei Elementen Zwang, Anreiz und dominante Information Machtprozesse breiter abdecken, als dies Zwang kann. Es zieht aber dort die Grenze von Macht, wo Akteure freiwillig und selbständig zusammenwirken. Solche Prozesse sind wichtig für (Naturschutz-)politik und entfalten große Problemlösungskraft. Sie gestalten Politikwandel aber nicht durch Aufbau von Abhängigkeiten, wie es für Machtprozesse kennzeichnend ist. Daher sprechen unsere Befunde dafür, den Begriff der Macht auf die sozialen Abhängigkeitsverhältnisse zu fokussieren und die gemeinsame Gestaltung von Problemlösungen anders zu bezeichnen – etwa als Handeln durch Aufklärung.

Literatur

AGDW (Arbeitsgemeinschaft Deutscher Waldbesitzerverbände)/DBV (Deutscher Bauernverband), 2011: Waldstrategie 2020 wird trotz Kritik unterstützt, Gemeinsame Erklärung von Waldbesitzerverbänden und Bauernverband, Pressemeldung vom 07.11.2011.

AGR (Arbeitsgemeinschaft Rohholzverbraucher e. V.), 2013: Bürgerbefragung Nationalpark Nordschwarzwald. Politik respektiert Bürgerwille nicht, Pressemitteilung Berlin, 14.05.2013.

AGR (Arbeitsgemeinschaft Rohholzverbraucher e. V.)/DeSH (Deutsche Säge- und Holzindustrie – Bundesverband e. V.), 2013: Nationale Biodiversitätsstrategie. Deutschland übertrifft die Anforderungen, Presseinformation, 14.10.2013.

Aretz, A./Elsner, D./Flaig, H./Weimler-Jehler, W., 2003: Waldprogramm Baden-Württemberg. Ergebnisse der 3. Dialogphase, Sachstandspapier Wald und Klima, Stuttgart: Akademie für Technikfolgenabschätzung.

Arts, B./van Tatenhove, J., 2004: Policy and power: a conceptual framework between the 'old' and the 'new' idioms, in: Policy Science 37 (3-4), 339-356.

Bayerische Staatsregierung, 2014: NaturVielfaltBayern. Biodiversitätsprogramm Bayern 2030, www.natur.bayern.de (Stand: 15.01.2015).

BDF (Bund Deutscher Forstleute), o. J.: Gute fachliche Praxis in der Forstwirtschaft, Positionspapier, www.bdf-online.de/pdf/positionen/fachliche_praxis.pdf (Stand: 21.10.2014).

BfN (Bundesamt für Naturschutz), 2008: Naturerbe Buchenwälder. Situationsanalyse und Handlungserfordernisse, www.bfn.de/fileadmin/MDB/documents/themen/landwirtschaft/BuWae_BfN-Position.pdf (Stand: 20.08.2008).

Biebelriether, H./Diepolder, U./Wimmer, B., 1997: Studie über bestehende und potentielle Nationalparke in Deutschland, Bundesamt für Naturschutz, Bonn/Bad Godesberg.

Böcher, M./Töller, A. E., 2012: Umweltpolitik in Deutschland. Eine politikfeldanalytische Einführung, Wiesbaden.

BMELV (Bundesministerium für Ernährung, Landwirtschaft und Verbraucherschutz), 2011: Waldstrategie 2020. Nachhaltige Waldbewirtschaftung – eine gesellschaftliche Chance und Herausforderung, Bonn.

BMU (Bundesministerium für Umwelt, Naturschutz und Reaktorsicherheit), 2007: Nationale Strategie zur Biologischen Vielfalt, Berlin.

Brukas, V./Weber, N., 2009: Forest management after the economic transition. At the crossroads between German and Scandinavian traditions, in: Forest Policy and Economics 11 (8), 586-592.

BUND (Bund für Umwelt und Naturschutz Deutschland), 2009: BUND-Schwarzbuch Wald, www.bund.net/schwarzbuch-wald (Stand: 03.08.2009).

BUND (Bund für Umwelt und Naturschutz Deutschland), 2011: Lebendige Wälder, BUND-Positionen 57.

Bündnis 90/Die Grünen Baden-Württemberg/SPD Baden-Württemberg, 2011: Der Wechsel beginnt, Koalitionsvertrag 2011-2016.

CDU/CSU/SPD, 2005: Gemeinsam für Deutschland – mit Mut und Menschlichkeit, Koalitionsvertrag zwischen CDU, CSU und SPD, Rheinbach.

CDU Hessen/Bündnis 90/Die Grünen Hessen, 2014: Verlässlich gestalten – Perspektiven eröffnen. Hessen 2014 bis 2019, Koalitionsvertrag zwischen der CDU Hessen und Bündnis 90/Die Grünen Hessen für die 19. Wahlperiode des Hessischen Landtags 2014-2019.

Dahl, R. A., 1957: The concept of power, in: Behavioral Science 2 (3), 201-215.

DFWR (Deutscher Forstwirtschaftsrat), 2011: Energiewende und Klimawandel erfordern neue Strategien für den Wald. Erfurter Erklärung, verabschiedet durch die Vertreter aller forstlichen Verbände und Institutionen Deutschlands auf der Mitgliederversammlung des Deutschen Forstwirtschaftsrates (DFWR) am 21. Juni in Erfurt.

DNR (Deutscher Naturschutzring/Landesbüro der Naturschutzverbände in NRW), o. J.: Vorschläge für ein besseres Umweltgesetzbuch. Naturschutzrecht im UGB III (Naturschutz und Landschaftspflege), www.dnr.de/downloads/dnr_naturschutz_ugbiii.pdf (Stand: 11.02.2010).

Gemeinde Baiersbronn, 2013: Bürgerbefragung Nationalpark Nordschwarzwald am 12. Mai 2013, Ergebnisse der beteiligten Gemeinden, www.gemeinde-baiersbronn.de/se_data/_filebank/gemeinde/befragung_np_nsw/ergebnisse/Abstimmungsergebnisse.pdf (Stand: 21.10.2014).

Feindt, P. H./Kleinschmit, D., 2011: The BSE crisis in German newspapers: Reframing responsibility, in: Science and Culture 20 (2), 183-208.

Forstkammer Baden-Württemberg, 2013: Stellungnahme zum Gesetz des Landes zur Errichtung des Nationalparks Schwarzwald (Nationalparkgesetz – NLPG), http://forstkammer-bw.de/fileadmin/Forstkammer/Download/NP_Schwarzwald_-_Stellungnahme_Forstkammer.pdf (Stand: 21.10.2014).

Frühwald, A./Knauf, M., 2013: Sozioökonomische Aspekte und Aspekte des Klimaschutzes innerhalb der Diskussion um einen möglichen Nationalpark im Nordschwarzwald. Kurzgutachten im Auftrag der Arbeitsgemeinschaft der Rohholzverbraucher e. V. (AGR), des Bundesverbandes Säge- und Holzindustrie Deutschland e. V. (DSH) und des Verbandes der Säge- und Holzindustrie Baden-Württemberg e. V. (VSH), Hamburg/Bielefeld, www.unser-nordschwarzwald.de/wp-content/uploads/2013/03/Kurzgutachten-potenzieller_National-park_Nordschwarzwald_Fru%C2%A8hwald_Knauf.pdf (Stand: 21.10.2014).

Hall, P. A., 1989: The Political Power of Economic Ideas. Keynesianism across Nations, Princeton, N. J.

Höltermann, A., 2013: Das 5%-Ziel – Begründung und Bedeutung, in: Holz-Zentralblatt 40, 977-978.

Höltermann, A./Winkel, G., 2011: Dialogforum Öffentlicher Wald und Nationale Biodiversitätsstrategie, Vilm, 19-21. Mai 2010, Tagungsband, BfN-Skript 293, Bundesamt für Naturschutz, Bonn/Bad Godesberg.

Howlett, M., 2011: Designing Public Policies. Principles and Instruments, Routledge: Oxon, New York.

Hubo, C./Krott, M., 2010: Politiksektoren als Determinanten von Umweltkonflikten am Beispiel invasiver gebietsfremder Arten, in: P. H. Feindt/T. Saretzki (Hrsg.), Umwelt- und Technikkonflikte, Wiesbaden, 219-238.

Hubo, C./Krott, M., 2013: Conflict camouflaging in public administration – A case study in nature conservation policy in Lower Saxony, in: Forest Policy and Economics 33, 63-70.

Jann, W./Wegrich, K., 2014: Phasenmodelle und Politikprozesse: Der Policy Cycle, in: K. Schubert/N. Bandelow (Hrsg.), Lehrbuch der Politikfeldanalyse, 3. akt. und überarb. Aufl., Oldenbourg, 97-132.

Jehle, S., 2014: Naturpark Schwarzwald will Randzonen entwickeln, in: Südwest Presse vom 28.01.2014, /www.swp.de/nationalpark./Naturpark-Schwarzwald-will-Randzonen-entwickeln;art4319,2421087 (Stand: 13.01.2015).

Jenkins-Smith, H. C./Nohrstedt, D./Weible, C. M./Sabatier, P. A., 2014: The advocacy coalition framework: Foundations, evolution, and ongoing research, in: P. A. Sabatier/C. M. Weible (Hrsg.), Theories of the Policy Process, 3. Edition, Boulder, 183-223.

Jessel, B./Röhling, M./Kluttig, H., 2009: Welchen Wald braucht der Naturschutz? Schutz und Nutzung gemeinsam voranbringen, in: B. Seintsch/M. Dieter (Hrsg.), Waldstrategie 2020. Tagungsband zum Symposium des BMELV, 10.-11.12.2008, Berlin, Landbauforschung – vTI Agricultur and Forestry Research Sonderheft 327, 53-63.

Kleinschmit, D., 2014: Between science and politics: Swedish newspaper reporting on forests in a changing climate, in: Environmental Science & Policies 35, 117-127.

Knill, C./Schulze, K./Tosun, J., 2010: Politikwandel und seine Messung in der vergleichenden Staatstätigkeitsforschung: Konzeptionelle Probleme und mögliche Alternativen, Politische Vierteljahresschrift 51, 409-432.

Knill, C./Tosun, J., 2012: Public Policy. A New Introduction, New York.
Krott, M., 1990: Öffentliche Verwaltung im Umweltschutz, Wien.
Krott, M., 2001: Politikfeldanalyse Forstwirtschaft, Berlin.
Krott, M./Bader, A./Schusser, C./Devkota, R./Maryudi, A./Giessen, L./Aurenhammer, H., 2014: Actor-centred power. The driving force in decentralised community based forest governance, in: Forest Policy and Economics 49, 34-42.
LANA (Bund/Länder-Arbeitsgemeinschaft für Naturschutz und Landschaftspflege), 1992: Lübecker Grundsätze des Naturschutzes. Länderarbeitsgemeinschaft für Naturschutz, Landwirtschaft und Erholung, Schriftenreihe Heft 3.
Lindblom, C., 1969: The science of 'muddling through', in: A. Etzioni, (Hrsg.), Readings on Modern Organisations, Engelwood Cliffs N. J., 154-167.
Lukes, S., 1974: Power: A Radical View, London.
Memmler, M./Winkel, G., 2007: Argumentative Politikberatung in der Naturschutzpolitik, in: M. Krott/M. Suda (Hrsg.), Macht Wissenschaft Politik? Erfahrungen wissenschaftlicher Beratung im Politikfeld Wald und Umwelt, Wiesbaden, 203-244.
Meyer, P., 2013: Synthese und Ausblick. F+E-Vorhaben NWE5 „Natürliche Waldentwicklung als Ziel der Nationalen Strategie zur biologischen Vielfalt", Berlin, 14.10.2013, www.nw-fva.de/nwe5/downloads/Synthese_Ausblick.pdf (Stand: 14.11.2013).
Meyer, P./Schmidt, M./Spellmann, H./Bedarff, U./Bauhus, J./Reif, A./Späth, V., 2011: Aufbau eines Systems nutzungsfreier Wälder, in: Natur und Landschaft 86, 6.
MLR (Ministerium für Ländlichen Raum und Verbraucherschutz) Baden-Württemberg, 2013 a: Mitgliederversammlung des Naturparks Schwarzwald Mitte/Nord bekennt sich zu Nationalpark, Pressemitteilung vom 05.05.2013, www.mlr.baden-wuerttemberg.de/de/unser-service/presse-und-oeffentlichkeitsarbeit/pressemitteilung/pid/mitgliederversammlung-des-naturparks-schwarzwald-mitten-ord-bekennt-sich-zu-nationalpark/ (Stand: 21.10.2014).
MLR (Ministerium für Ländlichen Raum und Verbraucherschutz) Baden-Württemberg, 2013 b: Landesregierung beschließt Gesetzentwurf für den Nationalpark Schwarzwald, Pressemitteilung vom 08.10.2013, www.mlr.baden-wuerttemberg.de/de/unser-service/presse-und-oeffentlichkeitsarbeit/pressemitteilung/pid/landesregierung-beschliesst-gesetzentwurf-fuer-den-nationalpark-schwarzwald/ (Stand: 21.10.2014).
ML Niedersachsen (Niedersächsisches Ministerium für Ernährung, Landwirtschaft und Verbraucherschutz), 2013: Forstminister Meyer: Niedersachsen schafft

mehr Naturwaldflächen. Bundesziel wird derzeit verfehlt – „Beitrag für biologische Vielfalt", Pressemitteilung vom 14.10.2013.

Moe, M. T., 2005: Power and political institutions, in: Perspectives in Politics 3 (2), 215-233.

MU (Ministerium für Umwelt, Naturschutz und Verkehr) Baden-Württemberg, 2010: Natur – das grüne Kapital unseres Landes. Naturschutzstrategie Baden - Württemberg 2020, www.baden-wuerttemberg.de/fileadmin/redaktion/dateien/Altdaten/202/Naturschutzstrategie_BW_2020.pdf (Stand: 21.10.2014).

NABU (Naturschutzbund Deutschland), 1996: Das NABU Waldkonzept, Bonn-Beuel.

NABU (Naturschutzbund Deutschland), 2004: NABU präsentiert Eckpunkte zur Novelle des Bundeswaldgesetzes. Tschimpke: Naturnahe Waldwirtschaft muss Leitbild sein, Naturschutz aktuell, NABU-Pressedienst, 08.01.2014.

NABU (Naturschutzbund Deutschland), 2005: Therapieplan Wald – Anforderungen an die gute fachliche Praxis in der Forstwirtschaft. Ergebnisse eines Infoseminars des NABU am 16.02.2005, www.nabu-akademie.de/berichte/04_gfp_forst.htm (Stand: 18.06.2010).

NABU (Naturschutzbund Deutschland), 2007: Nationalparke in Deutschland. Perspektiven für Schutz und Entwicklung von Naturlandschaften, NABU-Position, www.nabu.de/imperia/md/content/nabude/naturschutz/schutzgebiete/1.pdf (Stand: 20.08.2008).

NABU (Naturschutzbund Deutschland) Landesverband Baden-Württemberg, 2011: Naturschutzfachliches Screening nationalparktauglicher Gebiete in Baden-Württemberg, Stuttgart, http://baden-wuerttemberg.nabu.de/imperia/md/content/badenwuerttemberg/broschueren/2011-05-10_nationalpark_screening_klein.pdf (Stand: 13.01.2015).

NABU (Naturschutzbund Deutschland) Landesverband Baden-Württemberg/ Freundeskreis Nationalpark Schwarzwald, 2013: Abstimmungsverhalten der Kreise und Kommunen, www.nabu-bw.de/download/nlp/NLP-Abstimmungsverhalten.jpg (Stand: 13.01.2015).

NW-FVA (Nordwestdeutsche Forstliche Versuchsanstalt), 2013: „Natürliche Waldentwicklung als Ziel der Nationalen Strategie zur biologischen Vielfalt (NWE5)", Ergebnispräsentation eines BfN/BMU geförderten F+E-Vorhabens, www.nw-fva.de/nwe5/ (Stand: 14.11.2013).

Oppermann, B., 2000: Konfliktlösungs- und Partizipationsmodelle für eine bürgernahe Naturschutzpolitik, in: Angewandte Landschaftsökologie 34, 37-39.

Peters, D.M./Schraml, U., 2014: Does background matter? Disciplinary perspectives on sustainable forest management, in: Biodiversity and Conservation 23, 3373-3389.

PricewaterhouseCoopers & ö:konzept, (2013): Gutachten zum potenziellen Nationalpark im Nordschwarzwald. Gutachten im Auftrag des Ministeriums für Ländlichen Raum und Verbraucherschutz des Landes Baden-Württemberg, Berlin, April 2013.

Reif, A./Wagner, U./Bieling, C., 2005: Analyse und Diskussion der Erhebungsmethoden und Ergebnisse der zweiten Bundeswaldinventur vor dem Hintergrund ihrer ökologischen und naturschutzfachlichen Interpretierbarkeit, BfN-Skripten 158, Bundesamt für Naturschutz, Bonn/Bad Godesberg.

Schubert, K., 1991: Politikfeldanalyse. Eine Einführung, Opladen.

Schubert, K./Bandelow, N., 2014: Politikfeldanalyse: Dimensionen und Fragestellungen, in: dies. (Hrsg.), Lehrbuch der Politikfeldanalyse, 3. akt. und überarb. Aufl., Oldenbourg, 1-26.

Schusser, C./Krott, M./Yufani Movuh, M. C./Logmani, J./Devkota, R. R./Maryudi, A./Salla, M., 2015: Powerful Actors as Drivers of Community Forestry – Results of an International Study, in: Forest Policy and Economics (under review).

Simon, H. A., 1981: Entscheidungsverhalten in Organisationen, Deutsche Übersetzung, 3. erw. Auflage, Landsberg.

Späth, V., 1992: Nationalparkvorschlag Nordschwarzwald. Bestandsaufnahme und Bewertung der Möglichkeiten naturnaher Waldpflege und ungestörter Waldentwicklung, hrsg. vom Naturschutzbund Deutschland, Landesverband Baden-Württemberg, Kornwestheim, 1-76.

SRU (Sachverständigenrat für Umweltfragen), 1994: Umweltgutachten 1994 – Für eine dauerhaft umweltgerechte Entwicklung, Bundestags-Drucksache 12/6995.

SRU (Sachverständigenrat für Umweltfragen), 1998: Umweltgutachten 1998 – Umweltschutz – Erreichtes sichern, neue Wege gehen, Bundestags-Drucksache 13/10195.

SRU (Sachverständigenrat für Umweltfragen), 2000: Umweltgutachten 2000 – Schritte ins nächste Jahrtausend, Bundestags-Drucksache 14/3363.

SRU (Sachverständigenrat für Umweltfragen), 2012: Umweltgutachten 2012 – Verantwortung in einer begrenzten Welt, Berlin.

Stoll-Kleemann, S./Welp, M. 2008: Participatory and integrated management of biosphere reserves. Lessons from case Studies and a global survey, in: GAIA 17/S1, 161-168.

Storch, S./Winkel, G., 2012: Waldnaturschutzpolitik und Klimawandel, in: M. Milad/S. Storch/H. Schaich/W. Konold/G. Winkel (Hrsg.), Wälder und Klimawandel: Künftige Strategien für Schutz und nachhaltige Nutzung, Naturschutz und Biologische Vielfalt 125, Bundesamt für Naturschutz, Bonn/Bad Godesberg, 58-71.

Unser Nordschwarzwald e. V., 2013: Meinungsumfrage zur Wald- und Holznutzung in Baden-Württemberg, www.unser-nordschwarzwald.de/wp-content/uploads/2013/01/forsa-unser-nordschwarzwald.pdf (Stand: 21.10.2014).

Verband der Säge- und Holzindustrie Baden-Württemberg e. V., 2011: Ist der Schwarzwald für einen Nationalpark geeignet? Positionspapier, www.forstkammer-bw.de/fileadmin/Forstkammer/Download/6_VSH_Positionspapier.pdf (Stand: 21.10.2014).

Verbij, E., 2008: Inter-sectoral coordination in forest policy. A frame analysis of forest sectorization processes in Austria and the Netherlands, Diss. Universität Wageningen.

Waldbesitzerverband Niedersachsen, 2011: Waldresolution zur Waldstrategie 2020, Hannover.

Weber, M., 1921: Wirtschaft und Gesellschaft, Tübingen.

Weible, R., 2012: CDU findet keine einheitliche Meinung zum Schutzgebiet im Nationalpark, Südwest-Presse, neckar-chronik.de, 27.11.2012.

Weible, R., 2013: Nationalpark-Befürworter in der CDU sind mit Nein der Landtagsfraktion nicht einverstanden, Schwäbisches Tagblatt, tagblatt.de, 25.07.2013.

Winkel, G./Volz, K.-R., 2003: Naturschutz und Forstwirtschaft. Kriterienkatalog zur Guten fachlichen Praxis, Angewandte Landschaftsökologie 52, Bundesamt für Naturschutz, Bonn/Bad Godesberg.

Young, O. R., 1991: Political leadership and regime formation: On the development of institutions in international society, in: International Organization 45 (3), 281-308.

Korrespondenzanschriften:

Dr. Christiane Hubo | Prof. Dr. Max Krott
Professur für Forst- und Naturschutzpolitik und Forstgeschichte
Georg-August-Universität Göttingen
Büsgenweg 3
37077 Göttingen
E-Mail: chubo@gwdg.de | mkrott@gwdg.de

Achim Brunnengräber und Daniel Häfner

Machtverhältnisse in der Mehrebenen-Governance der „nuklearen Entsorgung“[1]

Kurzfassung

Die Vorbereitung der Standortsuche für ein Endlager für hoch radioaktive Abfälle hat in der Bundesrepublik Deutschland Fahrt aufgenommen. Ein jahrzehntelanger gesellschaftlicher Großkonflikt um die Nutzung der Kernenergie soll in einem „nationalen Konsens“ zu einem Abschluss gebracht werden. Vieles deutet darauf hin, dass die nationalstaatliche Ebene Macht und Mitsprache an die Öffentlichkeit abgeben will. Nicht zuletzt soll die Funktionsfähigkeit des demokratischen Grundkonsenses in Deutschland demonstriert werden. Wie lassen sich diese Entwicklungen deuten? Ausgehend von einer machtkritischen Perspektive zeigt der Beitrag, dass nicht die Stärkung der Demokratie *an sich*, sondern die Stärkung der repräsentativen Demokratie auf nationalstaatlicher Ebene im Vordergrund der politischen Maßnahmen steht. Zweifel sind angebracht, dass die Suche nach einem Standort für die hochgefährlichen Abfälle auf diese Weise und ohne eine anspruchsvollere Bürgerbeteiligung zum Erfolg führen wird.

1 Der Text entstand im Rahmen der vom BMBF geförderten Forschungsplattform „Entsorgungsoptionen für radioaktive Reststoffe: Interdisziplinäre Analysen und Entwicklung von Bewertungsgrundlagen (ENTRIA)“ (FK 02S9082B) am Forschungszentrum für Umweltpolitik (FFU) der FU Berlin.

Inhalt

1. Einleitung

In einem „historischen Schritt“[2] wurde am 28. Juni 2013 ein Gesetz zur Endlagersuche für hoch radioaktive Reststoffe im Bundestag verabschiedet. Das Standortauswahlgesetz (StandAG) soll einen „Neustart“ der Standortsuche für ein Endlager auf einer „weißen Landkarte“ einleiten. Im Mai 2014 nahm die „Kommission Lagerung hoch radioaktiver Abfallstoffe“ (kurz: Endlager-Kommission) ihre Arbeit auf, die den Suchprozess vorbereiten soll. Drei Monate später folgte die Einrichtung des Bundesamtes für kerntechnische Entsorgung (BfE), womit „die Voraussetzungen geschaffen worden [sind], um die Finanzierungsverantwortung der Verursacher des Atommülls durchzusetzen“ (BMUB 2014).

Mit diesen Maßnahmen soll ein jahrzehntelanger gesellschaftlicher Großkonflikt um die Nutzung der Kernenergie, zu dem schon immer der Konflikt um die Frage nach der „Entsorgung“[3] der hoch radioaktiven Reststoffe gehörte (Kolb 1997), in einem „nationalen Konsens“ zu einem Abschluss gebracht werden. Der Atomausstieg, der 2011 von der schwarz-gelben Bundesregierung verabschiedet wurde, scheint dafür ein günstiges Gelegenheitsfenster zu eröffnen. Das Gesetz verspricht verschiedene Beteiligungsverfahren und weckt die Erwartung, dass die national-

2 Dies erklärten im Jahr 2013 unabhängig voneinander Peter Altmaier (CDU, damaliger Bundesumweltminister), Baden-Württembergs Ministerpräsident Winfried Kretschmann (Grüne) und Sigmar Gabriel (SPD).

3 Manche der Reststoffe strahlen für Millionen von Jahren. Die absolute Sicherheit einer Lagerstätte kann für einen solchen Zeitraum nicht garantiert werden. Das Problem wird also nie vollständig und zufriedenstellend gelöst werden können. Daher verwenden wir die Begriffe „Endlagerung“ und „Entsorgung“ mit Anführungszeichen oder sprechen von Einlagerung.

staatliche Ebene Einfluss an die Bevölkerung in der Region abgeben will, in der das Endlager einmal gebaut werden soll.

Im Kern der Entscheidung geht es um die Befriedung eines Konfliktes, an der traditionelle top-down-Politikansätze und alle bisherigen Regierungen – sofern sie es überhaupt versuchten – scheiterten. Immer wieder ist die Bundesrepublik durch den Widerstand gegen die Atomwirtschaft, gegen Atomkraftwerke und gegen den Standort Gorleben herausgefordert worden (Rucht 2008; Radkau 2011). Dementgegen unterstreiche das Gesetz „eindrucksvoll die Funktionsfähigkeit des demokratischen Grundkonsenses in Deutschland“, erklärte der damalige Bundesumweltminister Peter Altmaier (BMU 2013). Bei der Standortsuche für ein „Endlager“ geht es also um weit mehr als um den Salzstock Gorleben und die „Endlagerung“ hoch radioaktiver Reststoffe. Auch Fragen nach der Funktionsfähigkeit und Qualität der repräsentativen Demokratie sowie ihre Erweiterung um deliberative Elemente sind gestellt.

Aus einer machtkritischen Perspektive werden wir dagegen argumentieren, dass bei der neuen Standortsuche weder Anzeichen für einen „nationalen Konsens“ noch für eine Demokratisierung zu erkennen sind, die eine erweiterte Teilhabe, Mitsprache und Einflussnahme der Bürger/innen umfassen müsste. Wir wollen die These diskutieren, dass sich nach dem Beschluss über den Atomausstieg, der bis 2022 vollzogen sein soll, ein politisches Gelegenheitsfenster im Umgang mit hoch radioaktiven Reststoffen öffnete. Die partizipativen Potenziale dieser neuen Situation werden durch die neuen Governance-Strukturen aus StandAG, Endlager-Kommission und Bundesamt für kerntechnische Entsorgung (BfE) jedoch nicht ausgeschöpft.[4] Im Gegenteil: Wir wollen zeigen, dass sich zwar deutliche Veränderungen in der Akteurslandschaft vollziehen. Im Sinne einer ‚power over‘ (siehe Partzsch in diesem Band) werden jedoch die Machtstrukturen durch die staatliche Deutungshoheit im Endlager-Diskurs und durch neue Governance-Formen reproduziert und abgesichert.

Nicht die Stärkung der Demokratie *an sich*, sondern die Stärkung der repräsentativen Demokratie auf nationalstaatlicher Ebene steht im Vordergrund der politischen Maßnahmen. Damit stellt sich allerdings die Frage, ob die (demokratische) Repräsentation von Interessen, Betroffenheiten und des Allgemeinwohls – im Gegensatz zu partizipativeren Ansätzen – dem Problem der Standortsuche gerecht werden kann. Auch wenn die Erfahrungen mit der jahrzehntelangen Konflikthaf-

4 Zusätzlich wird von zahlreichen Umweltorganisationen und Bürgerinitiativen die Meinung vertreten, dass wirkliche Verhandlungen erst stattfinden können, wenn alle Atomkraftwerke vom Netz sind und kein weiterer Atommüll mehr erzeugt wird (Brunnengräber 2013).

tigkeit der Nutzung der Atomenergie sowie der Standortsuche aus anderen Ländern (Brunnengräber u. a. 2015) auf die Bundesrepublik Deutschland übertragen werden, sind Zweifel angebracht.

Auf der Grundlage der Analyse der Endlager-Governance, bei der wir die Schwerpunkte auf die Normsetzung, die Institutionalisierung und die Problemdeutung setzen, wollen wir in diesem Beitrag einen empirisch-konzeptionellen Zugang zum Thema entwickeln. Governance verstehen wir dabei in Abgrenzung zu ‚Government‘ bzw. Regierungshandeln als politischen Prozess, in den eine Vielzahl von Akteuren auf unterschiedlichen Handlungsebenen eingebunden ist (Brand 2000; Benz u. a. 2007). Verhandlungen oder Institutionen können dabei gleichermaßen Ausdruck von Governance-Prozessen sein wie Konflikte und Proteste. Machtverhältnisse konstituieren sich dabei sehr kontextspezifisch und unterschiedlich, abhängig von den Problemlagen und Akteurskonstellationen. Governance wird also nicht im Sinne der Problemlösung verstanden, sondern als komplexes Terrain, auf dem sich die politische Wirklichkeit bei durchaus widerstreitenden Interessen abbilden lässt (Mayntz 2004).

Wir wollen zunächst die Machtverhältnisse identifizieren, die den bisherigen Umgang mit den Hinterlassenschaften des fossil-nuklearen Energiesystems prägen (Teil 2). Daraufhin werden wir die Entwicklungen zur Frage der „Endlagerung“ hoch radioaktiver Reststoffe zwischen nationalstaatlicher, europäischer und internationaler Ebene aufzeigen (Teil 3). Anschließend werden kurz das StandAG und die Endlager-Kommission vorgestellt (Teil 4), um darauf aufbauend darzulegen, dass die bestehenden Governance-Strukturen zwar um neue Elemente erweitert werden, die Kontinuitäten in diesem Prozess aber überwiegen (Teil 5). Dennoch lassen sich Veränderungen in den Akteurskonstellationen beobachten, was sich anhand der Kompetenzverschiebung von den Bundesländern zum Bund bzw. Regierungsapparat zeigen lässt (Teil 6). Veränderungen gibt es auch auf zivilgesellschaftlicher Ebene – eine anspruchsvolle Einflussnahme durch Bürger/innen ist im StandAG allerdings nicht vorgesehen (Teil 7). Im Resümee werden wir auf unsere These eingehen und begründen, warum die neuen Governance-Elemente die Suche nach einem Standort für ein „Endlager“ bisher noch nicht begünstigt haben und die bisherigen Machtverhältnisse *nur* reproduziert werden. Die staatlich dominierte Problembearbeitung und -deutung wird institutionell neu abgesichert.

2. Macht, Energie und Externalitäten

Die Nutzung der Atomenergie beruhte auf ausgeprägten energiepolitischen, geostrategischen und militärischen Interessen – deshalb wurden die Externalitäten der Produktion über Jahrzehnte hinweg staatlich weitgehend geduldet oder marginalisiert. Die gesundheitlichen Folgen und die Degradation der Landschaft durch den Urananbau, die Strahlenschäden durch Unfälle oder der hoch radioaktive Atommüll waren den Produktionsprozessen sowie den Geostrategien vor- oder nachgelagert und somit *nur* externe Bedingungen oder Randerscheinungen, die vermeintlich rein technisch gelöst werden könnten. Der machtvolle „Atom-Staat“ (Jungk 1980) konnte die Externalitäten lange Zeit ignorieren (Brunnengräber/Mez 2014), weshalb auch nach 70 Jahren der so genannten zivilen Nutzung der Atomenergie in Atomkraftwerken (AKW) weltweit noch kein Endlager für hoch radioaktive Reststoffe in Betrieb gegangen ist.

Die Nutzung der Kernenergie wurde von Beginn an massiv staatlich gefördert, sei es, um die Technologien zum Bau der Atombombe zu erhalten oder um der Utopie der billigen und scheinbar unbegrenzt verfügbaren Atomenergie zu folgen (*„too cheap to meter“*). Später zielte der sich herausbildende nuklear-staatliche Komplex, der sich aus staatlicher Politik, Atomindustrie und Großforschung zusammensetzte (Jungk 1980), auf die nationale Energiesicherheit ab. Auf diese Weise bildeten sich die monopolartigen Energieversorgungsstrukturen heraus, die den harten Energiefahrplan bestimmten und Alternativen – schon in den 1970er Jahren wurde in den erneuerbaren Energien der „sanfte Weg“ in die Zukunft gesehen (Jungk 1980: 11) – verhindern konnten. Das so entstandene ausbalancierte Terrain von Interessen ist in Deutschland über Jahrzehnte hinweg nur von der Anti-Atom-Bewegung gestört worden (Radkau/Hahn 2013; Rucht 2008). Ebenso erfolgte die Auseinandersetzung mit den Externalitäten vor allem, weil sie politisch mit dem entsprechenden Druck gegen machtvolle Interessen thematisiert und skandalisiert wurde. Der zivilgesellschaftliche Widerstand gegen AKW wie die Forderungen nach einer möglichst sicheren Einlagerung konnte sich jedoch gegenüber den harten Interessen jahrzehntelang kaum durchsetzen.

Mittlerweile aber haben sich die staatlichen und marktwirtschaftlichen Interessen in zweifacher Hinsicht ausdifferenziert: Zum einen hat sich durch die Politik von Bündnis90/Die Grünen in Kooperation mit der SPD der gesellschaftliche Widerstand gegen die Atomkraft institutionalisiert, wenngleich große Teile der Anti-Atom-Bewegung der Verstaatlichung kritisch gegenüber stehen. Das kurze Aufbäumen gegen den Ausstieg – der so genannte „Ausstieg vom Ausstieg“ – in der Regierungskoalition aus CDU/CSU und FDP unter Bundeskanzlerin Angela Merkel konnte der atomkritischen Stimmung in der Bevölkerung spätestens nach der Reaktorkatastrophe von Fukushima im Jahr 2011 aber nichts mehr entgegen setzen (Schreurs 2013). Im Zuge dieser Entwicklung verändert sich das Terrain widerstreitender Interessen, auf dem sich die Akteure der Atom- und Energiepolitik bewegen. Die Einheit von staatlichen und privaten Interessen löst sich auf, weil mit dem Ausstiegsbeschluss die erwarteten Gewinne aus dem AKW-Betrieb nicht mehr erzielt werden und durch die „Endlagerung" nur Kosten entstehen.

Auch die vormals relativ robuste Struktur der Anti-Atom-Bewegung, deren Widerstand gegen Castor-Transporte und gegen Gorleben zum Sinnbild für die Fundamentalopposition gegen die Atomenergie insgesamt avancierte, verändert sich. Ein „Dagegen" kann bei der „Endlagerproblematik" nicht mehr in ähnlicher Weise Mobilisierung entfalten, denn die Standortsuche benötigt ein nachvollziehbares, auf wissenschaftlichen Erkenntnissen beruhendes und auf Kriterien gestütztes „Dafür" (Brunnengräber/Hocke 2014). Sind nun die neuen Governance-Elemente eine adäquate Antwort, um auf die Veränderungen zwischen Staat, Privatwirtschaft und Zivilgesellschaft reagieren zu können? Das Recht, die Institution und die Beteiligungsformen könnten auch als Steuerungsmittel angesehen werden, um die machtförmige Politik des Staates zu reproduzieren. Im Folgenden wollen wir hierfür empirische Belege anführen.

3. Nationaler Kontext, europäische Vorgaben und die Rolle der AKW-Betreiber

Das Unterlassen oder Scheitern der bisherigen Bemühungen um eine möglichst sichere Einlagerung der nuklearen Hinterlassenschaften ist kein alleiniges bundesdeutsches Phänomen.[5] Einiges deutet aber darauf hin, dass die derzeitigen internationalen Versuche, der Standortsuche durch neue Governance-Elemente politische und wissenschaftliche Dynamik zu verleihen, an Fahrt gewinnen. Zumindest die Notwendigkeit dazu wurde in einigen Ländern erkannt (Brunnengräber u. a. 2015). Zwei Wirkungskräfte greifen dabei ineinander. Zum einen werden aus gescheiterten Prozessen Rückschlüsse (*lessons learned*) auf die neuen Anläufe gezogen, zum anderen wird – zumindest auf europäischer Ebene – von übergeordneten Instanzen politischer Druck ausgeübt.

In den neuen Anläufen wird die Suche nach einem Standort für ein „Endlager" nicht als alleiniges staatliches oder staatlich verordnetes Vorhaben angesehen, welches nur noch wissenschaftlich-technokratisch umgesetzt werden muss. Vielmehr

5 Es wird u. a. von Teilen der Anti-Atom-Bewegung auch bestritten, dass es für das Problem der radioaktiven Reststoffe überhaupt eine adäquate Lösung geben könnte (Schönberger 2013: 8).

rücken die Fragen von Akzeptanz eines möglichen Standortes, Akzeptabilität einer Langzeitlösung durch Öffentlichkeitsbeteiligung und somit auch Fragen der demokratischen Teilhabe ins Zentrum der praktisch-konzeptionellen Bemühungen. In Schweden soll in den 2020er Jahren ein geologisches Tiefenlager in Betrieb gehen – nach einem zweiten Anlauf des Verfahrens. Suchprozesse nach potenziellen Standorten sind auch in Italien, Spanien, der Schweiz, Großbritannien oder Frankreich zu beobachten. Die Prozesse in den letzten drei genannten Staaten gerieten 2013 aber – auf Grund von Protesten aus der Zivilgesellschaft – wieder ins Stocken.

In der Europäischen Union manifestiert sich die neue Dynamik unter anderem in der Richtlinie für „die verantwortungsvolle und sichere Entsorgung abgebrannter Brennelemente und radioaktiver Abfälle“ aus dem Jahr 2011 (EU 2011/70/ Euratom). Sie legt fest, dass alle Mitgliedsstaaten, die Atomkraftwerke betreiben, bis 2015 Planungen für den Umgang mit hoch radioaktiven Stoffen vorlegen müssen. Auch wenn die Richtlinie der EU in der öffentlichen Wahrnehmung der Bundesrepublik kaum eine Rolle spielte[6], muss sie dennoch als Hintergrund der aktuellen Bemühungen verstanden werden, das Problem durch neue Institutionen und Regelungen nationalstaatlich zu bearbeiten. Oder deutlicher formuliert: Der formalrechtliche Impuls, sich mit den Abfällen erneut zu beschäftigen, war kein alleiniger nationalstaatlicher, sondern folgte einer europäischen Vorgabe. Der zweite deutsche Atomausstiegsbeschluss nach Fukushima beschleunigte lediglich die politische Umsetzung dieser Richtlinie.

Ungeachtet der Internationalisierung vieler umweltpolitischer Probleme liegt der Umgang mit radioaktiven Reststoffen aber weiterhin im Kompetenz- und Entscheidungsbereich nationalstaatlicher (Fach-)Politiken. Auch internationale Regelungen wie die Joint Convention der Internationalen Atomenergie-Organisation (IAEO) und die oben genannte EU-Richtlinie 2011/70/Euratom sowie das Grundgesetz (Artikel 73) siedeln die Verantwortung für radioaktive Reststoffe eindeutig im nationalstaatlichen Rahmen an. Darüber hinaus ist die Standortsuche mit dem Ziel der Einlagerung der hoch radioaktiven Reststoffe ganz wesentlich von „nationalen Kontext- und Konfliktstrukturen geprägt“ (Hocke/Grunwald 2006: 24). In der Bundesrepublik Deutschland hat sich dieser Kontext durch die Energiewende stark verändert. Die Energiewende kann als unterstützender Diskursrahmen für die Einlagerung hoch radioaktiver Reststoffe angesehen werden, denn zur Energiewende gehört auch die Frage des Umgangs mit den Hinterlassenschaften des fossilen und nuklearen Zeitalters (Brunnengräber u. a. 2014).

6 In Paragraph 1 des StandAG wird bspw. auf die Richtlinie nur insofern Bezug genommen, als dass keine Abkommen geschlossen werden dürfen, radioaktive Abfälle ins Ausland zu verbringen.

Zugleich ist es der Ausbau der erneuerbaren Energien, der den Energieversorgungsunternehmen (EVU) und damit auch den AKW-Betreibern erhebliche wirtschaftliche Probleme bereitet. Zu lange haben sie auf zentrale Versorgungsstrukturen in der Strombereitstellung gesetzt, ohne die Entwicklungen im Bereich der erneuerbaren Energien ausreichend zu berücksichtigen. Das hat erhebliche Auswirkungen auf die Finanzierung der Einlagerung der hoch radioaktiven Reststoffe. Rechtlich gilt zwar das Verursacherprinzip (*polluter pays principle)*, d. h. die Verursacher der nuklearen Hinterlassenschaften müssen für die Einlagerung zahlen. Die Gewinnaussichten der EVU haben sich aber deutlich verschlechtert; ihre finanzielle Basis ist geschwächt – u. a. deshalb schlagen die drei großen Energiekonzerne (RWE, E.ON und EnBW) vor, die Rückstellungen in Höhe von rund 36 Mrd. Euro in eine Stiftung (Bad Bank) zu übertragen. Sie wollen so den anstehenden Rückbau wie die „Entsorgung" und damit die Verantwortung für die Externalitäten ihres vormals profitablen Geschäftes abgeben.

Nachdem die Gewinne der Atomwirtschaft Jahrzehnte lang privatisiert und verteilt wurden, sollen das betriebswirtschaftliche Risiko und die Kosten des großen Aufräumens vergesellschaftet werden; aus den *private goods* werden die *public bads*. Der Staat wird zur letzten Entsorgungsinstanz, sobald sich der nuklear-industrielle Komplex aufgelöst hat. Dabei haben die EVU durchaus ein Druckmittel in der Hand. Sie würden, käme es zur Gründung der Stiftung, ihre Klagen beim Europäischen Gerichtshof und vor dem Internationalen Zentrum zur Beilegung von Investitionsstreitigkeiten (ICSID) in Washington auf Schadensersatz wegen entgangener Gewinne durch den Atomausstieg zurückziehen. Die Auseinandersetzung darüber, wer die Kosten des AKW-Rückbaus, für die Standortsuche und den Bau des „Endlagers" trägt und verwaltet, zeigt am deutlichsten, dass sich Akteurslandschaft und Konflikte um die Atomenergie verändern.

4. Neue Governance-Elemente: Normen und Institutionen

Laut Bundesamt für Strahlenschutz werden sich bis 2040 in der Bundesrepublik Deutschland ca. 297.000 Kubikmeter radioaktive Reststoffe angesammelt haben, von denen rund 30.000 Kubikmeter hoch radioaktiv sein werden. Ein „Endlager" für diesen Abfall zu finden wird mit der steigenden Dauer der „Zwischenlagerung" und auf Grund der hohen Risiken für Mensch und Umwelt immer dringlicher. Aber nicht nur die technische Seite der Einlagerung stellt sich als äußerst schwierig heraus. Auch politisch handelt es sich um ein verzwicktes Problem, für welches es nur sub-optimale Lösungen zu geben scheint. Solche Probleme werden in der Politikwissenschaft als *wicked problems* bezeichnet, für die es nur *clumsy solutions*, unzufriedenstellende Lösungen, geben kann (Brunnengräber u. a. 2014; ENTRIA 2014). Letztendlich werden Abwägungen zwischen den verschiedenen wissenschaftlich begründeten Optionen, politischen Interessen und gesellschaftlichen Werten vorzunehmen sein, mit denen nicht alle am Verfahren Beteiligten sowie nicht alle Betroffene einverstanden sein werden – dennoch muss eine Entscheidung getroffen werden.

Das StandAG gibt nun einen Rahmen für die Suche vor und ist in Bezug auf die Auswahl des konkreten Standortes ergebnisoffen formuliert: Bei der Auswahl von potenziellen Standorten für ein geologisches Tiefenlager tritt das Gesetz von den bisherigen Entscheidungen für den umstrittenen Standort Gorleben zurück, auch wenn dieser weiter als potenzieller Standort in Betracht kommt. Im Suchprozess soll ein Vergleich fünf potenzieller Standorte stattfinden. Die Suche erfolgt schließlich anhand von Kriterien, welche die Endlager-Kommission entwickeln soll (§ 3 StandAG) und auf der Grundlage von Vorschlägen des neu geschaffenen Bundesamtes für kerntechnische Entsorgung. Die Vorschläge sollen dann in einem mehrstufigen Verfahren nach ober- und untertägiger Erkundung gegeneinander abgewogen und jeweils durch Beschluss des Bundestages bestätigt werden. Im Jahr 2031 soll der endgültige Endlagerstandort aus zwei Alternativen bestimmt und in Form eines Bundesgesetzes beschlossen werden.

In der Endlager-Kommission sind 34 Mitglieder, die verschiedene gesellschaftliche Gruppen repräsentieren sollen.[7] Sie hat unter anderem Arbeitsgruppen zur Öffentlichkeitsbeteiligung und Transparenz, zur Evaluierung sowie für Entscheidungskriterien und Fehlerkorrekturen eingerichtet. Bei der konstituierenden Sitzung wurden aber – wie bereits im Vorfeld – kritische Stimmen laut: Für den Bundestagspräsidenten Norbert Lammert stellt die Kommission eine zu hohe Bindewirkung für das Parlament dar und ist mit den Ideen des freien Mandats und der repräsentativen Demokratie nicht vereinbar (Smeddinck 2014: 107).[8] Für die Anti-Atom-Bewegung war die Beteiligung an dieser Kommission ein interner Streitpunkt. Nach längeren Diskussionen erklärten der BUND und die Deutsche Umweltstiftung – gegen die Position weiter Teile der Bewegung – ihre Bereitschaft, in der Kommission mitzuarbeiten. Die neuen Governance-Strukturen und der vermeintliche „na-

7 Der Kommission gehören neben zwei Vorsitzenden Vertreter/innen aus der Wissenschaft (8), den Umweltverbänden (2), den Religionsgemeinschaften (2), der Wirtschaft (2) und den Gewerkschaften (2) an. Des Weiteren wurden jeweils acht Mitglieder des Bundestages und der Landesregierungen einbezogen, die allerdings über kein Stimmrecht verfügen.

8 Die Debatte um das Verhältnis von Kommission und Parlament kann auch als Auseinandersetzung innerhalb der politischen Eliten zwischen repräsentativer und partizipativer Demokratie verstanden werden (Smeddinck/Roßegger 2013: 548 f.).

tionale Konsens" werden somit sowohl von Vertretern der repräsentativen Demokratie, von den EVU durch die Klagen sowie durch Teile der Anti-Atom-Bewegung infrage gestellt – wenn auch aus ganz unterschiedlichen Motiven.

5. Das Atommüllproblem und die staatliche Deutungshoheit

Die bestehende, staatlich dominierte Endlager-Governance zum Umgang mit radioaktiven Reststoffen in der Bundesrepublik wird durch das StandAG im Kern bestätigt. Das zeigt sich bspw. in der Problemdefinition. Das StandAG bezieht sich überwiegend auf „Wärme entwickelnde radioaktive Abfälle". Diese Einteilung radioaktiver Abfälle ist im internationalen Vergleich unüblich – sie wurde aus technischen Randbedingungen des geplanten „Endlagers" für schwach- und mittelradioaktive Stoffe Schacht Konrad abgeleitet. In dieses geplante „Endlager" können nur radioaktive Reststoffe mit vernachlässigbarer Wärmeentwicklung eingebracht werden, welche die Umgebung nicht über ein bestimmtes Maß hinaus erwärmen (BfS 2012).[9] Folglich gibt es in dieser Endlager-Logik nur zwei Arten von Atommüll: Den, der im Schacht Konrad eingelagert werden kann, und andere (hoch radioaktive) Reststoffe, für die eine andere Lagerstätte gefunden werden muss. Die scheinbar rein physikalische Definition, dass es sich bei „Wärme entwickelnden radioaktiven Abfällen" um Stoffe handelt, die die Umgebung um mehr als drei Kelvin erwärmen, ist im Kern auf die bereits getroffene Auswahl des ehemaligen Eisenerzbergwerks Schacht Konrad als „Endlager" zurück zu führen.[10] Die Entscheidungen für diesen Standort reichen jedoch bis in die hoch-polarisierte Zeit der 1970er Jahre zurück – und werden als riskant und veraltet kritisiert (Schönberger 2013: 235 f.); sie werden jedoch durch das StandAG faktisch bestätigt.

Neben dem gescheiterten „Versuchsendlager" Asse II und dem „Endlager" in Morsleben in der DDR waren in der Bundesrepublik im Wesentlichen zwei „Endlager" vorgesehen: Schacht Konrad für schwach- und mittelaktiven Abfall und der Salzstock Gorleben für hoch radioaktive Abfälle. Mit dem StandAG wird nun nach weiteren Alternativen für den Standort Gorleben gesucht. Die Probleme und Konflikte der bestehenden „Endlagerstandorte" Asse II, Morsleben und Schacht Konrad werden ausgeblendet. Das nicht Gesagte hat Bedeutung: Auch andere Lösungen der

9 Die verschiedenen Fraktionen des Atommülls weisen deutlich unterschiedliche physikalisch-chemische Eigenschaften auf, so dass eine gesonderte Behandlung technisch geboten ist. Es geht an dieser Stelle aber darum, zu diskutieren, wie diese „Grenze der Unterscheidung" konstruiert wurde: Im Wesentlichen anhand des Planfeststellungsbeschlusses zu Schacht Konrad.

10 Die Festlegung von Grenzwerten ist aus Gründen der Komplexitätsreduktion bei Problemlösungen oder für die Gefahrenabwehr grundsätzlich sinnvoll, es ist aber auch notwendig, diese Grenzziehungen als Prinzip der Ausschließung aus dem Diskurs zu untersuchen.

„Endlagerung“, z. B. gemeinsam mit schwach radioaktiven Stoffen, wären möglich und sind grundsätzlich bekannt (DBE 2013: 8) – werden aber öffentlich nicht diskutiert. Gesucht wird ein Lager für „insbesondere Wärme entwickelnde radioaktive Stoffe“. Mit der Festlegung des StandAG auf diese Stoffe reproduzierte diese Grenzsetzung zunächst die bestehende Problemdeutung. Im Sicherheitsdiskurs der nuklearen „Entsorgung“ behielt der Staat die Deutungshoheit – in der Kontinuität vergangener Entscheidungen. Dass die Lager-Kapazitäten in den bisher genehmigten „Endlagern“ nicht ausreichen oder ein „Endlager“ erheblich größer ausfallen müsste, wenn Wärme und nicht-Wärme entwickelnde radioaktive Abfälle dort gelagert werden sollen, wurde aus dem Diskurs des Neustarts der Endlagerstandortsuche ausgeschlossen.[11]

6. Kompetenzverschiebungen: von den Ländern zum Bund

Die neuen Governance-Strukturen führen auch dazu, dass die nationalstaatliche Ebene gestärkt und die föderale Ebene geschwächt wird. Bis zum Inkrafttreten des StandAG lagen die Genehmigungsverfahren von „Endlagern“ bei den jeweiligen Landesbehörden, die hierbei der Rechtsaufsicht des Bundesministeriums für Umwelt, Naturschutz, Bau und Reaktorsicherheit (BMUB) unterstanden. Im Rahmen des Gesetzes wurden die Einflussmöglichkeiten der Landesbehörden deutlich reduziert (§ 11 StandAG). In der Entscheidungsbefugnis der Länder bleiben nur diejenigen Genehmigungen, die der Bund auf Grund anderer rechtlicher Regelungen nicht an sich ziehen kann: Die wasserrechtliche Erlaubnis sowie Bewilligungen und Entscheidungen über die Zulässigkeit des Vorhabens nach den Vorschriften des Berg- und Tiefspeicherrechts (§ 9 b Abs. 5 S. 3 AtG).

Bei der Genehmigungsentscheidung des Bundesamtes für kerntechnische Entsorgung (BfE) sind zwar sämtliche Behörden des Bundes, der Länder, der Gemeinden und der sonstigen Gebietskörperschaften zu beteiligen, deren Zuständigkeitsbereiche berührt werden. Die Entscheidung wird aber lediglich im Benehmen (nicht Einvernehmen) mit den jeweils zuständigen Behörden getroffen. Die Landesbehörden werden im Prozess also lediglich angehört, und so befinden sich die Bundesländer im Rahmen der „Endlagersuche“ nicht in einer aktiven, gestaltenden und verfahrensführenden, sondern in einer deutlich passiveren Rolle. Das Verfahren

11 Erst seit Mitte 2015 – also rund 2 Jahre nach dem sogenannten Neustart – sieht der von der EU geforderte umfassende Nationale Entsorgungsplan der Bundesregierung vor, auch andere radioaktive Stoffe in ein „Endlager“ einzubringen. Die Endlager-Kommission hat sich jedoch entschieden, die geänderte Problemdefinition nicht zu bearbeiten, da dies zu erheblicher Mehrarbeit unter geänderten Rahmenbedingungen führen würde, unter anderem müssten neue Sicherheitskriterien erarbeitet werden.

wird im Wesentlichen mit der Kommission, dem Bundesamt für kerntechnische Entsorgung, dem Antragsteller, dem Bundesamt für Strahlenschutz (BfS) und den Beschlüssen des Bundestages fast ausschließlich auf nationalstaatlicher Ebene konzentriert.[12]

Doch während zukünftig wesentliche Entscheidungen über den Standort auf nationalstaatlicher Ebene gefällt werden sollen, besteht ein Konflikt in Bezug auf diejenigen radioaktiven Reststoffe, die sich bereits in den einzelnen Ländern in dezentralen Zwischenlagern befinden oder noch hinzukommen sollen. So sieht das StandAG vor, dass CASTOR-Behälter mit hoch radioaktiven Stoffen, die aus ausländischen Wiederaufbereitungsanlagen zurück genommen werden müssen, nicht an den Standort Gorleben, sondern in mindestens drei verschiedene Bundesländer verbracht werden sollen. Einige Landesregierungen haben dies kategorisch abgelehnt, aber die zwei atomkritischen rot-grünen Landesregierungen in Baden-Württemberg und Schleswig-Holstein haben der Aufnahme zugestimmt. Ein drittes Bundesland fehlt noch. Doch seit das Bundesverwaltungsgericht entschieden hat, dass das schleswig-holsteinische Zwischenlager am AKW Brunsbüttel seine Betriebsgenehmigung zu Recht verloren hat, ist eine Lösung wieder in weite Ferne gerückt. Das Bundesumweltministerium (BMUB) sieht nun die Verteilung der CASTOR-Behälter in einem „bundesweit ausgewogenen Verhältnis" vor.[13]

Doch an den jeweiligen dezentralen Standorten der Atomkraftwerke wächst der Widerstand gegen die derzeitige Zwischenlagerung der hoch radioaktiven Stoffe, denn nicht zuletzt die langen Planungszeiträume für ein „Endlager" legen die Vermutung nahe, dass aus den Zwischenlagern schleichend Langzeitzwischenlager werden. Verschiedene Standortgemeinden haben sich in der ASKETA (Arbeitsgemeinschaft der Standortgemeinden kerntechnischer Anlagen in Deutschland) organisiert und auch Proteste und zivilen Ungehorsam gegen die CASTOR-Transporte angekündigt (ASKETA 2012). Mittelfristig werden die Landesregierungen wie die Bundesregierung von den Standortgemeinden unter Druck gesetzt werden, zur lokalen Risikominimierung Lösungen für die radioaktiven Reststoffe zu finden, selbst wenn die Gemeinden gegenüber kerntechnischen Anlagen bisher positiv eingestellt waren.

12 Solche Tendenzen sind auch in anderen Nationalstaaten zu beobachten: In der Schweiz gibt es beispielsweise kein Vetorecht für Kantone.

13 Siehe http://www.tagesspiegel.de/politik/atommuell-in-deutschland-das-strahlende-erbe-im-land-verteilen/11405568.html (Stand: 16.04.2015).

7. Anspruch und Praxis: begrenzte Teilhabe

Die im Diskurs über das StandAG und die Standortsuche für ein „Endlager“ verwendeten Begriffe wie „Paradigmenwechsel” und „neue Beteiligungskultur” deuten umfangreiche und rechtlich abgesicherte Beteiligungsverfahren an und weisen darauf hin, dass die nationalstaatliche Ebene in der Entscheidungsphase Kompetenzen und Macht an die potenziell betroffene Bevölkerung abgeben will (UMID 2013). Auch hinsichtlich der politischen Teilhabe werden von staatlicher Seite neue Governance-Elemente angekündigt. Doch im Rahmen des StandAG befindet sich die potenziell betroffene Bevölkerung von Anbeginn in keiner aktiven, sondern in einer passiven Rolle: Geologisch in Betracht kommende Standortregionen werden zunächst vom Bundesamt für Strahlenschutz bestimmt (§ 13 StandAG). Erst ab diesem zentralen Verfahrensschritt sind Information und Beteiligung der lokalen Bevölkerung vorgesehen. Damit werden sowohl regionale als auch kommunale Handlungsebenen lediglich als betroffene Regionen konstruiert, die auf die Herausforderungen als potenzielle „Endlagerregion“ reagieren müssen. Kooperative Beteiligungsverfahren von vornherein oder eine freiwillige Bewerbung um den Standort für ein Endlager, wie es z. B. in Schweden und Spanien praktiziert wurde, und damit eine aktive gestaltende Rolle der Bevölkerung sind im Suchprozess laut StandAG nicht vorgesehen. Das Gegenteil ist der Fall: Im Zweifel kann die Entscheidung für einen Standort auch gegen die lokale Bevölkerung durchgesetzt werden, Vetorechte oder andere verbindliche Einspruchsmöglichkeiten existieren nicht, auch wenn die Möglichkeit der Klagen von Kommunen erweitert wurde.

Das Parlament ist nicht an die Ergebnisse der Kommission gebunden und kann letztlich darüber entscheiden, ob die Empfehlungen in Gesetzesform umgesetzt werden oder nicht. Gleiches gilt für die Ergebnisse der Öffentlichkeitsbeteiligung im Suchprozess. Die „konzeptionelle Schwäche des StandAG liegt genau darin, dass die in ihm vorgesehene Öffentlichkeitsbeteiligung im Verwaltungsverfahren folgenlos bleibt und im Gesetzgebungsverfahren keinen Platz hat“ (Wiegand 2014: 835). Eine Beteiligung der Öffentlichkeit dient in einem solchen Fall nur zur Legitimation des bereits festgelegten Verfahrens und den daraus resultierenden Entscheidungen (Bull 2014). Die Regelung verschließt den Blick für die Möglichkeit, dass sich Menschen, Kommunen und Regionen bewusst und freiwillig für eine Verantwortungsübernahme entscheiden könnten, wie es beispielsweise im AkEnd-Bericht vorgesehen ist (AkEnd 2002: 74).

8. Resümee: Der Neuanfang steht noch aus

In ihrem Buch über den „Aufstieg und Fall der deutschen Atomwirtschaft“ erkennen Radkau und Hahn in der Akteurslandschaft zunächst eine „von gigantischen Machtkonzentrationen dominierte Energiewirtschaft“, die ohne „Staatsinterventionen“ gar nicht entstanden wäre (2013: 400). Auf die Wechselwirkungen zwischen staatlichen und wirtschaftlichen Interessen, wie sie sich jahrzehntelang herausgebildet und verfestigt haben, und die Veränderungen der Akteurskonstellationen wie der Konfliktlandschaft haben wir in diesem Beitrag hingewiesen. Wir haben aber auch gezeigt, dass das neue Gelegenheitsfenster, das sich nach dem Atomausstieg geöffnet hat, derzeit nicht zu einer grundsätzlich anderen Endlager-Governance führt. Die neuen Governance-Elemente sind nicht dafür ausgelegt, bei der Suche nach einem Standort für ein „Endlager“ erweiterte demokratische Verfahren und deliberative demokratische Prozesse zu initiieren.

Sowohl die Problemdefinition, die Verrechtlichung der Entscheidungsfindung und die „neue“ Institutionenlandschaft weisen darauf hin, dass die Endlager-Governance vorwiegend ein staatliches Projekt mit wenigen Zugeständnissen darstellt. Mit der Kommission wird die Suche nach einem Standort für ein „Endlager“ nur vorübergehend aus dem engeren Entscheidungsbereich staatlichen Handelns ausgelagert und einem Gremium überantwortet, das divergierende Interessen umfasst. Am Ende wird das Parlament entscheiden, ob es den Empfehlungen der Endlager-Kommission folgen wird – eine rechtliche Verbindlichkeit dazu besteht nicht. Auch die Empfehlungen des AkEnd wurden 2002 als „Neuanfang“ gedeutet, die dort formulierten Empfehlungen von den nachfolgenden Bundesregierungen jedoch kaum aufgegriffen (Radkau/Hahn 2013: 355).

Empirisch lässt sich folglich unsere These belegen, dass zwar Veränderungen zwischen Staat, Privatwirtschaft und Zivilgesellschaft sowie innerhalb dieser gesellschaftlichen Sphären zu beobachten sind, sich die Machtverhältnisse in der Endlager-Governance aber nicht grundsätzlich verändert haben. Der Prozess wird machtförmig entsprechend des ‚power over‘-Verständnisses abgesichert. Dieser findet durch den Parteienkompromiss, der im StandAG mündete, die breit aufgestellte Endlager-Kommission und das Bundesamt für kerntechnische Entsorgung seinen institutionellen Ausdruck.

Sowohl die Veränderungen im Verhältnis von Staat und Privatwirtschaft wie zwischen Staat und Zivilgesellschaft, die auch mit Veränderungen innerhalb der Anti-Atom-Bewegung einhergehen, weisen darauf hin, dass noch harte politische Auseinandersetzungen um die konkrete institutionelle Ausgestaltung des Suchprozesses zu erwarten sind. Bei der Standortsuche werden die AKW-Betreiber, aber auch die Bundesländer und Kommunen teilweise ganz andere Vorstellungen vertreten als die Parteien, das Parlament oder die Bundesregierung (Brunnengräber 2013). Die Perspektive des Neustarts der Standortsuche sollte deshalb relativiert werden. Auf Grund der komplexen Problem- und Interessenlage ist es noch nicht einmal absehbar, ob und wie lange das *window of opportunity* geöffnet bleibt. Die Risiken und Gefahren, die durch die Zwischenlagerung des Atommülls drohen, werden durch eine Verschleppung der Aufgabe derweil nicht geringer.

Mit einiger Sicherheit kann über die Standortsuche gesagt werden, dass allzu großer Optimismus nicht angebracht ist. Von staatlicher Seite müssten deliberative Prozesse und Diskussionen über ein möglichst faires und möglichst sicheres „Endlager“ einen größeren Stellenwert erfahren. Das zeigen auch die Erfahrungen der in der Suche relativ weit fortgeschrittenen Länder Schweden, Finnland und Frankreich. Mit anspruchsvolleren Partizipations- und Mitsprachemöglichkeiten wird das Vorhaben zum spannenden Demokratietest. Der derzeitige Prozess deutet jedoch darauf hin, dass eine erweiterte bzw. anspruchsvolle demokratische Teilhabe gesellschaftspolitisch noch erstritten werden muss – anders lassen sich Machtverhältnisse nicht ändern.

Literatur

Arbeitskreis Auswahlverfahren Endlagerstandorte (AkEnd), 2002: Auswahlverfahren für Endlagerstandorte. Empfehlungen des Arbeitskreises Auswahlverfahren Endlagerstandorte, Köln.

ASKETA, 2012: Standortgemeinden sind Spielbälle einer populistischen Energiepolitik, Pressemitteilung ASKETA, 20.03.2012, revista.de/asketa„standort gemeinden-sind-spielballe-einer-populistischen-energiepolitik/ (Stand: 17.04.2015).

Benz, Arthur/Lütz, Susanne/Simonis, Georg, 2007: Handbuch Governance. Theoretische Grundlagen und empirische Anwendungsfelder, Wiesbaden.

Brand, Ulrich/Brunnengräber, Achim/Schrader, Lutz/Stock, Christian/Wahl, Peter, 2000: Global Governance. Alternativen zur neoliberalen Globalisierung?, Münster.

Brunnengräber, Achim, 2013: Die Anti-AKW-Bewegung im Wandel. Neue Herausforderungen durch die Endlagersuche für radioaktive Abfälle, in: Forschungsjournal Neue Soziale Bewegungen-Plus, www.fjnsb.org/node/2036 (Stand: 02.02.2015).

Brunnengräber, Achim/Di Nucci, Maria Rosaria/Häfner, Daniel/Isidoro Losada, Ana María, 2014: Nuclear Waste Governance – ein wicked problem der Energiewende, in: Achim Brunnengräber/Rosaria Di Nucci (Hrsg.), Im Hürdenlauf zur Energiewende. Von Transformationen, Reformen und Innovationen, Wiesbaden, 389-399.

Brunnengräber, Achim/Di Nucci, Rosaria/Mez, Lutz/Schreurs, Miranda (Hrsg.), 2015: Nuclear Waste Governance. An International Comparison, Wiesbaden.

Brunnengräber, Achim/Hocke, Peter, 2014: Bewegung Pro-Endlager? Zum soziotechnischen Umgang mit hochradioaktiven Reststoffen, in: Forschungsjournal Neue Soziale Bewegungen 27 (4), 59-70.

Brunnengräber, Achim/Mez, Lutz, 2014: Strahlende Hinterlassenschaften aus Produktion und Konsumtion. Zur Politischen Ökonomie des Atommülls, in: Prokla, Zeitschrift für kritische Sozialwissenschaft 176 (3), 371-382.

Brunnengräber, Achim/Schreurs, Miranda, 2015: Nuclear energy and nuclear waste governance. Perspectives after the Fukushima nuclear disaster, in: Achim Brunnengräber/Rosaria Di Nucci/Lutz Mez/Miranda Schreurs (Hrsg.), Nuclear Waste Governance. An International Comparison, Wiesbaden, 47-78.

Bull, Hans Peter, 2014: Wissenschaft und Öffentlichkeit als Legitimationsbeschaffer, in: Die Öffentliche Verwaltung 67 (21), 897-908.

Bundesamt für Strahlenschutz (BfS), 2012: Abfallarten, www.bfs.de/de/endlager/abfaelle/abfallarten.html (Stand: 02.02.2014).

Bundesministerium für Umwelt, Naturschutz, Reaktorsicherheit (BMU), 2013, Pressemitteilung Nr. 112/13 vom 26.07.2013, www.bmub.bund.de/bmu/presse-reden/pressemitteilungen/pm/artikel/standortauswahlgesetz-tritt-in-kraft/ (Stand: 03.02.2014).

Bundesministerium für Umwelt, Naturschutz, Reaktorsicherheit und Bauen (BMUB), 2014: Pressemitteilung Nr. 145/14 vom 29.08.2014, www.bmub.bund.de/presse/pressemitteilungen/pm/artikel/neues-bundesamt-fuer-kerntechnische-entsorgung-nimmt-arbeit-auf/ (Stand: 17.04.2015).

Deutsche Gesellschaft zum Bau und Betrieb von Endlagern für Abfallstoffe mbH (DBE), 2013: Geschäftsbericht 2012, www.dbe.de/index.php?eID=tx_nawsecuredl&u=0&file=fileadmin/2011_dbe/unternehmen/DBE_GF-Bericht_2012_kl.pdf (Stand: 02.02.2014).

ENTRIA, 2014: Memorandum zur Entsorgung hochradioaktiver Reststoffe, Hannover, http://www.entria.de/fileadmin/entria/Dokumente/ENTRIA_Memorandum_140430.pdf (Stand: 17.04.2015).

Hocke, Peter/Grunwald, Armin, 2006: Wohin mit dem radioaktiven Abfall? Perspektiven für eine sozialwissenschaftliche Endlagerforschung, Berlin.

Jordi, Stefan, 2009: Sachplan geologische Tiefenlager. Wissenschaftlicher Schlussbericht, Bern, www.bfe.admin.ch/php/modules/enet/streamfile.php?file=0000 00010203.pdf (Stand: 17.04.2015)

Jungk, Robert, 1980: Der Atomstaat, München.

Kolb, Felix, 1997: Der Castor-Konflikt: Das Comeback der Anti-AKW-Bewegung, in: Forschungsjournal Neue Soziale Bewegungen 1997 (3), 16-29.

Mayntz, Renate, 2004: Governance im modernen Staat, in: Arthur Benz (Hrsg.), Governance – Regieren in komplexen Regelsystemen. Eine Einführung, Wiesbaden, 65-76.

Müller, Hans, 2011: Wutbürger besänftigt man mit Geld, www.zeit.de/wirtschaft/ 2012-10/bauprojekte-wutbuerger-beteiligung (Stand: 17.04.2015).

Radkau, Joachim/Hahn, Lothar, 2013: Aufstieg und Fall der deutschen Atomwirtschaft, München.

Radkau, Joachim, 2011: Eine kurze Geschichte der Antiatomkraftbewegung, in: Aus Politik und Zeitgeschichte (46-47), 7-15.

Rucht, Dieter, 2008: Anti-Atomkraftbewegung, in: Roland Roth/Dieter Rucht (Hrsg.), Die sozialen Bewegungen in Deutschland seit 1945: ein Handbuch, Frankfurt a. M., 246-266.

Schönberger, Ursula, 2013: Atommüll – Eine Bestandsaufnahme für die Bundesrepublik Deutschland. Sorgenbericht der Atommüllkonferenz, Eigenverlag, Braunschweig.

Schreurs, Miranda, 2013: Orchestrating a Low-Carbon Energy Revolution Without Nuclear: Germany's Response to the Fukushima Nuclear Crisis, in: Theoretical Inquires in Law 14 (1), 83-108.

Smeddinck, Ulrich, 2014: Die Kommissionsempfehlungen nach § 4 Abs. 5 Standortauswahlgesetzt. Politikberatung oder Selbstentmündigung des Parlamentes?, in: Zeitschrift für Europäisches Umwelt- und Planungsrecht 2/2014, 102-111.

Smeddinck, Ulrich/Roßegger, Ulf, 2013: Partizipation bei der Entsorgung radioaktiver Reststoffe – unter besonderer Berücksichtigung des Standortauswahlgesetzes, in: Natur und Recht 35 (8), 548-556.

UMID, 2013: Themenheft „Bürgerbeteiligung im Umwelt- und Gesundheitsschutz. Positionen – Perspektiven – Handlungsfelder“ (Infodienst von BfS, BfR, RKI, UBA) (2), http://www.umweltbundesamt.de/sites/default/files/medien/419/ publikationen/umid_2_2013.pdf (Stand: 17.04.2015).

Wiegand, Marc André, 2014: Konsens durch Verfahren? Öffentlichkeitsbeteiligung und Rechtsschutz nach dem Standortauswahlgesetz im Verhältnis zum atomrechtlichen Genehmigungsverfahren, in: Neue Zeitschrift für Verwaltungsrecht (NVwZ) 13, 830-835.

Korrespondenzanschriften:

PD Dr. Achim Brunnengräber | Daniel Häfner, M.A.
Forschungszentrum für Umweltpolitik (FFU)
Otto-Suhr-Institut für Politikwissenschaft
Fachbereich Politik- und Sozialwissenschaften
Freie Universität Berlin
Ihnestrasse 22
14195 Berlin
E-Mail: Achim.Brunnengraeber@fu-berlin.de | Daniel.Haefner@fu-berlin.de

Philipp Altmann

(Wie) Korrumpiert Macht politische Begriffe? Die Karriere des ‚Guten Lebens' in Ecuador

Kurzfassung

Es ist keine neue Beobachtung, dass politische Forderungen, Ideen oder Begriffe im Moment ihrer Übernahme durch staatliche und machtpolitische Akteure an Inhalt verlieren. Dies lässt sich an einem in den letzten Jahren vieldiskutierten Begriff beobachten: dem des Guten Lebens (*Sumak Kawsay* oder *Buen Vivir* in Ecuador, *Suma Qamaña* oder *Vivir Bien* in Bolivien), der seit den Verfassunggebenden Versammlungen Ecuadors (2007/2008) und Boliviens (2006-2009) auch auf internationaler Ebene als Alternative zu wachstumszentrierten Entwicklungsvorstellungen und somit als eine vermeintlich authentische Manifestation des stärker werdenden Postwachstumsdiskurses aufgegriffen wurde. Das Gute Leben wurde als politischer Begriff um das Jahr 2000 in Bolivien von urbanen indigenen Intellektuellen entwickelt und kurz danach in Ecuador aufgegriffen. Dort erhielt er eine genauere Definition durch lokale Indigenenorganisationen, die seine Bedeutungen, bis dahin auf ‚im Einklang mit der Natur leben' beschränkt, um identitäre und territoriale Aspekte erweiterten und ihn in den Kontext einer plurinationalen Umgestaltung des Staates integrierten. Während auf der einen Seite die Indigenenbewegung das Gute Leben als politischen Begriff und damit Manifestation ihres Diskurses zuspitzte, versuchten nicht-indigene Intellektuelle, allen voran Alberto Acosta, es in seiner Minimaldefinition über den Verweis auf marxistische, feministische, ökologische etc. Gedanken anschlussfähig zu machen.

Diese Entwicklung verschärfte sich mit der Verfassunggebenden Versammlung, die das Gute Leben als zentrales Prinzip der Verfassung festschrieb – allerdings nicht ohne es vorher um seine identitären und territorialen Bedeutungen zu bringen. Daraus folgt eine staatliche Politik, die sich dem Guten Leben verpflichtet fühlt und von der Indigenenbewegung als Verräter eben dieses Prinzips angegriffen wird. Mit einem Vergleich der verschiedenen Auslegungen des Guten Lebens soll die Entwicklung eines relativ neuen Begriffs in verschiedenen Bereichen nachgezeichnet und der Einfluss von einem Zugang zu staatlicher Macht auf diese Entwicklung deutlich gemacht werden.

Inhalt

1. Einleitung

Der Begriff des *Buen Vivir, Sumak Kawsay* oder ‚Guten Lebens'[1] hat eine beeindruckende Entwicklung mitgemacht. Seit seiner Diskussion und anschließenden Integration in die Verfassung von Ecuador 2008 und die Verfassung von Bolivien 2009[2] konnte er eine bedeutende Rolle in transnationalen Diskursen, vor allem im Bereich der Ökologie und der Kapitalismuskritik, erlangen. Das Gute Leben wird in nicht mehr nur in den Anden, sondern auch in Europa diskutiert. Diese erfolgreiche Verbreitung des neuen Begriffs erklärt sich zum Teil durch seine Nähe zu bereits etablierten Diskursen um Entwicklungs- und Kapitalismuskritik. So konnte das Gute Leben als außereuropäischer Bezugspunkt und nicht-westliche Legitimierung in verschiedene genuin europäische oder nordamerikanische Diskurse integriert werden – in aller Regel ohne weitere Definition. Daher ist es wenig verwunderlich, dass die politische Dimension des Begriffes ‚Gutes Leben' bislang außerhalb der Anden kaum beachtet wurde – das Gute Leben wird in einem ethnizistisch-essentialistischen Sinne als etwas vollkommen anderes verstanden, als ein exotisches Äußeres, das zu einer Alternative zu allem überhöht wird. Kämpfe um Bedeutung, um Definitionsmacht oder Diskurshoheit werden meist ausgeblendet, das Gute Leben wird diskursiv zu einem monolithischen Block. Der im lateinamerika-

1 Hier werden diese Begriffe mit ‚Gutes Leben' übersetzt, sowohl um die Exotisierung zu vermeiden, die der nicht allgemeinverständliche Begriff ‚*Buen Vivir*' bedeutet, als auch, um zu einem Kompromiss zwischen ‚Buen Vivir' (gut leben) und ‚*Sumak Kawsay*' (richtiges, rechtschaffenes, ideales Leben) zu kommen.

2 Als *Suma Qamaña* oder *Vivir Bien*.

nischen Diskurs anti-eurozentrische Begriff des Guten Lebens wird eurozentrisch auf ein Exotikum reduziert.

Eine Analyse der verschiedenen Auslegungen und diskursiven Einbindungen des Begriffs des Guten Lebens als „taktische Elemente oder Blöcke im Feld der Kraftverhältnisse“ (Foucault 1983: 101) kann es erlauben, diese Exotisierung zu durchbrechen und näher zu beleuchten, was mit dem Begriff gemeint ist. Im besten Fall kann durch einen solchen Zugang eine „semantische Kontrolle“ (Koselleck 2011: 16) möglich werden, die der Diskussion über diesen Begriff zugutekommt. Eine Methode, die diese Analyse erleichtern kann, ist die heuristische Aufspaltung der schwer greifbaren Macht in ‚power over‘, ‚power to‘ und ‚power with‘ im Sinne von Amy Allen (1998) (siehe auch Partzsch in diesem Band). Die aus machtsoziologischer Perspektive konzeptionell nur schwer zu verteidigende, methodisch aber hilfreiche Trennung dieser drei Machtarten erlaubt eine genauere Analyse der Machtstrukturen um den Begriff des Guten Lebens. So kann die Untersuchung über die Frage nach der Definitionsmacht (‚power over‘) hinausgehen und emanzipatorische und ermächtigende Momente (‚power to‘) genauso bearbeiten wie systematische Kooperationen (‚power with‘) – drei verschiedene Bereiche, die alle eine wichtige Rolle in der Entwicklung und heutigen Position des Begriffes des Guten Lebens spielen.

Der Fokus dieses Artikels sind die beständigen Auseinandersetzungen und Umdefinitionen des Guten Lebens in Ecuador durch verschiedene Gruppen mit unterschiedlichen Ressourcen, Hintergründen und Zielen. Es lassen sich drei zentrale Gruppen unterscheiden, die das Gute Leben für sich beanspruchen: „die sozialistische und etatistische, die ökologistische und post-Entwicklungsgruppe und die indigenistische und ‚pachamamistische‘[3]“ (Hidalgo-Capitán/Cubillo-Guevara 2014: 27)[4]. Daher werden in diesem Text drei selbstständige, aber interdependente Diskursformationen analytisch getrennt: das Gute Leben des Staates, das der Indigenenbewegung und das der unabhängigen Intellektuellen. Diese drei Auslegungen des Guten Lebens werden miteinander verglichen, wobei die Analyse der jeweiligen Machtstrukturen auch die Theoriebildung weiterführen soll.[5]

3 *Pachamama* bedeutet Mutter Erde auf Kichwa. Der Begriff ‚*pachamamista*‘ wird meist verwendet, um die entsprechende Gruppe lächerlich zu machen.

4 Sämtliche Übersetzungen wurden vom Autor vorgenommen.

5 Andere Autoren nehmen andere Kategorisierungen vor. David Cortez und Heike Wagner etwa sprechen „von liberalen, konservativen, indigenen, afroecuadorianischen, sozialistischen und feministischen Organisationen“ (Cortez/Wagner 2012: 66), die sich auf den Begriff des Guten Lebens beziehen.

2. ‚Power with' – die Entwicklung des Guten Lebens

Die Geschichte des Begriffes Gutes Leben beginnt im Jahr 2000[6] in Bolivien mit einigen Veranstaltungen unter dem Titel „Nationaler Dialog 2000"[7] die sich auf die kulturellen Elemente des Kampfes gegen Armut richten. Die deutsche Gesellschaft für Technische Zusammenarbeit (GTZ)[8] beteiligt sich an diesem Prozess und organisiert anschließend einen Bereich ihres regionalen Programmes unter dem Namen *„Suma Qamaña"*. Ab diesem Moment beginnt die Produktion einer Reihe von Texten zum neuen Begriff und seinen Entsprechungen in anderen indigenen Sprachen, die seine Verbreitung im Land und auf dem Kontinent möglich machte (Medina 2011). Der erste Text, der sich explizit dem Guten Leben widmet, wurde 2001 von Javier Medina unter dem Titel „*Suma qamaña*. Das indigene Verständnis des Guten Lebens" herausgegeben und von der GTZ veröffentlicht (Medina 2001). In diesem Text erfährt der neue Begriff noch keine weitergehende Definition. Das besorgt Simón Yampara kurze Zeit später. Er bezieht das *Suma Qamaña* auf die traditionellen Dorfstrukturen der Anden, die *Ayllus*. Das Gute Leben unterscheidet sich von den Vorschlägen einer Gemeindeentwicklung, da es explizit Ordnungselemente in den Bereichen Wirtschaft, Kultur, Politik und Landnutzung enthält und so „eine Harmonie im Leben der *Ayllus* schafft" (Yampara 2001: 149). Die Suche nach dem Guten Leben prägt die *Ayllus* und ihre Bewohner. Yampara ist der erste, der eine zusammenfassende Definition des Guten Lebens, hier als *Suma Qamaña*, anbietet: „In Harmonie und ökologischem Gleichgewicht mit allen und sich selbst gut leben" (164).

In der Verbreitung durch die GTZ hat dieser neue Begriff eine Abstraktion erfahren, die der Schlüssel für sein heutiges Verständnis im Westen sein kann. 2002 führte die GTZ ein Seminar in Panama durch, dessen Ergebnisse in einem Buch zusammengefasst wurden. Dieser Text ist von einer dualistischen Sichtweise geprägt, die das westliche Denken dem indigenen Denken gegenüberstellt und zum Gegensatz „westliches Gutes Leben – indigenes Gutes Leben" (GTZ 2002: 23) kommt. Anschließend werden die „Begriffe von Lebensqualität" (24) auf Aymara, Guaraní und Quechua vorgestellt sowie eine „vorläufige Definition: ‚bescheiden in Harmonie und Gleichgewicht mit sich selbst, der Gemeinschaft und dem Kosmos

6 Tatsächlich gibt es eine Vorgeschichte: im Jahr 1993 wurde der Begriff in Ecuador bereits vorgeschlagen (Viteri 1993), aber weder innerhalb noch außerhalb der Indigenenbewegung aufgegriffen. Etwas Vergleichbares gilt für den *Plan Amazanga* von 1992.

7 Auf Spanisch: *Diálogo Nacional 2000*.

8 Heute: Deutsche Gesellschaft für Internationale Zusammenarbeit (GIZ).

leben'" (24). Diese ist heute – genauso wie die Definition von Yampara – der begriffliche Minimalkonsens über die Bedeutung des Guten Lebens.

Diese frühe Verbreitungsgeschichte hat dazu geführt, dass der Begriff des Guten Lebens als „Erfindung" (Spedding, in: Uzeda 2009: 33) oder als „kulturalistische Manifestation oder Diskurs einer intellektuellen Aymara-Elite" (Uzeda 2009: 34) gesehen wird. Das bedeutet selbstverständlich nicht, dass der neue Begriff mit dem indigenen Denken bricht oder ihm grundsätzlich fremd ist. Vielmehr kann man das Gute Leben als „Teil einer kulturellen Erholung oder Innovation [sehen], die nicht aufhört, indigen zu sein" (50).

Seit dem Jahr 2000 zirkulierte in einer Arbeitsgruppe des ILDIS[9] in Quito ein Text von Carlos Viteri Gualinga, der sich mit dem indigenen Verständnis von Entwicklung beschäftigt[10]. Dieser Text wurde im Jahr 2002 veröffentlicht und markiert den Eintritt des Begriffs des Guten Lebens oder *Sumak Kawsay* in den ecuadorianischen Diskurs. Laut Viteri gibt es unter den indigenen Völkern des Amazonasgebietes keinen Begriff von Entwicklung.

> „Jedoch existiert eine holistische Vision darüber, was der Zweck oder die Mission jedes menschlichen Bemühens sein soll, der darin besteht, die materiellen und spirituellen Bedingungen zu suchen und zu erzeugen, um das ‚Gute Leben' aufzubauen und zu erhalten, das auch als ‚harmonisches Leben' definiert wird, das in Sprachen wie dem runa shimi (Kichwa) als ‚alli káusai' oder ‚súmac káusai' definiert wird" (Viteri 2002: 1).

Dieses Gute Leben ist „eine zentrale Kategorie in der Lebensphilosophie der indigenen Gesellschaften" (Viteri 2002: 1) und wird durch traditionelle Weisen weitergegeben (Viteri 2002: 3). Durch seine Anbindung an lokales Wissen und alltäglichen Praktiken befindet es sich in „andauerndem Aufbau" (1) und beständiger Veränderung, wozu auch die Integration fremden Wissens zählt (5). Diese zentrale Position des Guten Lebens bedeutet auch, dass es nicht mit dem Begriff der Entwicklung verglichen werden kann (1 f.).

Der neue Begriff wurde kurz später von einem weiteren Mitglied der Arbeitsgruppe des ILDIS aufgegriffen, dem Wirtschaftswissenschaftler Alberto Acosta. In einem Artikel, der im selben Jahr erscheint, sucht er nach Alternativen zum „Lebensstil, der das weltweite ökologische Gleichgewicht in Gefahr bringt" (Acosta 2002: 45) und verweist auf den Begriff des Guten Lebens und den Text von Viteri

9 *Instituto Latinoamericano de Investigaciones Sociales*, Lateinamerikanisches Institut für Sozialforschung. Das ILDIS ist das Regionalbüro der deutschen Friedrich-Ebert-Stiftung.

10 Mit Dank an Alberto Acosta für die wertvolle Information.

(46). Damit wird Acosta zum einflussreichsten nicht-indigenen Verteidiger des Guten Lebens in Ecuador.

Während sich das Gute Leben nun auch außerhalb des Denkens indigener Intellektueller verbreitet, gewinnt es innerhalb der Indigenenbewegung an Tiefe. Im Jahr 2003 veröffentlicht eine lokale Indigenenorganisation aus Sarayaku im Amazonasgebiet[11] „Das Buch des Lebens von Sarayaku, um unsere Zukunft zu verteidigen" (Sarayaku 2003). In diesem Text bettet die Organisation den jahrelangen Kampf gegen Erdölförderung in ihrem Territorium in den Diskurs der Indigenenbewegung ein und erweitert diesen um den Begriff des Guten Lebens. So bestärkt die Organisation ihre Forderungen nach autonomer Selbstverwaltung im Rahmen eines plurinationalen Staates (1) und schlägt den besonderen Schutz ihres Territoriums als „Zone von biologischem, kulturellem und historischem Interesse für das Land und die Menschheit" (26 f.) vor. In diesem Sinne sollen geschützte Bereiche eingerichtet werden, die von der lokalen Bevölkerung verwaltet werden (26 f.). Diese Forderungen werden mit dem Guten Leben, dem *Sumak Kawsay* begründet, das als „Leben in Fülle" (10) oder „Leben in Harmonie" (26 f.) beschrieben wird. Sarayaku verweist dazu auch auf spirituelle und religiöse Hintergründe des Guten Lebens:

> „Unsere Hauptgottheiten, *Amazanga* und *Nunguli*, erinnern uns daran, dass wir nur das Notwendige aus dem Urwald nutzen sollen, wenn wir eine Zukunft haben wollen. Sie haben nie akzeptiert, dass wir mehr als das Erlaubte jagen oder dass wir sähen, ohne die Regeln des *Ukupacha* und des *Kaypacha* zu respektieren. Ihr Zorn, Wohlgefallen und Weisheit wurden uns durch unsere Weisen und Frauen enthüllt, die uns die Geheimnisse beigebracht haben, um die Harmonie mit sich selbst und der Natur zu erlangen, unser Grundsatz des *Sumak Kawsay*. So musste man der Natur eine Regenerationszeit geben, um unser eigenes Leben erneuern zu können. Wir sind in ständiger Bewegung gewesen und erlauben uns und anderen Lebensformen so, ihren Kreislauf weiterzugehen. *Mushuk Allpa*, die Erde in ständiger Erneuerung, war ein Grundsatz des *Sumak Kawsay*. […] Dieses Zusammenleben und Harmonie haben uns gelehrt, die vielen Dimensionen zu verstehen, aus denen die *Sumak Allpa* besteht. Der *muskuy* (Wissen und Verständnis) hat uns erlaubt, uns angemessen an die Lebensbedingungen im Dschungel anzupassen und unsere Anwesenheit in diesen Territorien seit hunderten von Jahren [...] zu definieren" (Sarayaku 2003: 3 f.).

11 Carlos Viteri entstammt ebenfalls dieser Stadt.

Damit greift Sarayaku einige Ideen auf, die bereits im ersten Text von Viteri eine Rolle spielen. Dort wird *Amazanga* als „höchstes Wesen der Naturgeister, der Beschützer und Führer der Tierwelt“ (Viteri 1993: 149) beschrieben. Er erzeugt das Wissen und Verstehen (*ricsina*), das den Menschen des Urwaldes erlaubt, in Harmonie mit den anderen Leben zu leben. Dieses Wissen wird durch die *supai*, Geister, und den traditionellen Weisen oder Schamanen (*yachac*) den Menschen mitgeteilt (Viteri 1993: 150). Übertritte und Verstöße werden von *Amazanga* bestraft. In ihrem Territorium widmen sich die Menschen von Sarayaku seit Generationen der Suche nach der *Sumak Allpa*, dem ‚wunderbaren Land ohne Böses‘, die die Beziehung zwischen Mensch und Umwelt prägt. „All das repräsentiert den Kern des *Sumak Kawsay* oder harmonischen Lebens, das auf dem gleichberechtigten, solidarischen und gegenseitigem Charakter der Gesellschaft gründet. Es gibt kein *Sumak Kawsay* ohne *Sumak Allpa*“ (Viteri 1993: 150).

Diese spirituelle Grundierung führt nicht zu einer Esoterisierung des Begriffs, sondern zu seiner Legitimierung im Rahmen der indigenen Kulturen und des lokalen Wissens. Die Suche nach dem Guten Leben muss auf der generationenlangen Anpassung an das jeweilige Territorium aufbauen und ist daher eng mit der älteren Forderung nach territorialer Autonomie verbunden – nur in einem selbstverwalteten Gebiet ist die Suche nach dem Guten Leben möglich.

Die Entwicklung und Etablierung des Begriffs des Guten Lebens kann als das Wirken einer kooperativen Art von Macht, einer ‚power with‘, verstanden werden. Lokale Organisationen innerhalb der Indigenenbewegung und nicht-indigene Intellektuelle entwickeln gleichzeitig und in gewissem Sinne arbeitsteilig verschiedene Aspekte des Begriffes, ohne dass eine dieser Gruppen eine Definitionsmacht anstrebt. Es geht bei der Entwicklung des Guten Lebens auch darum, „Gemeinsamkeiten zwischen verschiedenen Interessen zu finden, geteilte Werte zu entwickeln und kollektive Stärke durch die Organisation miteinander zu erzeugen“ (Partzsch/Fuchs 2012: 363). Das Gute Leben verspricht, ein Ausweg aus dem im Kapitalismus angelegten Wachstumszwang zu sein und Erde und Natur in das Zentrum des kollektiven Handelns zu heben. Mit der Etablierung und Übernahme dieses Begriffs nähern sich sowohl Indigenenbewegung, als auch nicht-indigene Intellektuelle ökologistischen Denkweisen an, die bis zu diesem Zeitpunkt für sie eher marginal waren – aber die Grundlage für neue Allianzen sein können. Durch die gemeinsame Arbeit am neuen Begriff entwickeln beide Gruppen „ein neues Verständnis davon, was gerecht und was ungerecht ist“ (363). Auch wenn zu diesem Zeitpunkt die Frage der Macht über bestimmte Gruppen, der ‚power over‘, noch nicht deutlich wird, sind bestimmte Bruchlinien in der Zusammenarbeit bei der

Etablierung des Guten Lebens bereits angelegt, die nur wenig später die diskursive Landschaft grundlegend verändern sollten.

3. Die Verfassungsgebende Versammlung als Wendepunkt

Der Begriff des Guten Lebens wird mit der Gründung der Partei Alianza PAÍS im Zuge der Präsidentschaftswahlen 2006 in das politische Denken der ecuadorianischen Gesellschaft eingeführt. Das erste Regierungsprogramm dieser Partei bezieht sich auf das „Gute Leben in Harmonie mit der Natur, unter einem uneingeschränkten Respekt der Menschenrechte" (Alianza PAÍS 2006: 10). Diese Integration des Guten Lebens ist dem Wirken des Mitbegründers Alberto Acosta und einiger indigener Aktivisten geschuldet – die Einschränkung durch den Verweis auf die Menschenrechte drückt die Distanz mancher Gruppen in der Partei aus. Es waren die Verteidiger des Guten Lebens, die diesen Begriff auf die Agenda der Verfassungsgebenden Versammlung 2007/2008 setzten, vor allem Alberto Acosta, Präsident dieser Versammlung, und Mónica Chuji, eine Indigene des Amazonasgebietes, die der entsprechenden Arbeitsgruppe angehörte.

Erst ab diesem Moment nimmt die Indigenenbewegung auf nationaler Ebene den neuen Begriff auf und fügt ihn in ihren Diskurs ein. In ihrem Vorschlag für die Verfassung bezeichnet die CONAIE[12] diesen Prozess der politischen Erneuerung als:

> „Ein Moment der tiefen Hoffnung für die großen Mehrheiten des Landes, die wir für den Aufbau einer post-kapitalistischen und postkolonialen Gesellschaft kämpfen, einer Gesellschaft, die das ‚Gute Leben' fördert, das von Generation zu Generation durch unsere alten Väter und Mütter weitergegeben wurde, einer Gesellschaft, die die Lehren ihrer Ureinwohnervölker wiedergewinnt und in Harmonie mit unserer Mutter Erde leben kann" (CONAIE 2007: 1).

Diese neue Forderung wird integriert in den bereits etablierten Diskurs um die Begriffe eines plurinationalen Staates, der sich nach dem Prinzip der „Einheit in der Vielfalt" (CONAIE 2007: 10) richtet und den Aufbau einer Interkulturalität erlaubt. Die Definition des Guten Lebens in diesem Zusammenhang ist von den Bemühungen um Abstraktion eines genuin lokalen Begriffs geprägt. Die genauen Ausarbeitungen von Sarayaku oder Yampara lassen sich nicht ohne weiteres auf den Nationalstaat übertragen. Vielleicht ist das der Grund, aus dem das Gute Leben hier eine Reduktion auf die Wirtschaft erfährt. So schreibt die CONAIE, dass die Wirtschaft

12 *Confederación de Nacionalidades Indígenas del Ecuador*, Konföderation Indigener Nationalitäten Ecuadors, die größte Indigenenorganisation des Landes.

sich nicht nach Gewinn, sondern nach Wohlergehen, nach dem Guten Leben ausrichten soll. Sie ist „nur ein Werkzeug im Dienst der Gemeinschaft" (7). Die „wirtschaftliche Akkumulation als Zweck der Wirtschaft" (21) wird durch die Prinzipien der Reziprozität und der Solidarität, die die indigenen Völker leben, radikal in Frage gestellt.

Tatsächlich wurde der Begriff des Guten Lebens in 99 Artikeln in die Verfassung übernommen, wo er die angestrebte Gesellschaft näher definiert (Acosta 2010: 6). Bereits in der Präambel heißt es „Wir haben uns entschieden, eine neue Form des bürgerlichen Zusammenlebens, in Diversität und Harmonie mit der Natur aufzubauen, um das *Buen Vivir*, das *Sumak Kawsay* zu erreichen" (Verfassung Ecuador 2008). Im Text selbst wird das Gute Leben vor allem in Bezug auf Nachhaltigkeit und Umweltschutz (Artikel 14) und im Rahmen der Neukonzipierung von Entwicklung (Artikel 275) verwandt. Dabei werden die von der Indigenenbewegung definierten Inhalte weitgehend ignoriert – ebenso wie die Begriffe der Interkulturalität und der Plurinationalität, die zwar übernommen, aber nicht genauer erklärt werden. Somit wurden die Begriffe der Indigenenbewegung durch ihre Integration gezähmt.

Diese Zähmung hat auch mit einigen personellen Umbrüchen zu tun, die die Phase einer kooperativen Konstruktion des Guten Lebens im Sinne der ‚power with' beenden und eine bis heute andauernde Phase der Kämpfe um Definitionsmacht einleiten. Kurz vor Ende der Verfassungsgebenden Versammlung wird Acosta als Präsident abgesetzt und verlässt Alianza PAÍS. Chuji bricht wenig später ebenfalls mit der Regierung und engagiert sich verstärkt in der Indigenenbewegung. Während die Verteidiger des Guten Lebens die Regierung verlassen, wird das Gute Leben endgültig im Diskurs der Indigenenbewegung etabliert. Im Jahr 2008 wird Marlon Santi, 2002 Präsident von Sarayaku und Ko-Autor des zitierten Manifestes, zum Präsident der CONAIE gewählt. Diese konzeptualisiert ihre sich verstärkende Opposition zur Regierung vor allem mit dem Begriff des Guten Lebens. So konstituieren sich kurz nach Annahme der Verfassung im Jahr 2008 die drei zentralen diskursiven Gruppen, die um die Definitionsmacht über das Gute Leben streiten.

4. ‚Power over' – wer bestimmt das Gute Leben?

Mit der Institutionalisierung des Guten Lebens in der Verfassung wird die Frage nach der Definitionsmacht über diesen Begriff akut: wer entscheidet, was genau das Gute Leben ist? Es findet ein Wandel von einer vom ‚power with' geprägten Entwicklung hin zu einer vom ‚power over' geprägten Auseinandersetzung statt. Das Gute Leben als zentraler Begriff sowohl in der Politik, als auch im gesamtgesellschaftlichen Diskurs wird zu einem Faktor von Machtausübung. Jeder der betroffenen Akteure versucht, einen Vorteil in der Nutzung des neuen Begriffs zu gewinnen und ihn dazu zu verwenden, seine Interessen den anderen gegenüber durchzusetzen (Partzsch/Fuchs 2012: 360). In diesem Kampf um die Definitionsmacht lassen sich drei zentrale Machtdimensionen unterscheiden: eine instrumentelle Dimension, die sich auf die direkten Möglichkeiten und Interessen der Machtausübung der Akteure bezieht (366), eine strukturelle Dimension, die „den Fokus auf die materiellen und ideellen Strukturen [legt], die die Wahlmöglichkeiten der Akteure formen und indirekten und direkten politischen Einfluss zuweisen" (367), und eine diskursive Dimension, die einen Zugriff auf komplexere Formen der produktiven Effekte von Macht als Erzeuger von Wissen erlaubt (Foucault 1983: 94; Partzsch/Fuchs 2012: 370). Diese drei Dimensionen greifen bei jedem der Akteure auf unterschiedliche Art ineinander und verweisen so auf Gegensätze, die sich nicht in verschiedenen Definitionen eines Begriffes erschöpfen, sondern den „strikt relationalen Charakter der Machtverhältnisse" (Foucault 1983: 96) hervorheben: Macht wird gemacht und erzeugt ihrerseits neue Strukturen von Macht.

a) Gutes Leben und Entwicklung – die Perspektive des Staates

Nach dem Ausscheiden von Acosta und der indigenen Verteidiger des Guten Lebens fand sich die Regierung in einer problematischen Situation wieder: das Gute Leben war prominent im politischen Handeln des Staates (in Form der Verfassung) und der Regierung (in Form von Regierungsprogrammen und Gesetzen) verankert – hatte aber keine Akteure mehr, die ihm Leben geben könnten. Die Regierung musste auf der Grundlage einer Verfassung der sozialen Bewegungen handeln, nachdem sie mit diesen Bewegungen gebrochen hatte. Daher war der Zugang der Regierung zum Begriff des Guten Lebens von ihrem Bezug auf einen erneuerten Sozialismus geprägt, der soziale Gerechtigkeit den Fragen nach Umweltschutz und Ethnizität vorzog (Hidalgo-Capitán/Cubillo-Guevara 2014: 27).

Einer der wichtigsten neuen Intellektuellen, die die von Acosta gelassene Lücke ausfüllten, ist René Ramírez. Ramírez beschreibt das Ziel der Transformation der Regierung folgendermaßen: „ein biosozialistischer (gleichberechtigter) republikanischer Kompromiss oder Sozialismus des Sumak Kawsay" (Ramírez 2010: 10). Biosozialismus bedeutet für ihn, dass „die Entwicklung des Menschen nicht die Unversehrtheit der Natur bedrohen darf [...], da ihre unbeschränkte Ausbeutung die Reproduktion des Lebens des Menschen selbst in Gefahr bringt" (20). Somit bleibt sein Verständnis des Guten Lebens sehr offen. Es umfasst alles von der Befriedigung grundlegender Bedürfnisse über Lebensqualität bis hin zu Freizeit – verschiebt diese

Mechanismen menschlicher Reproduktion aber in politische Strukturen, in denen keine Unterdrückung herrscht, setzt also ein – nicht erläutertes – Neudenken menschlichen Zusammenlebens voraus (21). Die Erfüllung der Grundbedürfnisse wird als erster Schritt definiert, der durch politisches Handeln der Regierung umgesetzt werden soll (36). Für Ramírez ist die Verfassung ein zentraler Wendepunkt. Im „neuen Pakt des Zusammenlebens der Verfassung von 2008 gewinnt der Sozialismus des *Sumak Kawsay* oder republikanischer Biosozialismus eine biozentrische Ethik des Zusammenlebens wieder" (43).

Als Sekretär der Planungsbehörde Senplades[13] hatte Ramírez die Gelegenheit, die ersten Schritte im Entwicklungsplan des Guten Lebens 2009-2013 zu definieren. Dieser Entwicklungsplan ist ein zentrales Dokument der staatlichen Interpretation des Guten Lebens. In zwölf Zielen werden die Leitlinien staatlichen Handeln im angestrebten Transformationsprozess zusammengefasst. Einige dieser Ziele widmen sich zentralen staatlichen Aufgabenbereichen wie Lebensqualität, Arbeit, Bildung, Rechtsstaatlichkeit oder der internationalen Einbindung Ecuadors. Aber die meisten Ziele richten sich auf den Aufbau einer interkulturellen, plurinationalen demokratischen und partizipativen Gesellschaft, die die Rechte der Natur garantiert und ein nachhaltiges Wirtschaftssystem und „einen demokratischen Staat für das Gute Leben" (Senplades 2009: 11-12) beinhaltet. Bei der Umsetzung dieser von Schlagworten geprägten Ziele bildeten sich zentrale Punkte der politischen Transformation heraus, die das Regierungsprogramm von Alianza PAÍS aus dem Jahr 2012 zusammenfasst:

> „Die Grundlagen des Regimes des Guten Lebens stützen sich auf vier Achsen: die Demerkantilisierung des Gemeinwohls; die Universalität der sozialen Rechte; die Rückerlangung der Verbindung zwischen dem sozialen und dem wirtschaftlichen Bereich; und die gemeinschaftliche soziale, familiäre und persönliche Verantwortung für das Gemeinwohl" (Alianza PAÍS 2012: 117).

Im „Ecuador des Guten Lebens" (Alianza PAÍS 2012: 18) sollen der Mensch und die Natur im Zentrum stehen – es geht um die „Realisierung der Möglichkeiten jedes Einzelnen, die unbeschränkte Reproduktion der menschlichen Kulturen und die Harmonie mit der Natur" (45). In anderen Worten: „Der Sozialismus des Guten Lebens identifiziert sich mit dem Erreichen des Gemeinwohls und dem Glück jedes Einzelnen" (36).

13 *Secretaría Nacional de Planificacion y Desarrollo*, Nationales Planungs- und Entwicklungssekretariat.

Im folgenden Entwicklungsplan des Senplades 2013-2017 wird diese Vision weiter definiert. Das Gute Leben wird als „soziale Idee der Solidarität und Umverteilung" (Senplades 2013: 16) definiert und damit von einer nur wirtschaftlichen Entwicklung abgegrenzt. Der Begriff wird dabei nationalistisch gewendet, so dass das Gute Leben „vor allem bedeutet, im Land eine Bevölkerung mit einer großen Dosis von Selbstvertrauen und kollektivem Vertrauen zu haben" (18). Es geht um „den sozialen Zusammenhalt, die gemeinschaftlichen Werte und die aktive Teilhabe der Individuen und Kollektivitäten" (23). Das Senplades kommt in diesem Text zu einer zusammenfassenden Definition: „Das Gute Leben fördert die gemeinschaftliche und nachhaltige Suche nach dem kollektiven Glück und eine Verbesserung der Lebensqualität von den Werten aus" (23). Der Plan orientiert sich an sechs Dimensionen, von denen zwei von den Zielen des vorherigen Plans abweichen: der neue Entwicklungsplan ist der produktiven Diversifizierung und wirtschaftlichen Sicherheit gewidmet und will den „universellen Zugang zu höheren Gütern" (29) möglich machen. In diesem Sinne scheint eine Abkehr von Umweltschutz und Nachhaltigkeit – insbesondere der Neo-Extraktivismus als Entwicklungsmodell (Hidalgo-Capitán/Cubillo-Guevara 2014: 28) – nötig zu sein.

Jenseits dieser direkten Widersprüche scheint ein grundlegender Widerspruch im Begriff des Guten Lebens des Staates durch: das Problem der Lokalität. Der Begriff des Guten Lebens ist in seinen ersten Formulierungen von lokalem Wissen geprägt und ihm verpflichtet. Das Gute Leben ist somit auch „Wissen, wie man Lokalität unter Bedingungen von Angst und Entropie [...] produziert und reproduziert" (Appadurai 1996: 181). Damit steht das Gute Leben im Widerspruch zum Nationalstaat als einer Entität, die sich „für ihre Legitimität auf die Intensität ihrer bedeutungsvollen Anwesenheit in einem zusammenhängenden Körper begrenzten Territoriums stützt" (189). Der Nationalstaat reproduziert sich, indem er Lokalität – als „besondere Orte von Heiligkeit" (190) – erzeugt, etwa Grenzen, Gedenkorte, Infrastruktur, etc. Dadurch ist jede alternative Art einer Produktion von Lokalität potenziell gefährlich, immer aber eine Infragestellung der Legitimität des Staates. Die Erzeugung von Lokalität und lokalen Subjektivitäten vor Ort ist immer dringlicher, direkter und konkreter als die staatliche Produktion von Lokalität. Die Sinngebung, die lokal stattfindet, braucht oft nicht die Arbeit des Staates, um Öffentlichkeit zu erzeugen (191) – der Staat kann vor Ort überflüssig sein.

Der Staat hat aber die größeren Ressourcen, um seine Interpretation des Guten Lebens zu verbreiten. Seine etablierten diskursiven und strukturellen Anbindungen erlauben es, eine effektive ‚power over' über den neuen Begriff auszuüben, seine Definition zu verbreiten. Dieser Vorteil führt dazu, dass das Verständnis des Guten Lebens der ecuadorianischen Regierung vorherrschend ist, welches sich von dem der im Folgenden diskutierten Gruppen unterscheidet. Der Begriff des Guten Lebens wird mit dem Land Ecuador identifiziert, das wiederum mit der Regierung identifiziert wird.[14]

b) Gutes Leben als lokale Wirklichkeit – die Perspektive der Indigenenbewegung

Kurz nach der Annahme der Verfassung von 2008 kam es zum Bruch zwischen Indigenenbewegung und Regierung. Diese Entwicklung begann mit dem Ausscheiden von Acosta, der von der Indigenenbewegung als Verbündeter gesehen wird, und der indigenen Vertreter aus der Regierung und der Regierungspartei und verstärkte sich durch das Regierungshandeln nach 2008, vor allem die Gesetze zu natürlichen Ressourcen, Landfragen und Wasser und die Entwicklungspläne der Senplades. Dadurch veränderte sich das Verständnis des Guten Lebens der Bewegung. Nach den Übersetzungs- und Abstraktionsbemühungen im Zuge der Verfassungsgebenden Versammlung orientiert sich die Bewegung wieder verstärkt an den lokalen und spirituellen Elemente des Guten Lebens und betont „die Selbstbestimmung der indigenen Völker in der Konstruktion des Sumak Kawsay" (Hidalgo-Capitán/Cubillo-Guevara 2014: 29). Das Gute Leben wird verstanden als „eine Lebensphilosophie, die auf den Traditionen der indigenen Völker aufbaut" (30).

Diese Rekonstruktion des Guten Lebens von unten hat ein emanzipatorisches Moment, das auch als ‚power to' verstanden werden kann. Die Indigenenbewegung versucht, die Definitionsmacht über ihren Begriff wiederzuerlangen, um mit ihm bestimmte Ziele zu erreichen – im Sinne der Definition von Allen (1998: 34 f.). Es handelt sich um eine im grundlegenden Sinne *positive* Macht, eine Macht, die etwas erreichen will, ohne dabei anderen zu schaden. „Das Handeln von Akteuren oder auch bestimmte Diskurse und Strukturen richten sich nicht (in erster Linie) *gegen* andere, sondern stehen *für* bestimmte Werte und Entwicklungen" (Partzsch in diesem Band). Tatsächlich kann die Untersuchung der Entwicklung des Begriffs des Guten Lebens im Diskurs der Indigenenbewegung zeigen, „wie Mitglieder unterworfener Gruppen sich die Macht sichern, trotz ihrer Unterwerfung zu handeln" (Allen 1998: 35). Die emanzipatorische Macht der ‚power to' beginnt hier bei einer (Rück-)Übernahme der zentralen Begriffe der Regierung. Die Verfassung ist dafür das herausragende Element – die Tatsache, dass in ihr „das Sumak Kawsay aufgehängt ist" (Macas 2010: 14), wird zum Ausgangspunkt für eine Neudefinition der

14 Dasselbe gilt für Bolivien.

Begriffe und damit auch für einen Kampf um die Definitionsmacht im Sinne der ‚power over':

> „Wir gewinnen unser Land zurück und von dort aus erschaffen wir eine Theologie der Erde, der Mutter Erde, der Pachamama, die jetzt in der Verfassung existiert. Auch wenn es nur Schmuck ist, aber in der Verfassung ist die Pachamama; auch wenn es nur Fassade ist, ist da auch die Plurinationalität. Aber diese Fassade, dieser Titel, dieser Schmuck, hilft uns sehr, denn wir werden die Plurinationalität einfordern und die Ausübung der Plurinationalität" (Tenesaca 2010: 108 f.).

So wird die Idee einer Mutter Erde zum Bezugspunkt für politische Forderungen der Indigenenbewegung, die dem Handeln der Regierung explizit entgegenstehen. Denn, und damit wird ein weiterer Begriff der Regierung herausgefordert, „wenn diese Mutter, die uns stillt, nicht vergiftet, nicht ausgeplündert, nicht kontaminiert wird, ist es möglich, dass es wirklich einen Sozialismus gibt" (Tenesaca 2010: 109). Luis Macas, neben Delfín Tenesaca ein anderer historischer Führer der Indigenenbewegung, verweist in diesem Zusammenhang auf die Verbindung der älteren Forderungen nach territorialer Autonomie oder Plurinationalität und dem Begriff des Guten Lebens (Macas 2010: 16) und schlägt eine überregionale indigene Definition vor:

> „*Sumak Kawsay* wäre das Leben in Fülle. Das Leben in materieller und spiritueller Vortrefflichkeit. Die Herrlichkeit und das Erhabene drücken sich in der Harmonie, im inneren und äußeren Gleichgewicht einer Gemeinschaft aus. Hier ist es die strategische Perspektive der Gemeinschaft in Harmonie, das Höchste zu erreichen" (Macas 2010: 14).

Diese Versuche einer Wiederaneignung des Guten Lebens verstärkten sich im Jahr 2010, als die CONAIE den Dialog mit der Regierung unterbrach. Sie begründete diesen Schritt mit Bezug auf ihren Begriff: „Wir erklären, dass die Regierung von Rafael Correa eine falsche sozialistische Verräterin, Populistin, Völkermörderin, Faschistin der Prinzipien des Guten Lebens ist und außerdem den Kolonialismus des 21. Jahrhunderts verschleiert" (CONAIE 2010: 2). Damit beginnt ein Prozess der Neudefinition des Guten Lebens von der Bewegung aus, der den Aufbau einer grundlegenden sozialen, politischen und wirtschaftlichen Alternative beinhaltet und der bis heute weitergeht.

Die Indigenenbewegung ist als soziale Bewegung darauf angewiesen, dass sie ihre ‚Produkte', also Ziele und Forderungen unter ihrer Zielgruppe angemessen verbreitet (Zald 1979: 12). Schlüsselsymbole, wie etwa der zentrale Begriff des

Guten Lebens, erlauben es, „die Vision und den Weg oder das Programm zu dieser Vision zu artikulieren, die Sympathisanten die meiste Hoffnung gibt“ (13 f.). So entsteht ein „Wettbewerb um symbolische Vorherrschaft“ (Zald/McCarthy 1979: 3) und um die Programme, Inhalte, Produkte und Schlüsselsymbole, die das höchste Mobilisierungspotenzial haben. In diesem Sinne ist die diskursive Übernahme des Guten Lebens durch die Regierung eine Herausforderung und Gefährdung der Bewegung – und die Neudefinition des Guten Lebens durch diese eine Möglichkeit, im Rahmen des Kampfes um Definitionsmacht (als ‚power over‘) Elemente eines Kampfes für Emanzipation und Selbstbestimmung (als ‚power to‘) zu verankern.

c) Gutes Leben als Alternative zum Wachstum – die Perspektive der unabhängigen Intellektuellen

Unmittelbar nach seinem Ausscheiden aus der Regierung begann Alberto Acosta sich der Verbreitung seiner öko-sozialistischen Auslegung des Guten Lebens zu widmen. Bald bildete sich eine internationale Gruppe von unabhängigen Intellektuellen, die der Ökologie und der Wachstums- und Entwicklungskritik nahestehen und das Gute Leben vor allem als partizipatives Ideal verstehen, das die Natur schützt und für die verschiedensten Kulturen anschlussfähig ist. Neben Acosta ist der Uruguyer Eduardo Gudynas ein Protagonist dieser Gruppe. Die Gruppe als solche und die meisten ihrer Mitglieder sind durch ihre Nähe zu sozialen Bewegungen charakterisiert. Ihre Kritik an der Regierung beruht vor allem auf der Ablehnung des Neo-Extraktivismus als Entwicklungsmodell, das eine Öffnung der Gesellschaft verhindert und die Missachtung der Rechte von bestimmten Ethnien mit einschließt (Hidalgo-Capitán/Cubillo-Guevara 2014: 28 f.). Die große Offenheit des Guten Lebens, die diese Gruppe postuliert, verortet es „in einem kulturell westlichen und postmodernen Referenzrahmen“ (Hidalgo-Capitán/Cubillo-Guevara 2014: 30).

Dabei beruft sich Acosta auf den indigenen Hintergrund des Guten Lebens als „Teil einer langen Suche nach Lebensalternativen, die in der Hitze der Kämpfe des Volkes gehärtet wurden“ (Acosta 2010: 7). Der Bezug auf soziale Kämpfe vor allem der Marginalisierten wird als Legitimationsstrategie für den neuen Begriff nutzbar gemacht. Das Gute Leben ist „eine Gelegenheit, eine andere Gesellschaft, die auf einem bürgerlichen Zusammenleben in Verschiedenheit und Harmonie mit der Natur gründet“ (9), aufzubauen. Der konkrete Begriff des Guten Lebens, auf den sich Acosta bezieht, geht über seinen indigenen Hintergrund hinaus und erlaubt es, „andere ‚Wissen‘ und andere Praktiken anzunehmen“ (10). Für Acosta ist das Gute Leben grundlegend im Denken der Anderen, der Ausgeschlossenen in aller Welt verortet:

> „Der Begriff des Guten Lebens hat nicht nur eine historische Verankerung in der indigenen Welt, es stützt sich auch auf einige universelle philosophische Prinzipien: aristotelische, marxistische, ökologische, feministische, kooperative, humanistische [...]“ (Acosta 2010: 13).

Im Denken der unabhängigen Intellektuellen hinterfragt das Gute Leben die westliche Vorstellung von Lebensqualität (Acosta 2010: 13) und stellt ihr die Idee einer Qualität des Lebens, „die sich nicht auf Konsum und Eigentum reduzieren lässt“ (Gudynas 2012: 7), entgegen. Zentraler Teil dieses Wandels ist „die radikale Veränderung der Bedeutung, Interpretation und Wertschätzung der Natur“ (8). Auch Gudynas betont, dass das Gute Leben mehr ist als das indigene *Sumak Kawsay* (14). Es muss offen sein und von den verschiedensten Akteuren diskutiert werden, „weil das Konzept des *Buen Vivir* ein plurales ist, das im Entstehen begriffen ist und dabei von vielen Positionen und Perspektiven profitiert“ (Gudynas 2012: 20).

In diesem Sinne ist die diskursive Strategie dieser Gruppe dem ‚power with‘ verhaftet – das Gute Leben wird als Projekt von allen für alle verstanden, das durch verschiedene Interpretationen und Definitionen nicht geschwächt, sondern gestärkt wird. Für Acosta und Gudynas zeichnet sich das Gute Leben durch seine Offenheit und Anschlussfähigkeit aus. Gerade darin liegt das wahrhaft Neue des Begriffes, sein Potenzial, eine ausschließende und unterscheidende Machtstruktur zu durchbrechen. Und diese Offenheit trägt dazu bei, dass die Interpretation des Guten Lebens der unabhängigen Intellektuellen die international sichtbarste ist. Seine Akteure bemühen sich aktiv um theoretische Anschlüsse und politische Interventionen – diese Gruppe kann als Teil einer transnationalen sozialen Bewegung gesehen werden.

5. Fazit

Das Gute Leben ist ein politischer Begriff mit hoher Anziehungskraft. Es erzeugt Aufmerksamkeit, eine grundlegende Ressource zur Mobilisierung von wirtschaftlicher, politischer und persönlicher Unterstützung. Aus diesem Grund ist es für politische Akteure sehr attraktiv. Wer die Definitionsmacht über das Gute Leben hat, verfügt über deutliche Vorteile in politischen Auseinandersetzungen und eine erhöhte Möglichkeit, seine Forderungen durchzusetzen. Das verstärkt die bereits bestehenden Konflikte zwischen den Akteuren, die versuchen, ihren Machtanspruch zu fundieren – im Sinne einer ‚power over‘, die auch instrumentelle Elemente haben kann. Das Machtprojekt jedes einzelnen Akteurs in diesem Kampf um Definitionsmacht über das Gute Leben bleibt davon unberührt. So bewegt sich die Indigenenbewegung eher im Rahmen einer emanzipatorischen ‚power to‘, die unabhängigen

Intellektuellen im Rahmen einer kooperativen ‚power with‘ und die Regierung kämpft für die Stärkung staatlicher Macht als ‚power over‘. Dieser andauernde diskursive Konflikt ist wiederum produktiv (Foucault 1983: 100), jeder Akteur ist gezwungen, beständig neue Texte, Definitionen und Bedeutungen zu produzieren.

Dazu stehen den unterschiedlichen Akteuren verschiedene Ressourcen zur Verfügung. Die Indigenenbewegung stützt sich auf ihre Mitglieder und den Einfluss, den sie als soziale Bewegung hat. Die Regierung bedient sich des Staatsapparats, der staatlichen Verlage und Möglichkeiten der Aufmerksamkeitsgeneration, vor allem in den ecuadorianischen Massenmedien. Die unabhängigen Intellektuellen nutzen die ihnen zur Verfügung stehenden Ressourcen, vor allem innerhalb der Wissenschaftswelt, in bestimmten sozialen Bewegungen und den internationalen Massenmedien. In diesem Sinne sind transversale Akteure von großem Interesse. Diese Akteure, etwa politische Stiftungen, oder Foren, wie politische oder wissenschaftliche Kongresse, orientieren sich nicht an der hier gewählten Unterscheidung, sondern an einer essentialisierenden Konzeption des Guten Lebens als einem grundlegenden Begriff, zu dem alle etwas sagen können – und liegen durch diese Offenheit nah an der Erklärungslinie der unabhängigen Intellektuellen, beeinflussen also gerade durch ihre Nicht-Festlegung auf konkrete Inhalte den andauernden Konflikt um Definitionsmacht über den Begriff des Guten Lebens.

Literatur

Acosta, Alberto, 2002: En la encrucijada de la globalización, in: Ecuador Debate 55, 37-55.

Acosta, Alberto, 2010: El Buen Vivir en el camino del post-desarrollo. Una lectura desde la Constitución de Montecristi, Policy Paper 9, Quito.

Alianza PAÍS, 2006: Plan de Gobierno de Alianza PAÍS 2007-2011, o. O.

Alianza PAÍS, 2012: Plan de Gobierno de Alianza PAÍS 2013-2017, o. O.

Allen, Amy, 1998: Rethinking Power, in: Hypatia 13 (1), 21-40.

Appadurai, Arjun, 1996: Modernity at Large. Cultural Dimensions of Globalization, London/Minneapolis.

CONAIE, 2007: Propuesta de la CONAIE frente a la Asamblea Constituyente. Principios y lineamientos para la nueva constitución del Ecuador, Quito.

CONAIE, 2010: Declaración al pie de taita Imbabura y mama Cotacachi, http://movimientos.org/imagen/CONAIE.pdf, (25.10.2010).

Cortez, David/Wagner, Heike, 2012: El buen vivir – ein alternatives Entwicklungsparadigma?, in: Hans-Jürgen Burchardt/Kristina Dietz/Rainer Öhlschläger

(Hrsg.), Umwelt und Entwicklung im 21. Jahrhundert. Impulse und Analysen aus Lateinamerika, Baden-Baden, 61-78.

Foucault, Michel, 1983: Der Wille zum Wissen, Frankfurt a. M.

Gudynas, Eduardo, 2012: Buen Vivir. Das gute Leben jenseits von Entwicklung und Wachstum. Rosa-Luxemburg-Stiftung, Analysen, http://www.rosalux.de/fileadmin/rls_uploads/pdfs/Analysen/Analyse_buenvivir.pdf (Stand: 07.08.2015).

GTZ, 2002: Cooperación con pueblo indígenas en América Latina. Taller, 28 al 30 de abril del 2002, Boquete, Panamá, o. O.

Hidalgo-Capitán, Antonio Luis/Cubillo-Guevara, Ana Patricia, 2014: Seis debates abiertos sobre el sumak kawsay, in: Íconos 48, 25-40.

Koselleck, Reinhart, 2011: Introduction and prefaces to the Geschichtliche Grundbegriffe, in: Contributions to the History of Concepts 6 (1), 1-37.

Macas, Luis, 2010: Sumak Kawsay: La vida en plenitud, in: ALAI 452, 14-16.

Medina, Javier (Hrsg.), 2001: Suma qamaña. La comprensión indígena de la Buena Vida, La Paz.

Medina, Javier, 2011: Suma qamaña, vivir bien y de vita beata. Una cartografía boliviana, http://lareciprocidad.blogspot.com/2011/01/suma-qamana-vivir-bien-y-de-vita-beata.html (07.08.2015).

Partzsch, Lena/Fuchs, Doris, 2012: Philanthropy: Power with in international relations, in: Journal of Political Power 5 (3), 359-376

Ramírez, René, 2010: Socialismo del Sumak Kawsay o biosocialismo republicano, Quito.

Sarayaku (Territorio Autónomo de la Nación Originaria del Pueblo Kichwa de Sarayaku), 2003: El libro de la vida de Sarayaku para defender nuestro futuro, http://www.latautonomy.org/sarayaku.pdf (20.11.2011).

SENPLADES, 2009: Plan Nacional para el Buen Vivir 2009-2013, Quito.

SENPLADES, 2013: Plan Nacional para el Buen Vivir 2013-2017, Quito.

Tenesaca, Delfín, 2010: Pueblos indígenas: exclusión histórica, aportes civilizatorios y nuevo contexto constitucional, in: Miriam Lang/Alejandra Santillana (Hrsg.), Democracia, Participación y Socialismo, Quito, 107-110.

Uzeda, Andrés, 2009: Suma Qamaña, visiones indígenas y desarrollo, in: Traspatios 1, 33-51.

Viteri, Carlos, 1993: Mundos Míticos. Runa, in: Noemi Paymal/Catalina Sosa (Hrsg.), Mundos Amazónicos. Pueblos y Culturas de la Amazonía Ecuatoriana, Quito, 148-150.

Viteri, Carlos, 2002: Visión indígena del desarrollo en la Amazonía, in: Polis 1 (3), 1-6.

Yampara, Simón, 2001: El Ayllu y la territorialidad en los Andes, El Alto.
Zald, Mayer, 1979: Macro Issues in the Theory of social movements. SMO Interaction, the Role of Counter-Movements and Cross-National Determinants of the Social Movement Sector, CRSO Working Paper 204, University of Michigan.
Zald, Mayer/McCarthy, John, 1979: Social Movement Industries: Competition and Cooperation among Movement Organizations, CRSO Working Paper 201, University of Michigan.

Korrespondenzanschrift:

Dr. Philipp Altmann
Universidad Central del Ecuador
Facultad de Jurisprudencia, Ciencias Políticas y Sociales
Escuela de Sociología y Ciencias Políticas
Ciudadela Universitaria
Av. América
Quito
Ecuador
E-Mail: PhilippAltmann@gmx.de

Teil II: ‚Power to‘ – Widerstand und ‚grüne‘ Emanzipation

Katharina Glaab und Doris Fuchs

Religiös und grün? Die Rolle von glaubensbasierten Akteuren im globalen Diskurs der nachhaltigen Entwicklung[1]

Kurzfassung

Die globale ökologische Krise wirft fundamentale ethische Fragen nach der Rolle von Fortschritt, globaler Gerechtigkeit und der Bedeutung von nachhaltiger Entwicklung auf. Während die Rolle von Umwelt-NROs schon weitreichend untersucht wurde, hat religiös motivierter Umweltschutz bisher kaum wissenschaftliche Aufmerksamkeit erfahren. Glaubensbasierte Akteure nehmen als Teil der globalen Zivilgesellschaft an internationalen Verhandlungen wie auch öffentlichen Debatten zu nachhaltiger Entwicklung teil. Glaubenssysteme können möglicherweise visionäre Ideen zum ‚guten Leben' bereitstellen, die zum Handeln motivieren können und zu einem gewissen Grad Narrative jenseits des Wachstumsparadigmas darstellen. Glaubensbasierte Akteure üben insbesondere diskursive Macht aus, um auf Normen und Ideen des globalen Nachhaltigkeitsdiskurses einzuwirken. Jedoch bleibt noch zu klären, inwieweit sie tatsächlich Agenten von Wandel sind und alternative Ansätze innerhalb oder außerhalb neoliberaler Nachhaltigkeitskonzeptionen bereitstellen.

Das Papier untersucht kritisch, wie glaubensbasierte Akteure auf den Diskurs zur nachhaltigen Entwicklung einwirken. Deren Einreichungen im Kontext der Rio+20 Konferenz werden dazu in Hinblick auf unterschiedliche Deutungen von nachhaltiger Entwicklung und *green economy* inhaltsanalytisch analysiert.

1 Die Autorinnen sind dankbar für die Förderung dieser Forschung durch den im Rahmen der Exzellenzinitiative des Bundes und der Länder geförderten Cluster „Religion und Politik in den Kulturen der Vormoderne und der Moderne" an der Westfälischen Wilhelms-Universität Münster. Sie danken darüber hinaus Moritz Brandenburger und Michael Pollok für wertvolle Unterstützung bei der Forschung und den Herausgeberinnen und zwei anonymen Gutachter/innen für hilfreiche Kommentare.

Inhalt

1. Einleitung

> „Wenn Regierungen, Zivilgesellschaft und insbesondere religiöse Gemeinschaften zusammenarbeiten, kann es zu einer Transformation kommen. Glaube und Religion sind essentielle Bestandteile zur Erreichung dieses Ziels. In der Tat nehmen die Glaubensgemeinschaften dieser Welt eine einzigartige Position bei den Diskussionen über die Zukunft unseres Planeten und die zunehmenden Auswirkungen des Klimawandels ein" (Ban Ki-Moon 2009).

Umweltzerstörungen gehören zu den größten Herausforderungen unserer Zeit. Der globale Charakter der ökologischen Krise hat zu einer umfangreichen Suche nach wissenschaftlichen, ökonomischen oder technischen Lösungen geführt, um eine ‚große Transformation' hin zu mehr Nachhaltigkeit herbeizuführen. Die ökologische Krise ist jedoch nicht nur eine wissenschaftliche und politische, sondern auch eine moralisch-ethische Herausforderung an die globale Gesellschaft und muss daher auch als „Sinnkrise" verstanden werden (Litfin 2010: 117), nach der eine moralische und spirituelle Revolution nötig sei (Gore 2006).

Folgt man gängigen Säkularisierungstheorien, dann haben Religionen ihre gesellschaftliche Bedeutung im Zuge von Modernisierungsprozessen verloren (Berger 1969; Norris/Inglehart 2004). Gleichzeitig können diese aber auch normative Ressourcen für säkulare Gesellschaften bereitstellen (Habermas 2001). In der Tat können Religionen einen wichtigen Beitrag zu politischen Debatten, wie der zur Umweltkrise, leisten. Es erscheint sogar so, als hätten Religionen ihre „ökologische Phase" (Tucker 2003) erreicht und würden zunehmend ihre moralische und politische Verantwortung für das Schicksal der Umwelt erkennen: Der ökumenische Patriarch Bartholomäus wird zum Beispiel wegen seines Engagements für die Umwelt als *Grüner Patriarch* bezeichnet.[2] Auch Papst Franziskus I. kündigte in seiner Einsetzungsrede an, die Ambitionen seines Vorgängers Papst Benedikt zur *Bewahrung der Schöpfung und Umwelt* fortzuführen.[3]

Bei der Beschäftigung mit normativen Fragestellungen tendieren Governance-Forscher/innen dazu, die wichtige Rolle von Zivilgesellschaft, insbesondere von Nichtregierungsorganisationen (NROs), hervorzuheben. Interessanterweise wird das Engagement religiöser Gruppen in diesem Kontext jedoch noch weithin vernachlässigt. Wenn man aber allein die Zahl der Gläubigen bedenkt, sollte die potenzielle Bedeutung von glaubensbasierten Akteuren (GBAs)[4] ernst genommen werden. Nur die Anhänger/innen der drei größten Religionen – Christentum, Islam, Hinduismus – machen zwei Drittel der Weltbevölkerung aus (Gardner 2003: 154).

GBAs sind nicht nur seit dem ersten Aufkommen von transnationalen Umweltproblemen an wichtigen öffentlichen Debatten zu globalen Umwelt- und sozioökonomischen Problemen wie Armut, Migration oder Hunger beteiligt, sondern partizipieren darüber hinaus aktiv an den entsprechenden internationalen politischen Verhandlungen. Ihre besondere Verantwortung ermöglicht es ihnen, einflussreiche ethische Agenden zu setzen (McElroy 2001: 56), insbesondere wenn nachhaltige Entwicklung als die Beantwortung der Frage nach dem *guten Leben* verstanden wird. Dabei kann nicht per se davon ausgegangen werden, dass GBAs einen positiven Einfluss im Sinne einer Beeinflussung zu mehr Nachhaltigkeit haben müssen. Ganz im Gegenteil, religiöse Argumente können für Interessen genutzt werden, die nicht viel mit Nachhaltigkeit zu tun haben oder nicht über genügend diskursive Macht verfügen, um wirklich etwas zu verändern. Ausgehend davon, dass moderne, nicht-nachhaltige und säkulare Gesellschaften neue Narrative entwickeln müssen, um den immer deutlicheren Grenzen der Erde Rechnung zu tragen (Litfin 2003: 33), argumentieren wir, dass GBAs über ein beachtliches Potenzial verfügen, eben diese alternativen Narrative bereit zu stellen.

Entsprechend setzt sich dieser Beitrag mit der diskursiven Macht von GBAs in der globalen Nachhaltigkeits-Governance auseinander; speziell der Möglichkeit, im Sinne von ‚power to' Wissen und Diskurse zu schaffen, die neue Handlungsmöglichkeiten für Akteure ermöglichen (siehe Partzsch in diesem Band). Um eine erste Idee von der potenziellen Richtung dieses Diskurses zu bekommen, müssen zu-

2 https://www.patriarchate.org/the-green-patriarch

3 https://w2.vatican.va/content/francesco/en/homilies/2013/documents/papa-francesco_20130319_omelia-inizio-pontificato.html

4 Der Begriff der glaubensbasierten Akteure umfasst alle diejenigen Akteure, deren selbstdefinierte Zielsetzung spirituell oder religiös orientiert ist oder von einer religiösen und spirituellen Organisation unterstützt wird.

nächst relevante Normen und Ideen in Umweltdiskursen identifiziert und vor dem Hintergrund aktueller Tendenzen hinsichtlich ihres Einflusses eingeschätzt werden. Dieser Beitrag fragt also: Welche Visionen von nachhaltiger Entwicklung und dem guten Leben können den Artikulationen von GBAs entnommen werden im Hinblick auf nachhaltige Entwicklung, und wie unterscheiden sich diese von den Ideen anderer Akteure?

Im Folgenden werden wir erst den von uns gewählten konzeptionellen Rahmen der diskursiven Macht und der Rolle des guten Lebens vorstellen. Auf Basis einer Inhaltsanalyse zeigen wir dann relevante Normen und Ideen von GBAs bei der UN Rio+20 Konferenz auf und kontrastieren sie mit anderen Ideen zur nachhaltigen Entwicklung. Mit dieser Analyse streben wir die Bereitstellung eines ersten Zugangs für die Bewertung des potenziellen diskursiven Einflusses von GBAs in der Nachhaltigkeits-Governance an.

2. Diskursive Macht, GBAs und Nachhaltige Entwicklung

Der Governance Ansatz ermöglicht es, den substantiellen, politischen Einfluss von nicht-staatlichen Akteuren zu untersuchen. Zahlreiche Studien mit einer Governance Perspektive haben zum Beispiel die politische Rolle von Wirtschaftsakteuren (Levy/Newell 2005; Falkner 2009; Fuchs 2007, 2013) oder der Zivilgesellschaft (Florini 2000; Corell/Betsill 2001; Scholte 2004; Holzscheiter 2005; Crouch 2008) thematisiert. So konnten die vielfältigen Facetten der politischen Macht von nicht-staatlichen Akteuren in der globalisierten Welt von heute aufgezeigt werden. Auch die Differenzierung zwischen akteursspezifischen und strukturellen Determinanten, als auch zwischen materiellen und ideellen Quellen von Macht wurde ermöglicht (Fuchs/Glaab 2011). Hinsichtlich der zivilgesellschaftlichen Akteure wurde auf ihre besondere Rolle, die auf ihrer gesellschaftlichen Legitimität und ihrer Fähigkeit beruht, öffentliche Ideen und Vorstellungen zu formen, hingewiesen. Daher sprechen wissenschaftliche und politische Debatten in diesem Kontext von einem positiven Beitrag von Zivilgesellschaft in der Nachhaltigkeits-Governance. Eine solche Legitimität könnte auch glaubensbasierten Akteuren zugesprochen werden, insbesondere aufgrund ihrer moralischen Autorität, Orientierung an transzendenten Glaubenssystemen und des Fokus auf fundamentale Werte und Normen.

Nichtsdestotrotz könnte man, der Säkularisierungstheorie folgend, natürlich fragen, ob GBAs tatsächlich eine politische Rolle ähnlich der anderer zivilgesellschaftlicher Akteure in der ‚säkularisierten Politik' spielen können. In der Tat scheint die angenommene Trennung zwischen Religion und Politik in der globalen

Nachhaltigkeits-Governance besonders relevant: Erstens, weil säkulare Weltsichten eine dichotome Beziehung von Mensch und Natur, unabhängig von religiösen Ansichten und Argumenten postulieren (Litfin 2003: 30). Zweitens, weil transnationale Umwelt- und Nachhaltigkeitsprobleme in einem supranationalen Umfeld diskutiert werden, das von einer säkularen, kosmopolitischen Elite dominiert wird (Berger 1999: 11; Bush 2007). Und drittens, weil Wissenschaft eine wichtige Rolle in Umweltdebatten spielt, wobei sowohl Naturwissenschaftler/innen als auch Umweltschützer/innen nachgesagt wird, dass sie Religionen als irrational und nicht hilfreich bei der Lösung dieser Probleme empfinden würden (Wilson 2012: 21; Dunlap 2006).

Dennoch wird die Trennung von Religion und Politik, sowie die Wahrnehmung von Politik als säkularem Raum immer mehr hinterfragt (Kubálková 2000; Kratochwil 2005; Barbato/Kratochwil 2009). Stattdessen wird argumentiert, dass Religion Teil des öffentlichen Raumes sei und dabei dominante soziale und politische Kräfte, wie auch Vorstellungen und Werte hinterfrage (Casanova 1994). Entsprechend weisen Wissenschaftler/innen darauf hin, dass öffentliche, politische Debatten auch von religiösen bzw. einem Mix aus religiösen und säkularen Argumenten geprägt sind (Audi 1993; Audi/Wolterstorff 1997). Tatsächlich ist es möglich, eine Vielzahl von Artikulationen von glaubensbasierten Akteuren in politischen Debatten allgemein, und speziell in Umwelt- und Nachhaltigkeitsdebatten, zu identifizieren.

Entsprechend ist es angebracht, sich mit den potenziellen Beiträgen von GBAs zu einer globalen Nachhaltigkeitspolitik zu beschäftigen. In diesem Zusammenhang spielt die Fähigkeit von Akteuren (im Sinne von ‚power to'), neues Wissen zu schaffen und Diskurse zu konstituieren, eine wichtige Rolle (siehe Partzsch in diesem Band). Denn GBAs können gerade in diesem Bereich in Zeiten der globalisierten und mediatisierten oder sogar rein performativen Governance einen potenziell starken Einfluss ausüben (Crouch 2008). Diskursive Macht ist hierbei die Macht, Governance-Prozesse und Ergebnisse über die Formung von relevanten Normen und Ideen zu gestalten (Fuchs 2007). Diese Macht interveniert ab der frühsten Phase eines politischen Prozesses, zum Beispiel bei der Bildung von Interessen, da Normen und Ideen die Konstruktion von Identitäten politischer Akteure, von Problemen und Lösungen, aber auch das Nachdenken darüber, was politisch und was privat ist, mit beeinflussen. Ausgehend von einer konstruktivistischen Perspektive werden Wissen und Bedeutungen in Diskursen sprachlich vermittelt (für den Bereich der Umweltpolitik: Litfin 1995; Hajer 1995). Eine solche Macht ist zwar fast unsichtbar, manifestiert sich jedoch in Texten, Performanzen und sozialen Praktiken, die einen Blick auf deren Wirkungsweise erlauben (Graf/Fuchs 2014).

Die Bedeutung von diskursiver Macht wird deutlich, wenn nachhaltige Entwicklung als eine politische Zielvorstellung in den Blick genommen wird. Das Konzept von nachhaltiger Entwicklung wurde durch die Brundtland-Kommission auf die internationale politische Agenda gesetzt und identifizierte erstmalig die Notwendigkeit von intra- und intergenerationaler Gerechtigkeit. Dabei wurden sowohl ökologische und ökonomische als auch soziale Aspekte betont (WCED 1987). Während diese Vorstellung von Nachhaltigkeit schon bald Teil des politischen Mainstream wurde, hat das Konzept gleichzeitig zu anhaltenden, diskursiven Auseinandersetzungen über dessen Bedeutung angeregt. Dies entspringt in Teilen auch der Unklarheit des Begriffes und den mit ihm verbundenen Herausforderungen im Hinblick auf die derzeitige soziale und ökonomische Organisation. Mit anderen Worten: Wenn es zu der Durchsetzung von nachhaltiger Entwicklung kommt, dann steht für viele Akteure viel auf dem Spiel.

Aus einer konstruktivistischen Perspektive haben Wissenschaftler/innen diskursive Auseinandersetzungen in Bezug auf die Konstruktion von nachhaltiger Entwicklung in vielerlei Hinsicht analysiert. Hajer (1995) hat hierbei wichtige Grundlagenarbeit geleistet mit der Analyse der Rolle von Storylines und Narrativen in diesen diskursiven Konflikten. Dryzek (2005) und Stevenson und Dryzek (2012) haben einen Pluralismus von Umweltdiskursen identifiziert, die von Mainstream bis zu grünem Radikalismus reichen und unterschiedliche Nachhaltigkeitspolitik konstituieren. Andere Wissenschaftler/innen haben den Gebrauch von ‚nachhaltiger Entwicklung' durch zahlreiche staatliche und nicht-staatliche Akteure in verschiedenen Politikfeldern dekonstruiert (Fuchs/Lorek 2005; Kalfagianni 2006; Graf 2013; Feist/Fuchs 2013). Was jedoch bisher fehlt, ist eine Analyse der Beiträge von GBAs zur diskursiven Konstruktion von nachhaltiger Entwicklung (vgl. aber Glaab 2014). Dies ist jedoch nicht nur aus Gründen eines potenziell besseren Verständnisses des Nachhaltigkeitsfeldes wünschenswert (Litfin 2003), sondern auch, weil der Umweltschutz selbst ein religiöses Element innehat und seine Wurzeln sowohl im säkularen Glauben als auch in der konventionellen Religion hat (Dunlap 2006). Tatsächlich kann eine einfache säkulare Weltsicht mit vielen Ursachen der ökologischen Krise in Verbindung gebracht werden: „Modernity's emblematic faith in technology, the doctrine of progress, the centrality of instrumental reason, the sanctity of individual freedom, the denial of the sacred – all of these have been suggested as sources of an environmentally destructive cultural tendency" (Litfin 2003: 30). Darüber hinaus scheinen normative Zielsetzungen vieler GBAs den Kern nachhaltiger Entwicklung zu thematisieren: das Streben nach einem guten Leben und die Idee von inter- und intragenerationaler Gerechtigkeit, also der Wunsch, allen Menschen in der Gegenwart und in der Zukunft ein würdevolles Leben zu ermöglichen, was die Bereitstellung eines Mindestmaßes an Ressourcen voraussetzt. Dieser Wunsch steht in Verbindung mit tausende Jahre alten, religiösen und nicht-religiösen Überlegungen darüber, welches die Charakteristika eines guten Lebens und welches die Determinanten individueller und sozialer Befähigung zur Führung eines solchen Lebens sind (z. B. Aristotle/Irwin 2008; Nussbaum 2003; Dalai Lama/Hopkins 2003).

In diesem Kontext können GBAs ethische Argumente in die globale Nachhaltigkeits-Governance einbringen und dabei die säkularisierte Perspektive bereichern. Darüber hinaus können religiöse Sichtweisen den *knowledge-action-gap* überwinden und individuelles, nachhaltiges Handeln aktivieren (Gottlieb 2006; Wolf/Gjerris 2009; Peterson 2010). Und in der Tat kann man beobachten, dass GBAs Umweltverhandlungen und Agenden zu beeinflussen versuchen, allein oder in Kooperation mit anderen Umwelt-NROs oder Staaten.

Allerdings gehen wir nicht davon aus, dass es eine universelle Vision vom guten Leben oder nachhaltiger Entwicklung gibt, nicht mal (oder gerade) zwischen den verschiedenen Glaubensrichtungen. Tatsächlich können einige Ideen vom guten Leben mancher GBAs denen anderer Glaubensgruppen oder sogar innerhalb der eigenen Gruppierung widersprechen. Gleichzeitig gehen wir auch nicht davon aus, dass GBAs immer Ziele im Sinne der Nachhaltigkeit verfolgen. Es gibt eine Ambivalenz in dem Verhältnis vieler religiösen Traditionen mit der Umwelt: Auf der einen Seite können diese zu einer Umwelt- und Nachhaltigkeitsethik beitragen, auf der anderen Seite kann auch die „dark side of religious tradition", die beispielsweise auf die menschliche Herrschaft über die Natur hinweist, für Umweltzerstörungen verantwortlich gemacht werden (Tucker 2003: 19). Entsprechend müssen „blanket claims to environmental purity" immer kritisch hinterfragt werden (Tucker 2003: 25). Darüber hinaus können auch GBAs versuchen, lokale Interessen durchzubringen, die einer nachhaltigen Entwicklung entgegenstehen. Entsprechend gehen wir davon aus, viele verschiedene, manchmal komplementäre und manchmal entgegengesetzte Narrative zu finden. Zusammen geben diese jedoch einen Eindruck vom potenziellen, diskursiven Einfluss von GBAs auf die globale Nachhaltigkeits-Governance.

3. Glaubensbasierte Akteure, Nachhaltige Entwicklung und der Rio+20 Gipfel

Die United Nations Conference on Sustainable Development (UNCSD/Rio+20) fand 20 Jahre nach dem 1992er Erdgipfel in Rio statt und stellte die bis dahin größte Konferenz zu nachhaltiger Entwicklung dar. Rio+20 belebte die Debatte über nachhaltige Entwicklung wieder und zielte auf die Entwicklung eines neuen bindenden Rahmenwerkes, um die Fragen, die auch bei der ersten Rio Konferenz verhandelt wurden – ökonomisches Wachstum, soziale Gerechtigkeit und Umweltschutz – anzugehen.[5] Die Konferenz stellte eine wichtige Möglichkeit für zivilgesellschaftliche Akteure dar, Einfluss auf die politische Debatte zu Nachhaltigkeit zu nehmen. Neben tausenden NRO-Teilnehmer/innen waren auch GBAs in den Debatten und Vorkonferenzen vertreten, organisierten Nebenveranstaltungen und reichten Berichte und Empfehlungen ein.

Um die potenzielle diskursive Macht von GBAs auf den Nachhaltigkeitsdiskurs abzuschätzen, wurde die Liste all derjenigen Organisationen, die formal einen schriftlichen Input zur Berücksichtigung im Abschlussdokument eingereicht hatten, auf diejenigen Gruppen durchsucht, die durch Bezeichnung oder Selbstdefinition eindeutig als religiös oder spirituell identifiziert werden konnten. Von den insgesamt 677 Einreichungen kamen 73% (493) von den *major groups*, also nicht-staatlichen Akteuren, wobei von diesen die 17 Dokumente, die von GBAs eingereicht wurden, ausgewählt wurden. Die Zahl weist zwar auf die quantitative Randständigkeit religiöser Argumente innerhalb der offensichtlich stark säkular geprägten Rio+20 Verhandlungen hin, gleichzeitig ist zu bedenken, dass die meisten GBA Einreichungen mehrere Organisationen umfassen, da es sich oftmals um gemeinsame Erklärungen eines Zusammenschluss verschiedener Organisationen einer oder unterschiedlicher Glaubensgemeinschaften handelt. Zudem zeigt sich hier eine Dominanz christlicher Gruppierungen (zehn der 17 Einreichungen stammen von christlichen Gruppen, fünf sind interreligiöse Erklärungen, und jeweils eine stammte von buddhistischen und Baha'i Gruppen). Dies lässt sich teilweise durch den unterschiedlichen Organisationsgrad religiöser Gruppierungen erklären, kann aber auch ein Hinweis auf unterschiedliche Interessen und Schwerpunktsetzungen verschiedener religiöser Gruppen sein.[6]

Diese Dokumente wurden in einem ersten Schritt mit Hilfe einer qualitativen Inhaltsanalyse untersucht. In einem zweiten Schritt wurden die Ergebnisse mit einer repräsentativen Stichprobe von 17 Einreichungen von anderen zivilgesellschaftlichen Akteuren verglichen, die globale und lokale Organisationen des globalen Nordens und Südens umfassten, die sich thematisch mit Menschenrechten, Umwelt oder Entwicklung auseinandersetzten. Die Einreichungen aller nicht-staatlichen Akteure fokussierten gemäß der Ausrichtung von Rio+20 auf die Themen *Green Economy*

5 http://www.uncsd2012.org/about.html#sthash.Ovkfmy9Y.

6 Wir danken einem/einer Gutacher/in für den Hinweis auf die Interessensunterschiede unterschiedlicher religiöser Gruppierungen mit dem Verweis darauf, dass zum Beispiel islamische Verbände ihre Interessen hinsichtlich der Frage von Blasphemie in der UN gut organisiert vertreten haben.

und Instrumente für eine nachhaltige Entwicklung. Uns interessiert bei ihrer Analyse insbesondere, inwieweit die GBAs mit ihren Einreichungen der Debatte spezifische normative Impulse hinsichtlich der Verbindung von Nachhaltigkeit mit Narrativen der Gerechtigkeit und des guten Lebens gegeben haben. Zuletzt werden die Ergebnisse der Analyse mit dem Rio+20 Abschlussdokument abgeglichen, um erste Einblicke für die Relevanz von GBAs in der globalen Nachhaltigkeits-Governance zu bekommen. Diskursive Macht kann nicht als tatsächlicher diskursiver Einfluss gemessen werden, daher ist diese Analyse explorativ angelegt und gibt zunächst nur Aufschluss über die potenzielle Richtung des Einflusses, die Bereitstellung bestimmter Narrative und die normativen Grundlagen des Diskurses.

a) Ideen und Argumente in den Einreichungen von GBAs

In ihren Einreichungen im Vorfeld der Rio+20 Konferenz konzeptualisieren GBAs Nachhaltigkeit holistisch, d. h. sie forcieren einen Ansatz, der über das Drei-Säulen-Modell von ökonomischen, ökologischen und sozialen Dimensionen der Rio Konferenz von 1992 hinausgeht. Die meisten GBAs argumentieren für eine Integration von immateriellen Dimensionen nachhaltiger Entwicklung, die sowohl moralische, ethische als auch spirituelle Werte und Prinzipien umfassen müsse: „when basic needs have been met, human development is primarily about being more, not having more“ (Earth Charter International 2011).

Viele der analysierten Statements stellen dabei den Menschen in den Mittelpunkt von Nachhaltigkeit: „sustainable development is first and foremost about people” (CIDSE 2011). Daraus leiten sie Bekenntnisse zu Menschen- und Entwicklungsrechten wie auch zur Bedeutung von Gemeinschaften ab. Dies zeigt sich in der Diskussion über nachhaltige Entwicklung als Frage von Menschenrechten und der Forderung nach politischem Handeln in Form der Entwicklung eines integrierten Menschenrechtsframeworks (WCC/LWF 2011). In der Diskussion kommt auch die Beschäftigung mit der Frage von Zugehörigkeit zur menschlichen Familie und zu Gemeinschaften zum Ausdruck und gibt damit einen Hinweis auf implizite Ideen über das gute Leben. Gerechtigkeitsprinzipien spielen hier ebenfalls eine wichtige Rolle. Menschliches Wohlergehen und soziale Gerechtigkeit bilden in den GBA-Einreichungen Kernprinzipien von Nachhaltigkeit und werden damit verbunden, die Notwendigkeit, bessere Bedingungen für Benachteiligte zu schaffen und deren Ermächtigung zu fördern, zu konstatieren.

Ein geteiltes Gefühl der Verantwortung bildet dabei den Impetus zum Handeln. Dabei entspringt dieser Imperativ jedoch verschiedenen Begründungen: Während einige Statements ganz klar religiöse Argumente in Referenz zu Prinzipien des Mitgefühls oder der menschlichen Verantwortung für Gottes Schöpfung wählen, argumentieren andere auf Grundlage eines moralischen Imperativs, der auf einer säkularen Motivation mit allgemeinen, moralisch-ethischen Ansprüchen beruht.

Hinsichtlich des Themas der *green economy* wird insbesondere die Frage von Gerechtigkeit zentral in den Einreichungen der GBAs. Gerechtigkeit und Fairness werden als Grundlage der Wirtschaft gesehen. Insbesondere christliche Organisationen argumentieren: „a green and just economy has to be measured according to the well-being of all and not just a few" (WCC 2011). Dafür müssten sowohl das menschliche Wohlergehen, als auch die soziale Gleichheit verbessert werden (APRODEV/ACT Alliance 2011). Dementsprechend starten die meisten Einreichungen von dem ethischen Standpunkt, dass die Wirtschaft vor allem der Erreichung sozialer Ziele dienen solle und niemals unabhängig von menschlichem Wohlergehen zu sehen sei.

Die Diskussion zur *green economy* reflektiert jedoch auch Unterschiede zwischen GBAs. Einige hinterfragen dieses Konzept radikal, während andere ethische Perspektiven innerhalb des Ansatzes diskutieren. Gerade GBAs wie CIDSE, die das Konzept kritisch sehen, warnen vor einer Verengung der Perspektive: „a focus on ‚Green Economy' should not become a substitute for the objective of Sustainable Development" (CIDSE 2011). Ihr Plädoyer ist deshalb: „a true reflection on Sustainable Development should not include a questioning of existing economic trends and shouldn't be equated with the notion of sustainable growth" (CIDSE 2011). Demgegenüber hinterfragen andere GBAs nicht die Grundannahme, dass das Wirtschaftssystem profitorientiert sein müsse: „The economy needs to generate benefits. The concern is about equity and shared benefits" (Coalition of Faith-based Organizations 2011). Entsprechend suchen die meisten Organisationen nach Wegen, wie die drei Säulen nachhaltiger Entwicklung sinnvoll in das Wirtschaftssystem integriert werden können (WVI 2011) und wie Gerechtigkeit als grundlegendes Prinzip von Wirtschaft und Wachstum etabliert werden kann.

Diese divergierenden Bewertungen der *green economy* zeigen sich auch in Vorschlägen für politisches Handeln, d. h. genannten Instrumenten zur nachhaltigen Entwicklung. Einige GBAs schlagen mit einem Wandel hin zu „ökonomischer Suffizienz" (Jacob Soetendorp Institute for Human Values 2011), die nicht auf dem Paradigma des ökonomischen Wachstums beruhe und sich eher am Menschen orientiere, eine grundlegende Veränderung dominanter Normen vor. Reduktionen im individuellen Konsum und systemischen Ressourcenverbrauch sind dabei zentral. Andere identifizieren ein gerechtes Handelssystem als Ziel (Holy See 2011), welches durch Instrumente wie Veränderungen des internationalen Besteuerungssystems (Christian Aid 2011) oder Governance multilateraler Finanzmechanismen

(APRODEV/ACT Alliance 2011) erreicht werden könne. Diese Instrumente setzen innerhalb des bestehenden ökonomischen Systems an und können auch als Forderung nach einem eher inkrementellen Umbau statt einer radikalen Veränderung interpretiert werden. Dies zeigt sich auch am Festhalten am Prinzip der *common but differentiated responsibilities* (CBDR), wie schon in der Erklärung von 1992 formuliert, das eine gerechte Verteilung der Kosten ökologischer Nachhaltigkeit zwischen entwickelten und sich entwickelnden Regionen, sowie die Entwicklung von neuen Indikatoren zur Messung von nationalem Reichtum und menschlicher Entwicklung, wie das BIP+, vorsieht.

Diese Darstellungen zur nachhaltigen Entwicklung, speziell der *green economy* und adäquaten politischen Instrumenten, geben uns erste Hinweise darauf, wie Nachhaltigkeit in Bezug auf Gerechtigkeit und das gute Leben im Kontext von Einreichungen der GBAs im Vorfeld der Rio+20 Konferenz konstituiert wird. GBAs stellen den Menschen ins Zentrum, wenn es um Entwicklung und Wirtschaften geht. Dabei ist die grundsätzliche Fähigkeit von Menschen, ein gutes Leben zu führen, nicht ohne den Einschluss von immateriellen Ressourcen, die neben die materiellen treten, möglich. Menschen- und Entwicklungsrechte sind dabei genauso Teil der Bedingungen für ein gutes Leben. Dies ermöglicht GBAs, auch die moralischen Grenzen eines ökonomischen Systems aufzuzeigen. Es gibt zwar keine kohärente Vision, allerdings eine (begrenzte, d. h. nur in einzelnen Einreichungen existierende) Hinterfragung von Wachstum und des Konzepts der *green economy*, sowie eine (ebenfalls begrenzte) Forderung nach Suffizienz. Zusätzlich gibt es Unterschiede in den Forderungen nach ökonomischer Gerechtigkeit im Sinne von Ermächtigung und Deliberation oder instrumentellen Mitteln und Umverteilung, sowie der Nutzung von religiösen und moralischen Argumenten. Gerechtigkeit stellt dabei aber immer eine notwendige Grundlage von Nachhaltigkeit dar.

b) Ideen und Argumente in anderen zivilgesellschaftlichen Einreichungen

Andere zivilgesellschaftliche Organisationen (ZGOs), darunter Umwelt- und/oder Entwicklungs-NROs, Wirtschafts- und Jugendorganisationen, Landwirte- und Indigenengruppen, haben ebenfalls ihre Ideen bei der Rio+20 Konferenz eingereicht. Darin wird das Drei-Säulen-Modell nachhaltiger Entwicklung nur selten problematisiert. Einreichungen fokussieren vor allem auf adäquate Mechanismen und Werkzeuge zur weiteren Integration der ökonomischen, ökologischen und sozialen Nachhaltigkeitsdimensionen. Nur wenige Organisationen hinterfragen das Drei-Säulen-Konzept und weisen darauf hin, dass die Wirtschaft nur als Dienstleister und nicht als „an end in itself" (ICLEI 2011) verstanden werden sollte, also immer im

Dienste der Menschen und des Planeten stehe (Nature Conservancy 2011). Diese Perspektiven beschäftigen sich zwar mit der Rolle des Menschen innerhalb des Ökosystems, jedoch refokussieren sie das Konzept einer nachhaltigen Entwicklung nicht in einem Ausmaß wie die meisten GBAs auf die menschliche Dimension. Stattdessen zielen diese Akteure auf eine Rekonzeptualisierung der Rolle von Wirtschaft innerhalb nachhaltiger Entwicklung und sehen die Wirtschaft als „the mechanism between nature and humans [...] dependent upon productive and functioning natural resources and ecosystem services, which it processes into products and services for people“ (ICLEI 2011).

Die analysierten Einreichungen verbinden nachhaltige Entwicklung nicht nur mit dem Konzept der *green economy*, tatsächlich verschmelzen beide, wie es zum Beispiel in dem Begriff des „Green Economic Development“ (African Wildlife Foundation 2011) deutlich wird. Nahezu alle zivilgesellschaftlichen Akteure nutzen die Begriffe nachhaltige Entwicklung und *green economy* synonym. Als solches ‚ist‘ die Durchsetzung einer nachhaltigen Entwicklung grünes Wachstum im Kontext einer *green economy*. Trotz der Ähnlichkeit der beiden Konzepte im Gebrauch können doch zwei Hauptbedeutungen des Konzepts *green economy* aus den Einreichungen herausgelesen werden: erstens wird dieses mit einer geringen Nutzung von Ressourcen assoziiert, zweitens wird es als gerechte Ökonomie verstanden.

In Bezug auf das erste Verständnis bedeutet *green economy*: „[a] structurally and qualitatively different type of economic growth which values the finite natural resources“ (ICLEI 2011). Dies postuliert, dass das ökonomische System Profite in Form von Wachstum generieren müsse, wofür natürliche Ressourcen essentiell seien. Während die Endlichkeit von natürlichen Ressourcen als Problem identifiziert wird (wie es beispielsweise am Begriff „one planet living“ deutlich wird), bleiben die strukturellen Konditionen des zugrunde liegenden Systems unhinterfragt. Auf diesem Verständnis aufbauend spielt auch Effizienz eine bedeutende Rolle für die *green economy*, da endliche Ressourcen möglichst effizient eingesetzt werden sollen (BioRegional Development Group 2011; Nature Conservancy 2011). Dieses Verständnis basiert auf einer Konzeptualisierung von Natur in Form von „natürlichem Kapital“ oder „eco-system services“ (WWF International 2011; BioRegional Development Group 2011). Natur wird als eine Ressource begriffen, die nur dann an Wichtigkeit erlangt, wenn sie Wert in einer *green economy* generiert. Entsprechend muss diese effektiver gemanagt werden und grüne Wachstumsmöglichkeiten erzeugen (ICLEI 2011). Die Bereitstellung von positivem Nutzen für Menschen durch Ökosysteme wird ebenso durch die *green economy* ermöglicht, die zum Erhalt und Wiederaufbau von ecosystem services beiträgt (African Wildlife Foundation 2011). Nur einige wenige Einreichungen argumentieren gegen dieses weitverbreitete Verständnis: „natural resources are not trade or conservation commodities" (Solidaritas Perempuan 2011).

In Bezug auf das zweite Verständnis adressieren nicht-glaubensbasierte, zivilgesellschaftliche Akteure moralische Aspekte mit Referenz zu Fragen der Gerechtigkeit in der *green economy*. Aber auch hier gibt es Uneinigkeit über die Bedeutung einer gerechten Ökonomie. Auf der einen Seite sehen einige Organisationen Gerechtigkeit als eine Frage von Gleichheit zwischen Staaten, insbesondere zwischen Entwicklungs- und Industrieländern. Auf der anderen Seite werden Menschenrechte und die Notwendigkeit der Ermächtigung von Marginalisierten und Armen betont. Gerechtigkeit im Sinne von internationaler Gleichheit bedeutet hier vor allem historische Gerechtigkeit, die durch finanzielle Hilfe und technologische Assistenz von entwickelten Nationen geleistet werden kann. Als solches sind die gleiche Nutzung von Ressourcen und die gerechte Aufteilung von Gewinnen (BioRegional Development Group 2011), sowie der Transfer von grünen Wachstums-Technologien aus der entwickelten Welt (Programme for South-South Cooperation between Benin 2011; Asociación Ancash 2011) die Hauptcharakteristika einer fairen und grünen Ökonomie, die einigen Einreichungen zufolge eher mehr als weniger Liberalisierung bedarf.

Gerechtigkeit im Sinne von Menschenrechten auf der anderen Seite erkennt an, dass das ökonomische System sich um menschliches Wohlergehen und soziale Gerechtigkeit (African Wildlife Foundation 2011), sowie das Wohlergehen der Schwächsten (Finnish Association for Nature Conservation 2011) kümmern müsse. Um mehr soziale Gleichheit zu erreichen, empfehlen die meisten Organisationen, diejenigen zu ermächtigen, die innerhalb des derzeitigen ökonomischen Systems marginalisiert werden, indem ihnen ein besserer und fairer Zugang zum Markt gewährt wird (FAIRTRADE International 2011). Dieses Verständnis sieht eine *green economy* in der Bringschuld, Marktfehler zu korrigieren (Swedish International Centre of Education for Sustainable Development 2011). Diese verschiedenen Verständnisse von Gerechtigkeit innerhalb der *green economy* finden sich auch in diversen Politikvorschlägen wieder. So werden eher globale Vorschläge zur Durchsetzung von ökologischer und sozialer Gerechtigkeit, intergenerationaler Gerechtigkeit sowie der Rechte auf natürliche Ressourcen für kommende Generationen formuliert. Gleichzeitig wird auch mit konkreteren Referenzen sowohl auf Prinzipien wie *‚the polluter-pays'*, den CBDR oder historische Verantwortung, als auch auf neue Wege zur Messung von Fortschritt jenseits des BIP verwiesen. Auch die Kosten von umweltschädlichem Handeln sollen gerecht unter entwickelten und sich entwickelnden Ländern verteilt werden.

Zusammenfassend lässt sich sagen, dass bei den Einreichungen anderer ZGOs teilweise Überschneidungen zu denen der GBAs existieren, sich aber auch einzelne Unterschiede in Inhalten und Schwerpunktsetzungen identifizieren lassen (siehe Tabelle 1). Allgemein wird die Drei-Säulen-Definition von Nachhaltigkeit nur selten von ZGOs hinterfragt. Ähnlich wie von den GBAs werden auch moralische Argumente für Gerechtigkeit genutzt. Gerade zwischen Gerechtigkeit im Sinne von Menschenrechten, wie es von ZGOs vertreten wird, und dem Gerechtigkeitsverständnis von GBAs bestehen starke Überschneidungen.[7] Allerdings werden zur Durchsetzung andere, eher funktionale und weniger fundamentale Instrumente vorgeschlagen, wie Technologietransfer und Marktzutritt. Ihr Verständnis des Konzepts der *green economy* legt eine Reduktion des Ressourcenverbrauchs durch das effiziente Management von natürlichen Ressourcen nahe. Während individuelle Statements *green economy* schon als gerecht ansehen, argumentieren andere, dass es die Notwendigkeit für ein qualitativ neues Wachstumsverständnis im Hinblick auf Gerechtigkeit und die Entwicklung der Menschheit gebe. Dabei gibt es Überschneidungen zu GBAs. Allerdings ist der Bezug zu radikalen grünen Diskursen bei

Tabelle 1: Vergleich der Einreichungen von GBAs und ZGOs

GBAs	**Andere ZGOs**
▪ Inklusion einer immateriellen Dimension im Konzept von nachhaltiger Entwicklung	▪ Drei-Säulen-Definition von nachhaltiger Entwicklung → wird kaum hinterfragt
▪ Mensch als zentraler Fokus → Menschen- und Entwicklungsrechte, Gemeinschaft	▪ Mensch im Fokus von Menschenrechtsorganisationen
▪ Religiöse und moralische Argumente für Gerechtigkeit	▪ Moralische Argumente für Gerechtigkeit → Menschen- und Entwicklungsrechte
▪ Ökonomische Gerechtigkeit als Grundlage der Wirtschaft	
▪ Instrumente: Gerechtes Handels- und Besteuerungssystem, Suffizienz[8]	▪ Instrumente: Funktionale Instrumente zur Förderung von Gerechtigkeit (Technologietransfer, finanzielle Subventionen, Liberalisierung), begrenzter Fokus auf Gerechtigkeitsnormen
▪ *Green Economy*: Hinterfragung von Wachstum und Konzept der *green economy,* Notwendigkeit der Förderung von Suffizienz (in einzelnen Einreichungen)	▪ *Green Economy*: Ressourcenreduktion durch Effizienzsteigerung, teils auch gerechte Wirtschaftsordnung; vereinzelt Forderung nach qualitativ anderer Form von Wachstum

7 So koalieren diese Gruppen auch in anderen Politikfeldern, wie zum Beispiel den internationalen Klimaverhandlungen.

8 Suffizienz ist natürlich eher eine Norm als ein Instrument. Wir führen sie aber hier auf, weil der Hinweis auf diese Norm gerade den Unterschied zu der Referenz zu eher funktionalen Instrumenten auf Seiten der ZGOs hervorhebt.

den ZGOs schwächer ausgeprägt, und sie bleiben mehr innerhalb des Mainstreams im Nachhaltigkeits-Diskurs. Zusammengefasst ist bei den ZGOs ein gutes Leben ein Leben, das den Zugang zum ökonomischen System erlaubt und Partizipation innerhalb der *green economy* und die Möglichkeit zur Erreichung von Gerechtigkeit und Fairness beinhaltet.

c) Repräsentation von Ideen im Abschlussdokument

Das Abschlussdokument von Rio+20 *The Future We Want* fasst die Visionen und politischen Verpflichtungen, die während der Konferenz ausgehandelt wurden, zusammen. Dieses wurde sowohl von Politiker/innen als auch Aktivist/innen als „weak and lacking [in] vision" bezeichnet (Ivanova 2013: 1, vgl. auch van Alstine/ Afionis/Doran 2013). Die erneute Beteuerung der Prinzipien von 1992 und anderen internationalen Übereinkünften nehmen großen Raum ein. Es werden darüber hinaus einige Perspektiven und Forderungen der anderen ZGOs und der GBAs, insbesondere in dem eher generellen konzeptionellen Part aufgenommen. So spricht man sich für einen holistischen und integrierten Ansatz nachhaltiger Entwicklung (UNCSD 2012: B.40) aus und argumentiert, dass Menschen im Zentrum von nachhaltiger Entwicklung stehen. Anvisiertes Ziel ist „to strive for a world that is just, equitable and inclusive, [...] and to promote sustained and inclusive economic growth, social development and environmental protection" (I. 6). Darüber hinaus wird ein auf Rechten basierender Ansatz präferiert, „[in] respect for all human rights, including the right to develop and the right to an adequate standard of living" (I. 8). Die Bedeutung von Gleichheit wird hierbei durch den Verweis auf das Prinzip der *common but differentiated responsibilities* anerkannt (II. 15). Diese Aspekte werden auch im Abschnitt zur *green economy* reflektiert, welche Ermächtigung, Respekt für Menschenrechte und faires ökonomisches Wachstum ermöglichen soll.

Mit anderen Worten, die im Abschlussdokument aufgegriffenen Themen der GBAs reflektieren hauptsächlich die Prinzipien von 1992. Andere Themen wie das Hinterfragen des Konzepts der *green economy* sind nicht vorhanden. Auch Spiritualität oder Religion werden nicht erwähnt. Das mag erst einmal nicht überraschen. Allerdings tauchen noch nicht einmal die Worte Moral und Ethik auf, die auf eine Veränderung hin zu einem eher holistischen Ansatz nachhaltiger Entwicklung hätten hinweisen können. Auch wenn darauf verwiesen wird, dass es eine Erweiterung bei der Messung von Fortschritt, zusätzlich zum BIP, geben müsste oder dass es so etwas wie die „rights of nature" gäbe, bleibt die Wortwahl unkonkret und ‚erkennt' gewisse Entwicklungen, ohne konkrete Maßnahmen anzusprechen. Die *green economy* wird als Quelle der Ermächtigung gesehen und zu einem gewissen Grad als gerechtes Wachstum. Jedoch ist sie nicht mit irgendeiner Vision darüber verbunden, wie eine Transformation des globalen Kapitalismus in Richtung Gerechtigkeit aussehen könnte (Bernstein 2013: 13). Bei sich unterscheidenden Staatsformen und -zielsetzungen, welche im Hinblick auf die Anerkennung des Gerechtigkeitsprinzips Konsequenzen für ökologische und finanzielle Engagements staatlicherseits haben könnten, kann man vermuten, dass die Akzeptanz der Forderung von Gerechtigkeit im Kontext der CBDR schon als Erfolg gewertet werden kann. Aus kritischer Sicht ist jedoch die fehlende Identifizierung relevanter Instrumente zur Förderung dieser Gerechtigkeit zu bemängeln. Auch das Narrativ des guten Lebens, das im Dokument entwickelt wird, bleibt eines von (nachhaltigem und inklusivem) Wachstum.

Zusammenfassend lässt sich sagen, dass ein Vergleich des Abschlussdokuments mit den Einreichungen der GBAs keinen Nachweis eines diskursiven Einflusses der GBAs erbracht hat (Tabelle 2). Obwohl einige von GBAs (und anderen ZGOs) vertretene Perspektiven sich im Abschlussdokument wiederfinden, handelt es sich hierbei vor allem um eine Beteuerung der Prinzipien von 1992. Gleichzeitig wurden eher progressive Ideen zum guten Leben wie eine Re-Imagination des ökonomischen Systems und ein breiter aufgestelltes Verständnis nachhaltiger Entwicklung nicht aufgenommen. Auch hinsichtlich der Implementierung Rechte-basierter Ansätze im nachhaltigen Entwicklungsdiskurs oder eines fairen ökonomischen Systems finden sich keine Ideen der GBAs im Abschlussdokument wieder.

Tabelle 2: Repräsentation von Ideen im Abschlussdokument „The Future We Want"

▪ Etablierte Definition von nachhaltiger Entwicklung: Drei-Säulen-Modell
▪ Keine Nennung von Begriffen wie ‚Geist', ‚Religion', ‚Moral', oder ‚Ethik'
▪ Eine gerechte und inklusive Welt als Ziel
▪ Menschen- und Entwicklungsrechte
▪ *Common but differentiated responsibilities*
▪ Keine spezifischen Gerechtigkeitsnormen oder Instrumente zur Durchsetzung von Gerechtigkeit
▪ *Green Economy*: Quelle von Ermächtigung und gerechtem ökonomischen Wachstum
▪ Keine Hinterfragung von Wachstum

4. Diskussion

Der Global Governance Literatur zufolge spielt die Zivilgesellschaft eine wichtige Rolle in globaler Nachhaltigkeits-Governance, insbesondere durch das Wirken diskursiver Macht. In diesem Papier haben wir untersucht, wie GBAs als spezifische zivilgesellschaftliche Akteure nachhaltige Entwicklung diskursiv konstruieren. Eine Inhaltsanalyse der Einreichungen von GBAs und anderen ZGOs im Vorfeld von Rio+20 sowie des Abschlussdokuments des Gipfels eröffnen uns einen ersten

Einblick in diesen Bereich. Wir haben herausgefunden, dass sich die von GBAs vertretenen Ideen von denen anderer zivilgesellschaftlicher Akteure zu einem gewissen Grad unterscheiden, sich jedoch ebenso auch argumentative Überschneidungen und potenzielle diskursive Koalitionen zeigen. Gleichzeitig konnten wir jedoch nicht den Einfluss von Ideen der GBAs im Abschlussdokument zeigen.

In ihren Einreichungen bei Rio+20 präferierte die Mehrzahl an GBAs ein holistisches Verständnis von nachhaltiger Entwicklung, forcierte eine ethisch fundierte, auf Rechten basierende Perspektive und stellte dabei den Menschen ins Zentrum nachhaltiger Entwicklung. Sie nutzte religiöse Argumente, allerdings nicht ausschließlich und einheitlich. Das gute Leben zeigte sich in Ideen über Gleichheit und menschliches Wohlergehen, was Forderungen nach einer gerechten Wirtschaftsordnung inklusive eines gerechten Handels- und Besteuerungssystems beinhaltete. Darüber hinaus forderten einige GBAs eine kritische Hinterfragung sowohl von Wachstum als auch des Konzepts der *green economy* und brachten in diesem Zusammenhang die Idee von Suffizienz als relevante gesellschaftliche Norm ein.

Im Gegensatz dazu hinterfragten Einreichungen von anderen ZGOs nicht die etablierte Drei-Säulen-Logik der Nachhaltigkeit und stellten den Menschen (ausgenommen die Menschenrechtsorganisationen) auch nicht in gleichem Maße ins Zentrum ihrer Forderungen. Erwartungsgemäß nutzten sie eher moralische als religiöse Argumente. Einige von ihnen betonten, dass Gerechtigkeit mindestens genauso wichtig wie grünes Wirtschaften sei. Im Gegensatz zu den GBAs verblieben diese Argumente durch die Betonung von grünem Wachstum und der Wirtschaft als Dienstleistungssystem allerdings im Rahmen des derzeitigen ökonomischen Systems. Die Konzepte der *green economy* und des Wachstums wurden selten hinterfragt.

Im Abschlussdokument schließlich finden sich neben der Wiederholung der in Rio 1992 und nachfolgenden internationalen Vereinbarungen beschlossenen Prinzipien nur Ideen wieder, die nicht ein Alleinstellungsmerkmal von GBAs darstellen. So fehlen Hinweise auf immaterielle Aspekte von Nachhaltigkeit, die Betonung von Rechten von Gemeinschaften, ein Verweis auf konkrete Instrumente zur Verfolgung von Gerechtigkeit, das Hinterfragen von Wachstum und der *green economy* oder der Forderung nach Suffizienz als alternativer Norm sozio-ökonomischer Organisation.

Zusammenfassend zeigt unsere Analyse, dass GBAs ethische Herausforderungen der ökologischen Krise problematisieren und einen normativen Diskurs führen, der auf religiösen Praktiken beruht und sich von anderen zivilgesellschaftlichen Akteuren dahingehend unterscheidet, dass diese eher außerhalb der liberalen Wachstumsnorm und globaler Nachhaltigkeits-Governance denken. Aufgrund des explorativem Charakters des Papiers, kann die Analyse allerdings nicht zeigen, dass die von GBAs bereitgestellten Narrative des guten Lebens in den Ergebnissen der Debatten berücksichtigt wurden. Dies impliziert nicht notwendigerweise, dass GBAs keinen Einfluss haben. Diskursiver Einfluss kann auch durch eine Verschiebung einer Debatte durch das Setzen spezifischer normativer Impulse ausgeübt werden, selbst wenn diese am Ende nicht erfolgreich sind. Solche Dynamiken sind ja zum Beispiel von Wahlkämpfen und dem Einfluss von Parteien am Rand des rechten oder linken Spektrums bekannt. Auch kann Einfluss auf den globalen Nachhaltigkeitsdiskurs auf andere Art und Weise ausgeübt werden, zum Beispiel in Kommunikationen außerhalb der formalen Einreichungen, im Kontext von thematisch anderen Feldern oder in einer partiellen Steuerung und Beeinflussung von Gesprächen. GBAs scheinen jedenfalls zu glauben, dass sie einen Einfluss in internationalen Verhandlungen haben. Anders wären die Investitionen in Zeit und Energie, die diese Akteure in die Verhandlungen stecken, nicht zu erklären – zumindest nicht aus einer rationalistischen Perspektive. Zusammengefasst erlaubt es unsere Analyse, spezifische normative Impulse der GBAs zu erkennen, jedoch nicht die erfolgreiche Ausübung diskursiver Macht nachzuweisen.

Zukünftige Untersuchungen der Frage, ob und inwieweit GBAs (auch in diesen alternativen Formen) Einfluss auf internationale Verhandlungen zur nachhaltigen Entwicklung haben, werden sich entsprechend mit einer breiteren Methodik dieser Frage widmen müssen. So untersuchen wir in einem Folgeprojekt derzeit die Rolle von GBAs in der globalen Klimapolitik und verbinden dabei Inhaltsanalysen mit begleitender Beobachtung und Expert/inneninterviews.[9] Es wird spannend sein zu sehen, ob und wie GBAs auch hier spezifische normative Impulse setzen und ob und wie sie dabei erfolgreich diskursive Macht ausüben können.

Literatur

African Wildlife Foundation, 2011: Submission for Rio+20 Outcome Document, http://www.uncsd2012.org/index.php?page=view&type=510&nr=438&menu=20 (Stand: 23.08.2013).

APRODEV/ACT Alliance, 2011: Submission for Rio+20 Outcome Document. http://www.uncsd2012.org/index.php?page=view&type=510&nr=389&menu=20 (Stand: 07.01.2013).

Aristotle/Irwin, Terence, 2008: Nicomachean Ethics, Princeton.

9 http://www.uni-muenster.de/Fuchs/en/forschung/projekte/religioeseakteure.html.

Asociación Ancash, 2011: Submission for Rio+20 Outcome Document, http://www.uncsd2012.org/index.php?page=view&type=510&nr=95&menu=20 (Stand: 23.08.2013).

Audi, Robert, 1993: The place of religious argument in a free and democratic society, in: San Diego Law Review 30, 677-702.

Audi, Robert/Wolterstorff, Nicholas, 1997: Religion in the Public Square. The Place of Religious Convictions in Political Debate, Lanham.

Ban Ki-Moon, 2009: Many Heavens, One Earth: Faith Commitment for a Living Planet. Press Release, Windsor Conference, http://www.windsor2009.org/ban-ki-moons-press-release/.

Barbato, Mariano/Kratochwil, Friedrich, 2009: Towards a post-secular political order?, in: European Political Science Review 1 (3), 317-340.

Berger, Peter L., 1999: The Desecularization of the World. Resurgent Religion and World Politics, Washington.

Berger, Peter L., 1969: The Sacred Canopy. Elements of a Sociological Theory of Religion, Garden City N.Y.

Bernstein, Steven, 2013: Rio+20: Sustainable development in a time of multilateral decline, in: Global Environmental Politics 13 (4), 12-21.

BioRegional Development Group, 2011: Submission for Rio+20 Outcome Document, http://www.uncsd2012.org/index.php?page=view&type=510&nr=644&menu=20 (Stand: 23.08.2013).

Bush, Evelyn, 2007: Measuring religion in global civil society, in: Social Forces 85 (4), 1645-1665.

Casanova, José, 1994: Public Religions in the Modern World. Chicago.

Christian Aid, 2011: Submission for Rio+20 Outcome Document, http://www.uncsd2012.org/index.php?page=view&type=510&nr=92&menu=20 (Stand: 07.01.2013)

CIDSE, 2011: Submission for Rio+20 Outcome Document, http://www.uncsd2012.org/index.php?page=view&type=510&nr=81&menu=20 (Stand: 07.01.2013).

Coalition of Faith-based Organizations, 2011: Submission for Rio+20 Outcome Document, http://www.uncsd2012.org/index.php?page=view&type=510&nr=125&menu=20 (Stand: 07.01.2013).

Corell, Elisabeth/Betsill, Michele M., 2001: A comparative look at NGO influence in international environmental negotiations. Desertification and climate change, in: Global Environmental Politics 1 (4), 86-107.

Crouch, Colin, 2008: Postdemokratie, Berlin.

Dalai Lama/Hopkins, Jeffrey, 2003: How to Practice. The Way to a Meaningful Life, New York.

Dryzek, John S., 2005: The Politics of the Earth. Environmental Discourses, Oxford.

Dunlap, Thomas R., 2006: Environmentalism, a secular faith, in: Environmental Values 15 (3), 321-330.

Earth Charter International, 2011: Submission for Rio+20 Outcome Document, http://www.uncsd2012.org/index.php?page=view&type=510&nr=313&menu=20 (Stand: 07.01.2013).

FAIRTRADE International, 2011: Submission for Rio+20 Outcome Document, http://www.uncsd2012.org/index.php?page=view&type=510&nr=156&menu=20 (Stand: 23.08.2013).

Falkner, Robert, 2009: Business Power and Conflict in International Environmental Politics, Basingstoke.

Feist, Marian/Fuchs, Doris, 2013: Food for thought. The politics of financialization in the global agrifood system, in: Competition & Change 17 (3), 219-233.

Finnish Association for Nature Conservation. 2011: Submission for Rio+20 Outcome Document, http://www.uncsd2012.org/index.php?page=view&type=510&nr=660&menu=20 (Stand: 23.08.2013).

Florini, Ann M. (Hrsg.), 2000: The Third Force. The Rise of Transnational Civil Society, Washington DC/Tokyo.

Fuchs, Doris, 2007: Business Power in Global Governance, Boulder.

Fuchs, Doris, 2013: Theorizing the power of global companies, in: John Mikler (Hrsg.), The Handbook of Global Companies, Chichester, 77-92.

Fuchs, Doris/Glaab, Katharina, 2011: Material power and normative conflict in global and local agrifood governance: The lessons of 'golden rice' in India, in: Food Policy 36 (6), 729-735.

Fuchs, Doris/Lorek, Sylvia, 2005: Sustainable consumption governance. A history of promises and failures, in: Journal of Consumer Policy 28 (3), 261-288.

Gardner, Gary T. 2003: Engaging religion in the quest for a sustainable world, in: Gary T. Gardner/Chris Bright/Linda Starke (Hrsg.), State of the World 2003. A Worldwatch Institute Report on Progress Toward a Sustainable Society, London, 152-175.

Glaab, Katharina, 2014: Religiöse Akteure in der globalen Umweltpolitik, in: Ines-Jacqueline Werkner/Oliver Hidalgo (Hrsg.), Religionen – Global Player in der internationalen Politik, Wiesbaden, 235-251.

Gore, Albert, 2006: Eine unbequeme Wahrheit. Die drohende Klimakatastrophe und was wir dagegen tun können, München.

Gottlieb, Roger S., 2006: A Greener Faith. Religious Environmentalism and Our Planet's Future, Oxford.

Graf, Antonia, 2013: Doing Sustainability. Die Macht des Subjekts als Bestandteil diskursiver Unternehmensmacht, in: Andre Brodocz/Stefanie Hammer (Hrsg.), Variationen der Macht, Baden-Baden, 113-131.

Graf, Antonia/Fuchs, Doris, 2014: Macht – ihr diskursives Regierungspotenzial, in: Joscha Wullweber/Antonia Graf/Maria Behrens (Hrsg.), Theorien der Internationalen Politischen Ökonomie. Wiesbaden, 267-282.

Habermas, Jürgen, 2001: Glauben und Wissen. Friedenspreis des Deutschen Buchhandels 2001, Frankfurt a. M.

Hajer, Maarten A., 1995: The Politics of Environmental Discourse. Ecological Modernization and the Policy Process, Oxford.

Holy See, 2011: Submission for Rio+20 Outcome Document, http://www.uncsd2012.org/index.php?page=view&type=510&nr=595&menu=20 (Stand: 07.01.2013).

Holzscheiter, Anna, 2005: Discourse as capability. Non-state actors' capital in global governance, in: Millennium – Journal of International Studies 33 (3), 723-746.

ICLEI - Local Governments for Sustainability. 2011: Submission for Rio+20 Outcome Document, http://www.uncsd2012.org/index.php?page=view&type=510&nr=168&menu=20 (Stand: 23.08.2013).

Ivanova, Maria, 2013: The contested legacy of Rio+20, in: Global Environmental Politics 13 (4), 1-11.

Jacob Soetendorp Institute for Human Values, 2011: Submission for Rio+20 Outcome Document, http://www.uncsd2012.org/index.php?page=view&type=510&nr=298&menu=20 (Stand: 07.01.2013).

Kalfagianni, Agni, 2006: Transparency in the Food Chain. Policies and Politics, Twente.

Kratochwil, Friedrich, 2005: Religion and (inter-)national politics. On the heuristics of identities, structures, and agents, in: Alternatives: Global, Local, Political 30 (2), 113-140.

Kubálková, Vendulka, 2000: Towards an international political theology, in: Millennium – Journal of International Studies 29 (3), 675-704.

Levy, David L./Newell, Peter, 2005: The Business of Global Environmental Governance, Cambridge.

Litfin, Karen, 1995: Ozone Discourses. Science and Politics in Global Environmental Cooperation, New York.

Litfin, Karen, 2003: Towards an integral perspective on world politics. Secularism, sovereignty and the challenge of global ecology, in: Millennium – Journal of International Studies 32 (1), 29-56.

Litfin, Karen, 2010: The sacred and the profane in the ecological politics of sacrifice, in: Michael Maniates/John M. Meyer (Hrsg.), The Environmental Politics of Sacrifice, Cambridge, 117-143.

McElroy, Michael B., 2001: Perspectives on environmental change: A basis for action, in: Daedalus 130 (4), 31-57.

Nature Conservancy, 2011: Submission for Rio+20 Outcome Document, http://www.uncsd2012.org/index.php?page=view&type=510&nr=305&menu=20 (Stand: 23.08.2013).

Norris, Pippa/Inglehart, Ronald, 2004: Sacred and Secular. Religion and Politics Worldwide, New York.

Nussbaum, Martha C., 2003: Capabilities as fundamental entitlements. Sen and social justice, in: Feminist Economics 9 (2-3), 33-59.

Peterson, Anna, 2010: Ordinary and extraordinary sacrifices. Religion, everyday life, and environmental practice, in: Michael Maniates/John M. Meyer (Hrsg.), The Environmental Politics of Sacrifice, Cambridge, 91-115.

Programme for South-South Cooperation between Benin, Bhutan and Costa Rica, 2011: Submission for Rio+20 Outcome Document, http://www.uncsd2012.org/index.php?page=view&type=510&nr=526&menu=20 (Stand: 23.08.2013).

Scholte, Jan Aart, 2004: Democratizing the Global Economy. The Role of Civil Society, Coventry.

Solidaritas Perempuan, 2011: Submission for Rio+20 Outcome Document, http://www.uncsd2012.org/index.php?page=view&type=510&nr=334&menu=20 (Stand: 23.08.2013).

Stevenson, Hayley/Dryzek, John S., 2012: The discursive democratisation of global climate governance, in: Environmental Politics 21 (2), 189-210.

Swedish International Centre of Education for Sustainable Development, 2011: Submission for Rio+20 Outcome Document, http://www.uncsd2012.org/index.php?page=view&type=510&nr=300&menu=20 (Stand: 23.08.2013).

Tucker, Mary Evelyn, 2003: Worldly Wonder. Religions Enter Their Ecological Phase, Chicago.

United Nations Conference on Sustainable Development (UNCSD), 2012: The Future We Want, http://www.uncsd2012.org/thefuturewewant.html (Stand: 26.08.2013).

van Alstine, James/Stavros, Afionis/Doran, Peter, 2013: The UN Conference on Sustainable Development (Rio+20). A sign of the times or 'ecology as spectacle'?, in: Environmental Politics 22 (2), 333-338.

Wilson, Erin K, 2012: Religion and climate change. The politics of hope and fear, in: Local Global (10), 20-29.

Wolf, Jakob/Gjerris, Mickey, 2009: A religious perspective on climate change, in: Studia Theologica – Nordic Journal of Theology 63 (2), 119-139.

World Commission on Environment and Development (WCED). 1987: Our Common Future, Oxford.

World Council of Churches (WCC)/Lutheran World Federation (LWF), 2011: Submission for Rio+20 Outcome Document, http://www.uncsd2012.org/index.php?page=view&type=510&nr=342&menu=20 (Stand: 07.01.2013).

World Vision International (WVI), 2011: Submission for Rio+20 Outcome Document, http://www.uncsd2012.org/index.php?page=view&type=510&nr=553&menu=20 (Stand: 23.08.2013).

WWF International, 2011: Submission for Rio+20 Outcome Document, http://www.uncsd2012.org/index.php?page=view&type=510&nr=224&menu=20 (Stand: 23.08.2013).

Korrespondenzanschriften:

Dr. Katharina Glaab | Prof. Doris Fuchs. Ph.D.
Institut für Politikwissenschaft
Scharnhorststraße 100
48151 Münster
E-Mail: katharina.glaab@uni-muenster.de | doris.fuchs@uni-muenster.de

Henning Möldner

Foucaultshima. Medienberichterstattung und diskursive Macht

Kurzfassung

(Print-)Medien sind nicht nur Träger, sondern aktive Teilnehmer der gesellschaftlichen Wissensproduktion und somit im Foucault'schen Sinn Teil einer „stillen, gestalterischen Macht“ im Policy-Prozess. Das zentrale Ziel dieser Untersuchung ist es, diese stille Macht empirisch offenzulegen. Der 2011 in Deutschland vollzogene Ausstieg aus der Kernenergie ist dafür besonders geeignet. In zwei Zeiträumen 2010 und 2011 wurden Zeitungsartikel aus der Süddeutschen Zeitung und der Welt einer Wissenssoziologischen Diskursanalyse (WDA) unterzogen. So konnten nicht nur die Diskurse vor und nach Fukushima typologisiert, sondern auch eine einsetzende Diskurshegemonie nach Fukushima aufgezeigt werden. Unter Rückgriff auf Foucaults Machtbegriff, der postuliert, Macht entstehe durch Wissen und Diskurse seien Machtinstrumente bei der Wissensgenese, ließ sich so die diskursive Macht von (Print-)Medien besonders klar herausarbeiten.

Inhalt

1. Diskursanalyse und Atomausstieg

Obwohl erst im Herbst 2010 gegen starken öffentlichen Protest die Laufzeiten deutscher Kernkraftwerke verlängert wurden, beschloss der Bundestag nur wenige Monate nach dem Reaktorunfall von Fukushima parteiübergreifend den endgültigen Atomausstieg in Deutschland. Ein solch radikaler Politikwandel ist erklärungsbedürftig. Haunss u. a. (2013: 289) weisen darauf hin, dass dieser nicht erklärbar sei, wenn man nicht die Ebene der Diskurse in den Blick nehme. Ähnlich argumentiert auch Ortwin Renn (2011: 3).

Diskurse sind nach Michel Foucault zentrale Elemente der Wissensproduktion. (Print-)Medien sind nicht nur Träger von Diskursen, sondern aktive Teilnehmer dieses Gestaltungsprozesses. Sie entscheiden durch Selektion und Kommentierung über legitime Inhalte und Sprecherpositionen. Diese diskursive Macht ist besonders wirkungsmächtig, weil sie unbemerkt im Stillen wirkt (Han 2005: 9). In Amy Allens Typologisierung der Macht (1998) ist sie der Form des ‚power to' zuzuordnen, also einer positiven, produktiven und emanzipatorischen Kraft. Konkret möchte ich mich dieser stillen Form der Macht anhand von zwei Leitfragen nähern:

1. Wie sahen die medialen Diskurse vor und nach Fukushima aus und lassen sie sich mithilfe von Deutungsmustern typologisieren?
2. Lassen sich in der Empirie Hinweise dafür finden, dass die untersuchten (Print-)Medien tatsächlich Teil einer „stillen, gestalterischen Macht" waren, die Policy-Wandel ermöglicht haben?

Dem Aufruf, die Diskurse in den Blick zu nehmen, sind vor mir bereits einige Autoren gefolgt. Haunss u. a. (2013) konnten mithilfe einer Diskursnetzwerkeanalyse die Verschiebung von Diskurskoalitionen nach Fukushima visualisieren. Basierend auf einer Ringvorlesung an der Universität Bremen erörtern in einem weiteren Sammelband, herausgegeben von Jörg Radtke und Bettina Hennig (2013), Wissenschaftler unterschiedlichster Disziplinen, was die Voraussetzungen für eine gelingende Energiewende in Deutschland sind. Dabei liegt der Fokus auf einer Betrachtung des wissenschaftlichen Diskurses. Auch Kommunikationswissenschaftler haben die ‚Diskursbrille' aufgesetzt und einen umfassenden Sammelband zu Fukushima und den Folgen herausgegeben (Wolling/Arlt 2014). Hier werden methodisch primär quantitative Frameanalysen zu der medialen Verarbeitung in Deutschland und im internationalen Vergleich präsentiert. Qualitative Untersuchungen sind in der Minderheit. Nur Seiffert/Fähnrich (2014) nutzen bei ihrem historischen Vergleich von Tschernobyl und Fukushima eine qualitative Inhaltsanalyse, um die Umbewertung der Kernenergie offenzulegen, und Kristiansen/Bonfadelli (2014) untersuchen die Risikowahrnehmung der schweizerischen Bevölkerung mittels qualitativer Interviews. Die Machtfrage als zentrales analytisches Element wird jedoch in keinem dieser Beiträge gestellt. Ganz aktuell gehen Newton/Merz (2015) der Frage nach, welche Rolle Medien bei der Regierungsarbeit einnehmen. Entgegen aller anderen Studien kommen sie zu dem Ergebnis, dass Medien bei dem deutschen Atomausstieg keine Sonderrolle gespielt haben. Leider ist dieses Argument sehr knapp gehalten und deshalb schlecht nachvollziehbar.

An dieser Stelle möchte ich mit meiner Studie anschließen und das Datenmaterial einer neuen Analyse unterziehen. Die Wissenssoziologische Diskursanalyse (WDA) hilft als Forschungsprogramm, die Mediendiskurse zur Kernenergie in Deutschland vor und nach Fukushima zu rekonstruieren und zu typologisieren. Darüber hinaus ermöglicht sie mir, die Rolle der Medien(-vertreter) in den Jahren 2010 und 2011 unter besonderer Berücksichtigung ihres produktiven und emanzipatorischen Potenzials zu untersuchen. Unter Berücksichtigung des Foucault'schen Wirkungsmechanismus von diskursiver Macht wird so abschließend eine Neubewertung der Rolle von (Print-)Medien bei dem Atomausstieg 2011 möglich.

2. Diskurs-Rekonstruktion als Forschungsprogramm

Die Wissenssoziologische Diskursanalyse (WDA) zählt zu den prominentesten rekonstruktiven Ansätzen der Diskursanalyse. Sie ist besonders geeignet, einen Analyserahmen für mein Forschungsvorhaben zu bieten, weil sie Diskurse primär im Hinblick auf sprachliches Handeln betrachtet und „[…] versucht, den Einfluss von

Diskursen auf die Entwicklung von sozialer Realität im Hinblick auf die Generierung, Zirkulation und Etablierung von Wissen zu betrachten“ (Scholz 2012: 90). Sie verknüpft methodisch „die Diskursanalyse mit der interpretativen [...] neueren qualitativen Sozialforschung [...] unter dem Dach einer Sozialwissenschaftlichen Hermeneutik“ (Keller 2010: 197 f.). Im Verständnis der WDA transportieren Diskurse das Wissen, das für die Entstehung von sozialer Realität verantwortlich ist. Die WDA untersucht also im Sinne eines wissenssoziologischen Konstruktivismus die gesellschaftliche Konstruktion von Wirklichkeit. Konkret ist sie an „Deutungsstrukturen, [den] daran beteiligten Akteure[n] und [den] jeweilige[n] Einbettung[en] in unterschiedliche institutionelle Gefüge“ (Keller 2010: 198) interessiert. Ziel der WDA ist es, Deutungsmuster und ihre gesellschaftliche Wirkung in Diskursen zu identifizieren und mit dem Einbezug ihres kontextualen Auftretens diese als strukturierte Zusammenhänge zu rekonstruieren. Konkret schlägt Keller zur „Analyse öffentlicher Auseinandersetzungen als Diskurse [...] die Unterscheidung von soziokulturellen Deutungsmustern, rotem Faden (storyline/plot) und diskursspezifischem Interpretationsrepertoire vor“ (Keller 2010: 208). Einzelne Texte sind Diskursfragmente (Jäger 1999: 188 ff.), die kompatible Teilstücke von Diskursen, aber nicht notwendigerweise eine konsistente und geschlossene Sinn- und Fallstruktur beinhalten. Die Aggregation dieser Fragmente zu komplexen Deutungsmustern ist Aufgabe des Forschers, die er mithilfe einer hermeneutischen Interpretationsarbeit leisten kann. Diese Deutungsmuster als Subkategorie von Diskursen helfen mir im weiteren Verlauf, eine Typologisierung der medialen Atomkraftdiskurse vor und nach Fukushima vorzunehmen.

3. Datenerhebung und Auswertung

Bei der forschungspraktischen Umsetzung habe ich mich für die Analyse der Zeitungen *Süddeutsche Zeitung (SZ)* und *Die Welt* entschieden. Dabei galt es, (Print-)Medien für die Analyse auszuwählen, in denen atomkraftkritische und atomkraftbefürwortende Stimmen repräsentiert sind. Wolfgang Rudzio (2003) ordnet sowohl die Süddeutsche Zeitung als auch Die Welt der Kategorie „Überregionale Tageszeitung mit akzentuierter politischer Linie und anspruchsvollem Niveau“ zu. Diese können „als wichtigste Träger der argumentativen öffentlichen Meinung auf nationaler Ebene gelten“ (496).

> „Prestigemedien [haben] einen großen Einfluss innerhalb des Mediensystems, indem von ihnen aufgegriffene Themen in anderen Medien diffundieren (‚Inter-Media Agenda Setting‘). [...] öffentliche Diskurse [müssen], um politisch wirksam werden zu können, von politischen Entscheidungsträgern wahrge-

> nommen werden. Empirische Untersuchungen belegen, dass die Entscheidungsträger in erster Linie Qualitätszeitungen rezipieren“ (Gerhards 2003: 338).

Grundgesamtheit meiner Studie waren alle Beiträge der beiden Tageszeitungen, welche die trunkierten Stichworte Atomkraft, Atomenergie, Atomreaktor, Kernkraft, Kernenergie und Kernreaktor[1] enthielten und sich mit der Atomenergie in Deutschland befassten sowie in den folgenden Untersuchungszeiträumen aufzufinden waren:

- Untersuchungszeitraum U1: 01.08.2010 bis 31.10.2010
- Untersuchungszeitraum U2: 12.03.2011 bis 01.07.2011

Die Zeiträume umfassen den Entscheidungs- und Konsultationsprozess um a) die Laufzeitverlängerungen 2010 und b) den Atomausstieg nach Fukushima 2011. Innerhalb dieser Zeiträume wurden zunächst alle Artikel erhoben. Anschließend wurden aus jedem Monat die zwei Tage identifiziert, an denen die meisten Artikel zum Thema erschienen. Diese wurden für die qualitative Feinanalyse ausgewählt, wodurch die Zusammenstellung eines bearbeitbaren Gesamtkorpus von 390 Einzeltexten möglich war. Für die Rekonstruktion der Diskurse wurden zunächst die einzelnen Texte tabellarisch zerlegt (Titel, Erscheinungsdatum, Quelle, Textkategorie, Autor, Textstruktur, angesprochene Themen, angesprochene Akteure, Positionen der Akteure, einzelne Argumente, symbolisch-rhetorische Mittel, konstruierte Problemstruktur). Für die Untersuchung der Medien als aktive Selektoren und Kommentatoren (Foucault) waren vor allem die Kategorien ‚Autor‘ und ‚angesprochene Akteure‘ sowie deren ‚Positionierung‘ von zentraler Bedeutung. Der Fokus für die Analyse lag dementsprechend auf den jeweils explizit und implizit präsentierten Meinungen der Journalisten. Die Arbeit am Einzeltext erfolgte dabei über sequenzanalytische Interpretationsstrategien und diente zur Identifikation der diskursspezifischen Storylines und Metaphern. Danach stand die Rekonstruktion der textübergreifenden Deutungsmuster im Mittelpunkt, welche ich im Sinne der Grounded Theory (*theoretical sampling*) durchgeführt habe (Glaser/Strauss 1998). Für die Präsentation der Ergebnisse war es wichtig, die atomkraftkritischen und atomkraftbefürwortenden Storylines innerhalb der einzelnen Deutungsmuster separat voneinander darzustellen. 2010 führte dies aufgrund der klaren Positionierung der einzelnen Medien zu einer separaten Darstellung der Süddeutscher Zeitung und der Welt. Bei einsetzender Diskurshegemonie 2011 war diese klare Trennung zwischen den untersuchten Medien nicht mehr möglich.

1 Die Auswahl der Stichworte war Resultat einer qualitativen Stichprobe in der Süddeutschen Zeitung und der Welt im Zeitraum 12.03.2011 bis 18.03.2011.

4. Ergebnisse

a) Der Streit um Deutungshoheit (2010)

Zum Zeitpunkt der Laufzeitverlängerung identifizierte ich zwei Diskurse. Es standen sich Befürworter und Gegner einer solchen Politik konfrontativ gegenüber. Die Diskurse wurden durch jeweils kollektive Akteure getragen, die durch ihre ähnlichen Storylines als Diskurskoalitionen (Hajer 1993) zusammengehalten wurden und mit wenigen Ausnahmen in ihren formalen Grenzen agierten. Die beiden untersuchten Tageszeitungen Süddeutsche Zeitung und Die Welt sympathisierten mit jeweils einem Lager. Die SZ berichtete primär atomkraftkritisch, die Welt positionierte sich aufseiten der Laufzeitverlängerungsbefürworter. Die zwei Diskurse ließen sich anhand von drei übergreifenden Deutungsmustern rekonstruieren und typologisieren:

1. Deutungsmuster Risiko
2. Deutungsmuster Umwelt- und Klimaschutz
3. Deutungsmuster Wirtschaftliche (Un-)Vernunft

Jedes dieser Deutungsmuster wurde von beiden „Diskurslagern“ verwendet, wenngleich in unterschiedlicher Ausprägung, Argumentationsstruktur und mit unterschiedlichen rhetorischen Mitteln.

(1) Deutungsmuster: Risiko

Atomkraftgegner akzentuierten in der Süddeutschen Zeitung besonders die unzureichende Sicherung der Anlagen gegen Terroranschläge, vornehmlich aus der Luft. Kritisiert wurde, dass auf eine verpflichtende Verstärkung der Betonhüllen bei einer Laufzeitverlängerung aus wirtschaftlichen Gründen verzichtet wurde. Der Vorwurf lautete: Die Sicherheit der deutschen Nation werde an die Atomlobby verkauft (Sigmar Gabriel, zitiert von Blechschmidt 2010: SZ 07.09.2010, Thema des Tages). Vor allem auf lokaler Ebene im direkten Umkreis von Kernkraftanlagen formierte sich Widerstand. Die mangelhafte Sicherheit der ältesten Atomreaktoren, wie zum Beispiel Isar I, mache eine Abschaltung notwendig. Selbst „abtrünnige“ Mitglieder der CSU (Gabriele Goderbauer-Marchner, zitiert von Hägler 2010: SZ 10.08.2010, Thema des Tages) und der Sprecher der Landtags-FDP in Bayern Tobias Thalhammer äußerten die Notwendigkeit, die Anlage Isar I wegen ihrer vergleichsweise dünnen Wände abzuschalten (SZ 31.08.2010, Bayern). In der SZ wurde innerhalb des Deutungsmusters „Risiko“ neben diesen direkten Gefahrenpotenzialen der Kernenergie auch noch auf das Risiko einer gesellschaftlichen Spaltung hingewiesen. Der Ausstiegsbeschluss von 2000 sei ein gesellschaftlicher Konsens gewesen.

Nun wären die Energiekonzerne „vertragsbrüchig“ geworden (Glasl 2010: SZ 07.09.2010, Leserbrief) und lösten so einen gesellschaftlichen Großkonflikt aus (Fried 2010: SZ 29.10.2010, Meinungsseite). Dieter Janecek kündigte diesbezüglich metaphorisch einen „heißen Herbst“ an (SZ 07.09.2010, Bayern).

Das Deutungsmuster „Risiko“ hat in der Welt im U1 quantitativ und qualitativ nicht den Stellenwert eingenommen wie in der SZ. Die Sicherheit der deutschen Kernkraftwerke sei ohnehin gewährleistet und weiterhin oberstes Gebot allen Handelns (Norbert Röttgen, zitiert von Wetzel 2010 c: Die Welt 29.09.2010, Wirtschaft). Die deutschen Atomkraftwerke gehörten zur Weltspitze im Bereich der Sicherheit (Jäger 2010: Die Welt 29.09.2010, Forum) und das „Abschalten wäre ein hochriskantes Experiment am lebenden Stromverbraucher gewesen“ (Kulke 2010 a: Die Welt 07.09.2010, Titel). Eine potenzielle Stromunterversorgung sei ein großes Risiko, das durch die Laufzeitverlängerung abgewendet werden könne. In diesem Argumentationsmuster wird ebenso mit dem Risiko von Arbeitsplatzverlust und wirtschaftlichen Schäden bei Stromschwankungen argumentiert (Wetzel 2010 b: Die Welt 07.09.2010, Politik). Auch der Vorwurf seitens der Opposition, eine Spaltung der Gesellschaft voranzutreiben, „falle auf die Urheber zurück. [...] Wer sich so verhält wie die grüne Bundestagsfraktion [...], der verwandelt die sachliche Debatte in eine emotionale ‚Kiste‘“ (Kulke 2010 b: Die Welt 29.10.2010, Titel).

(2) Deutungsmuster: Umwelt- und Klimaschutz

Das Deutungsmuster „Umwelt- und Klimaschutz“ nahm 2010 für beide Diskurslager eine zentrale Stellung ein, jedoch für die Befürworter einer Laufzeitverlängerung eine sehr viel prominentere als umgekehrt. Gegner einer Laufzeitverlängerung kamen in der Welt nur sehr punktuell zu Wort. Dafür wurden ihre Positionen in der SZ verbreitet und wohlwollend kommentiert. So betonte Eicke Weber die „wissenschaftlich nachgewiesene“ Unvereinbarkeit von Atomkraft und erneuerbaren Energien (Eicke Weber, zitiert von Balser 2010 a: SZ 10.08.2010, Wirtschaft), da Kohle- und Atomstrom nicht flexibel einspeisbar wären (Bauchmüller 2010: SZ 07.09.2010, Meinungsseite). Bauchmüller hielt den Versuch, Kernenergie als grüne Technologie zu verkaufen, für „Ökoenergie-Propaganda“. Mit sarkastischen Worten führt er weiter aus: „AKWs für den Ökostrom? Das ist ungefähr so, als wollte sie [die Koalition, H.M.] den Bau neuer Autobahnen als Durchbruch für Radfahrer feiern“ (Bauchmüller 2010: SZ 07.09.2010, Meinungsseite). Für den Abriss der „Brücke“ Atomenergie plädierte Wolfgang Schürger von der Evangelisch-Lutherischen Kirche Bayern (2010: SZ 10.08.2010, Forum). Darüber hinaus griffen die

Atomkraftgegner in diesem Muster auch die „ungelöste Atommüllfrage“ auf (Balser 2010 b, SZ 07.09.2010, Thema des Tages). Sowohl die sichere Lagerung von Atommüll wäre nicht gewährleistet als auch der gesellschaftliche Frieden in Gefahr (Hannelore Kraft, zitiert von Blechschmidt 2010: SZ 07.09.2010, Thema des Tages). Auch der Blick auf begleitend erscheinende Zeitungsartikel in der SZ ist aufschlussreich. So erschien nach dem Beschluss des neuen Energiekonzepts durch die Bundesregierung am 28.09.2010 einen Tag später eine umfassende Beilage zu erneuerbaren Energien in der SZ.

Die Metaphern „Brückentechnologie“ und „Öko-Atom-Brücke“ wurden 2010 von Befürwortern einer Laufzeitverlängerung in den öffentlichen Diskurs eingebracht und sollten die Atomkraft sinnbildlich als eine Brücke in das Zeitalter der erneuerbaren Energien darstellen. Insbesondere seitens der Bundesregierung und der Energiekonzerne wurde diese Metapher mit Begriffen wie „Effizienz“, „Verlässlichkeit“, „Innovation“ und „Modernisierung“ belegt (Norbert Röttgen und Reiner Brüderle, zitiert von Braun 2010 b: SZ 07.09.2010, Die Seite Drei). Innerhalb des Deutungsschemas wurden erneuerbare Energien als noch nicht konkurrenzfähig und Atomkraft aufgrund des fehlenden Netzausbaus und mangelhafter Speichertechnologie als einzig verlässliche Stromquelle für die Grundlastversorgung gerahmt (Wetzel 2010 b, Die Welt 07.09.2010, Politik). Die Idee einer Brücke wurde als ein „(endlich) umfassendes“ nationales Energiekonzept (Johannes Teyssen, zitiert von Wetzel 2010 b, Die Welt 07.09.2010, Politik) begrüßt, das den ökologischen Umbau der Stromindustrie vorantreiben würde. Darüber hinaus wurde die Kernenergie als „grüne“ und „klimaneutrale“ Energiequelle gerahmt (Rainer Brüderle, zitiert von Wetzel 2010 a: Die Welt 31.08.2010, Wirtschaft). Ebenfalls am 31.08.2010 erschien im Politikteil der Welt ein ausführliches Interview, in dem Hans-Peter Friedrich die neu geplante Energiepolitik als „Wiederherstellung deutscher Glaubwürdigkeit bei der Festlegung der internationalen Klimaschutzziele“ darstellte (Hans-Peter Friedrich, zitiert von Vitzthum 2010: Die Welt 31.08.2010, Politik). Die Welt positionierte sich wie schon im Deutungsmuster „Risiko“ klar auf der Seite der Laufzeitbefürworter. Im August kommentierte Michael Miersch, dass der Energie-Kompromiss recht vernünftig werden könnte. Dabei verglich er die deutsche Energiepolitik mit dem „Erwachsenwerden von Pubertierenden“: „Sichere Kernkraftwerke werden nicht gegen jede ökonomische und ökologische Vernunft zwangsabgeschaltet“ (Miersch 2010: Die Welt 31.08.2010, Forum).

(3) Deutungsmuster: Wirtschaftliche (Un-)Vernunft

Im Deutungsmuster „Wirtschaftliche (Un-)Vernunft" versuchten die Atomkraftgegner zu argumentieren, dass durch die Novellierung des Atomgesetzes (AtG) die Chance verpasst wurde, eine Führungsrolle in der Entwicklung von Zukunftstechnologien einzunehmen (Florian Duday, zitiert von Fischer 2010: SZ 07.09.2010, Landkreis). Es wurde eine klare Dichotomie zwischen zukunftsträchtigen, erneuerbaren Energien und alter, ausgedienter Technologie aufgemacht. Die in der SZ am 29.09.2010 erschienene Beilage zu erneuerbaren Energien thematisierte Innovationen in der Speichertechnologie, Wertschöpfung, Preise etc. Positive Entwicklungsansätze, wie langfristiges wirtschaftliches Wachstum, neue Arbeitsplätze und eine unabhängige und sichere Stromversorgung, wurden dabei auch angesprochen (SZ 29.09.2010, Beilage). Kernkraftgegner monierten, die Laufzeitverlängerung diene vor allem dem „Zementieren" bestehender Oligopole (Herman Albers, zitiert von Balser 2010 b, SZ 07.09.2010, Thema des Tages) und im Bundeskanzleramt regiere die „Vollzugsgehilfin der Atomkonzerne" (Claudia Roth, zitiert von Blechschmidt 2010: SZ 07.09.2010, Thema des Tages). Rhetorisch wurde dies mit den Formulierungen „Kniefall vor Konzernen" (Balser 2010 b, SZ 07.09.2010, Thema des Tages), „Käuflichkeit von Politik" und „Geschmack von Korruption" (Sigmar Gabriel, zitiert von Blechschmidt 2010: SZ 07.09.2010, Thema des Tages) versinnbildlicht. Das Bundeskartellamt bedauerte zudem, dass es „keine Lobby für Wettbewerb gäbe" (Andreas Mundt, zitiert von Balser 2010 b, SZ 07.09.2010, Thema des Tages). Die SZ griff in ihrer Berichterstattung auch die Gegenstimmen aus dem Regierungslager auf. David McAllister (Braun 2010 a: SZ 31.08.2010, Thema des Tages) und die Landesregierung von Schleswig-Holstein seien aus wirtschaftlichen Interessen (Windenergie) keine Sympathisanten der Laufzeitverlängerung (Balser 2010 a, SZ 10.08.2010, Politik). Michael Bauchmüller und Claus Hulverscheidt kommentieren am 29.09.2010 im Interview mit Angela Merkel provokant, dass „Strombosse" wohl leichter als Langzeitarbeitslose das Gehör der Kanzlerin fänden. Damit greifen sie den Vorwurf der Opposition auf, im Kanzleramt säße die „Vollzugsgehilfin der Atomkonzerne" (Bauchmüller/Hulverscheidt 2010, SZ 29.10.2010, Politik).

In ihrer Analyse der Gewinner der Laufzeitverlängerung stimmten beide Diskurslager überein: die großen Energiekonzerne. Die Energiekonzerne seien nicht aufgrund einer ungebührlichen Lobbypolitik die Gewinner der neuen Energiepolitik, dies sei vielmehr Ausdruck voraussehender, wirtschaftlicher Vernunft (Miersch 2010: Die Welt 31.08.2010, Forum). Die Umsetzung von Großprojekten wie der Energiewende sei nur durch „schlagkräftige" Großkonzerne möglich (Wetzel

2010 b, Die Welt 07.09.2010, Politik), die auch die größten Einzelinvestoren in diesem Sektor seien. An ihrem Fortbestand hinge nicht nur die Zukunft von Zulieferern und Arbeitsplätzen, sondern auch die energiepolitische Unabhängigkeit der Bundesrepublik. Denn sonst drohe der Einstieg von ausländischen (Staats-)Konzernen in den deutschen Energiesektor (Deutungsmuster „Risiko") (Wetzel 2010 b, Die Welt 07.09.2010, Politik). Zusätzlich zu diesem Argumentationsmuster wurde auf die „preisdämmende Wirkung" der Laufzeitverlängerung hingewiesen (Rainer Brüderle, zitiert von Wetzel 2010 a, Die Welt 31.08.2010, Wirtschaft).

b) Diskurshegemonie post Fukushima (2011)

Im zweiten Untersuchungszeitraum (2011) kann von einer einsetzenden Diskurshegemonie gesprochen werden. Der diachrone Vergleich zeigt, dass unmittelbar nach den Ereignissen von Fukushima die laufzeitverlängerungsbefürwortende Diskurskoalition bereits auseinanderbrach. Vor allem die politischen Akteure von CDU/CSU und FDP lenkten schnell auf den medial vorherrschenden Ausstiegsdiskurs um, aber auch die redaktionelle Kommentierung und veröffentlichte Lesermeinung in der Welt machte den Diskurswandel mit und war dann, kongruent mit der medialen Kommentierung durch die SZ, grundsätzlich atomkraftkritisch. Die Deutungsmuster „Risiko" und „Wirtschaftliche (Un-)Vernunft" waren auch 2011 präsent, das Deutungsmuster „Risiko" bekam jedoch vor dem Hintergrund der Ereignisse in Japan eine deutliche Stärkung. Überraschenderweise wurden Fragen des „Umwelt- und Klimaschutzes" kaum noch angesprochen, weswegen es in der Darstellung auch nicht separat aufgeführt wird. Lediglich die Internationale Energieagentur (IEA) meldete den neuen Rekordstand der CO_2-Emissionen. Michael Kläsgen bewertete dieses jedoch als taktisches Manöver vor der nächsten Weltklima-Konferenz „im Atomausstiegsland Deutschland, in Bonn" (Kläsgen 2011: SZ 31.05.2011, Wirtschaft).

(1) Deutungsmuster: Risiko

Das Deutungsmuster „Risiko" kommt im U2 2011 sehr viel häufiger und ausdifferenzierter vor. Während 2010 besonders die Sicherheit einzelner Anlagen bei Terroranschlägen diskutiert wurde, erscheinen nun alle Aspekte der Kernenergie als „Risiko-Technologie". Guido Westerwelle betont, dass Sicherheit auch gegenüber wirtschaftlichen Interessen die „höchste Priorität" habe (Guido Westerwelle) und Umweltminister Norbert Röttgen beteuert, dass es „keine Tabus mehr" gäbe und „der Begriff der Sicherheit völlig neu definiert werde" (Guido Westerwelle und Norbert Röttgen, zitiert von Fried/Blechschmidt/Braun/Brössler 2011: SZ

15.03.2011, Die Seite Drei). Für die Süddeutsche Zeitung kommentiert Michael Bauchmüller und hofft, dass in Punkto Sicherheit bei den Kraftwerken nun endlich „keine Abstriche mehr [ge]macht" werden (Bauchmüller 2011 a, SZ 15.03.2011, Meinungsseite). Ähnlich argumentiert Christian Sebald, der behauptet, „wohl nur ausgemachte Zyniker [kämen nicht] zum Nachdenken" und deutet damit bereits den hegemonialen Anspruch des Ausstiegsdiskurses an (Sebald 2011: SZ 15.03.2011, Thema des Tages). Von einer „notwendige[n] Wende" spricht Patrick Illinger (Illinger 2011: SZ 31.05.2011, Meinungsseite) und meint, dass „gegen die Kernkraft [...] schon vor Fukushima viel mehr als nur die Sorge vor einem GAU [sprach]." Er führt die offene Frage der Endlagerung radioaktiven Mülls an und die Gefahr, dass „jederzeit auch waffentaugliches Spaltmaterial" die Welt unsicherer machen könne. Nach dem beschlossenen Ausstieg spricht Michael Bauchmüller von einem „Triumph der Bürgerbewegung", die seit jeher vor der „Risiko-Technologie" gewarnt habe (Bauchmüller 2011 b: SZ 01.07.2011, Meinungsseite).

Von den Risiken der Kernenergie schien im U2 auch Die Welt überzeugt zu sein. Sie erschien bereits am 15.03.2011 mit 10 Sonderseiten zur „Atomwende in Deutschland". Die dringende Notwendigkeit zum Handeln, auch wenn man eigentlich zu den Atomkraftbefürwortern gehört habe, drückt Claus Christian Malzahn auf dem Titel der Welt so aus: „Das historische Maß, mit dem Angela Merkel auf diese Krise reagieren muss, ist nicht kleiner als jenes, das Gerhard Schröder nach dem Terrorangriff vom 11. September 2001 ins Auge fasste" (Malzahn 2011: Die Welt 15.03.2011, Titel). Sabine Beppler-Stahl merkt an, dass „Katastrophen [...] häufig eine verdeckte Bedeutung zugesprochen [wird]. Wir sollen unsere innere Einstellung und unser bisheriges Handeln überdenken" (Beppler-Stahl 2011: Die Welt 15.03.2011, Forum). Auch eine Stromlücke, wie sie 2010 von Laufzeitverlängerungsbefürwortern bei bestehendem Atomausstieg befürchtet wurde, scheint für die Autoren in der Welt kein Risiko mehr darzustellen. Daniel Wetzel schreibt dazu, dass durch „AKW-Abschaltungen [die] Stromversorgung nicht gefährde[t]" sei (Wetzel 2011 a: Die Welt 15.03.2011, Politik). Selbst Ulli Kulke sieht Gründe für den Ausstieg aus der Atomenergie, wenngleich die Ereignisse in Japan nicht dazu gehörten: „Es gibt viele gute Argumente für den Ausstieg aus der Atomkraft. Die Katastrophe in Japan gehört nur mittelbar dazu" (Kulke 2011: Die Welt 16.03.2011, Forum). Die Lesermeinung in der Welt ist auch 2011 noch zum Teil laufzeitverlängerungsbefürwortend. Grundsätzlich ist jedoch in den Leserbriefen der Tenor, dass die Nutzung der Atomenergie ein zu großes Risiko darstelle. „Die Urgewalten zeigen uns Menschen die Grenzen auf. [...] Nicht lapidare Überprüfung, sondern sofortige Abschaltung ist hier die Lehre des Geschehens" (Flügel 2011: Die Welt 15.03.2011, Forum) und „das Märchen von der sicheren und beherrschbaren

Atomenergie kann von niemandem mehr weiter erzählt werden" (Die Welt 15.3.2011, Forum).

Neben den direkten sprachlichen Äußerungen lohnt sich im Sinne der WDA auch ein Blick auf den Kontext. Sowohl in der Süddeutschen Zeitung als auch in der Welt finden sich in den untersuchten Zeitungsausgaben auch indirekte Kritiken an der Kernenergie. Im Feuilleton der SZ berichtet Johannes Boie davon, dass Gudrun Pausewangs „Die Wolke" in die Bestsellerlisten „schwebe" (Boie 2011: 15.03.2011, Feuilleton) und in der „Literarischen Welt" beschreibt Jacques Schuster Robert Spaemanns Buch „Nach uns die Kernschmelze" als „aufschlussreich [...] und anregend – auch für minder Besorgte" (Schuster 2011: Die Welt 11.06.2011, Literarische Welt).

(2) Deutungsmuster: Wirtschaftliche (Un-)Vernunft

Weit weniger wurden im U2 Fragen der „Wirtschaftlichen (Un-)Vernunft" thematisiert. Alle kollektiven Akteure schienen 2011 in das Lager der Atomkraftkritiker gewechselt zu sein und im Deutungsmuster „Risiko" zu argumentieren. Lediglich Wirtschaftsvertreter zeigten sich weiterhin skeptisch, akzeptierten aber das „Primat der Politik" (Gerd Jäger, zitiert von Balser 2011 a: SZ 15.03.2011, Politik). Sie fügten sich ihrem Schicksal und „hätten sich gar nicht erst um die Details des siebenseitigen Beschlusses bemüht" (Balser 2011 b, SZ 31.05.2011, Wirtschaft). Diesbezüglich wirft Patrick Illinger den Chefs der Stromversorger vor, sich „wie Kinder, die nicht auf einen Wandertag mitgehen wollen" zu benehmen und „an der Entscheidung der schwarz-gelben Koalition für einen beschleunigten Atomausstieg herum [zu nörgeln]" (Illinger 2011: SZ 31.05.2011, Meinungsseite). In der Süddeutschen Zeitung wird aber auch Kritik an der Wirtschaftsfeindlichkeit der Politik geäußert: „Wer diese Industriegesellschaft modernisieren will, muss die Industrie ins Boot holen. Gegen sie lässt sich die energiepolitische Runderneuerung der Bundesrepublik, von der die Arbeitsplätze der Zukunft kommen, nicht machen" (Büschemann 2011: SZ 31.05.2011, Wirtschaft). In der SZ ist der Grundtenor der Ausstiegspolitik dennoch auffällig optimistisch. Markus Balser betitelt „Die große Energiewende" als einen „frische[n] Wind" für die Energiewirtschaft (Balser 2011 c: SZ 01.07.2011, Titel) und in der Rubrik Landkreis berichtet Andreas Ostermeier von der Aufbruchsstimmung um neue Standorte für Windkraftanlagen (Ostermeier 2011: SZ 01.07.2011, Landkreis).

In der Welt wird die grundsätzliche Sinnhaftigkeit des Ausstiegs nicht mehr infrage gestellt, gleichzeitig aber Kritik in Bezug auf die „Wirtschaftliche (Un-)Vernunft" geübt. Daniel Wetzel kritisiert, dass „der überfällige Aufbruch ins Öko-Zeitalter [zu einer] Reise ins Ungewisse" werde, weil er unzureichend mit groß angelegten Initiativen im Bereich der erneuerbaren Energien flankiert werde (Wetzel, 2011 b: Die Welt 01.07.2011, Titel). Ähnlich warnt Andrea Seibel vor Aktionismus. Ein völliger Atomausstieg dürfe nicht „Hals über Kopf geschehen. Wer Vorreiter sein will, muss sattelfest sein. Es geht um ernste Fragen. Und deren Beantwortung braucht Zeit" (Seibel 2011: Die Welt 16.03.2011, Titel). Auffällig ist in der Welt, dass sich neben der direkten Kommentierung auch die Selektion der begleitenden Artikel geändert hat. Klaus Geiger gibt Tipps zum „Persönlichen Atom-Ausstieg mit Ökostrom" (Geiger 2011: Die Welt 15.03.2011, Finanzen) und Andrea Rexer klärt über die staatliche Haftung Deutschlands bei einem Atomunfall auf (Rexer 2011: Die Welt, 15.03.2011, Wirtschaft).

5. Diskussion

Eingangs stellte ich die Frage, wie die medialen Diskurse vor und nach Fukushima aussahen und ob diese sich typologisieren ließen. Reiner Kellers Forschungsprogramm hat sich als wertvolles Analyseschema erwiesen, um die Deutungsmuster, die daran beteiligten Akteure und die institutionellen Gefüge herauszuarbeiten. Mithilfe der Storylines konnte ich für 2010 und 2011 die unterschiedlichen Argumentationsmuster innerhalb der Deutungsmuster identifizieren und die kollektiven Akteure herausarbeiten. Die Auswahl von sehr unterschiedlich ausgerichteten (Print-)Medien, der Süddeutschen Zeitung (links-liberal) und der Welt (rechtsorientiert)[2], hat sich als sinnvoll erwiesen. So konnte ich für 2010 zwei antagonistische Diskurse identifizieren und mittels des synchronen Vergleichs zwischen den Untersuchungszeiträumen den Diskurswandel in der Welt und die weiterhin atomkraftkritische Positionierung der Süddeutschen Zeitung herausarbeiten.

Das zweite und vorrangige Ziel meiner Analyse war jedoch, vor dem Hintergrund der Ergebnisse von Newton/Merz (2015) die Neubewertung der Rolle von (Print-)Medien beim Atomausstieg 2011 vorzunehmen. Hierzu stellte ich die Frage, ob Medien nicht doch aktiver Teil einer „stillen gestalterischen Macht" waren, die Policy-Wandel ermöglicht haben. Natürlich kann eine Diskursanalyse nicht Policy-Wandel erklären. Für einen direkten kausalen Zusammenhang wäre zumindest eine anschließende Akteursbefragung notwendig. Der in meinen Ergebnissen offenkundige diskursive Wandel ermöglicht aber, über die Wirkung von Medien zu diskutieren und darüber plausible Anhaltspunkte über die Rolle von medialer Berichterstattung in politischen Veränderungsprozessen zu erlangen.

2 Für eine Kategorisierung der politischen Ausrichtung überregionaler Tageszeitungen in Deutschland siehe Rudzio 2003: 496.

Für Michel Foucault sind Diskurse zentrale Elemente der Wissensproduktion; Wissen ist wiederum die Grundlage für Macht. In seiner Studie über die Entstehung des Gefängnisses (Foucault 2013) postuliert er, dass Macht durch Wissen entstehe. Macht und Wissen (um die Macht) schließen sich unmittelbar ein. Es gibt keine Machtbeziehung, ohne dass sich ein Wissensfeld konstituiert und kein „Wissen, das nicht gleichzeitig Machtbeziehung voraussetzt" (Foucault 2013: 39). Damit sind Diskurse für Foucault Machtmittel/Machtinstrumente (Foucault 1983: 40). Dies schließt die in meiner Untersuchung identifizierten Mediendiskurse ein. Diese Form der Macht ist nicht zerstörerisch, sondern produktiv, denn sie bringt Wirkliches hervor (vgl. Foucault 2013: 250). Sie lässt neue Wissensformen entstehen. Amy Allen (1998) ordnet sie ihrer Kategorie ‚power to' zu. Macht wird als Fähigkeit gesehen, den eigenen Willen durchzusetzen, jedoch nicht unter Zwang, sondern emanzipativ, indem der Überzeugte den Willen des Überzeugers als eigenen Willen annimmt. Medien wirken „langfristig auf die kognitive Weltsicht der Individuen" (Rudzio 2003: 508). Bevor in demokratischen Systemen entschieden werden kann, muss Wissen angeeignet und verbreitet werden. Wolfgang Rudzio postuliert, dass heute Medien „zum zentralen Träger der öffentlichen Meinungsbildung [...] in allen Demokratien [...] geworden sind" (Rudzio 2003: 490). Mediale Macht erzeugt das „Hintergrundrauschen" einer wachsenden Wissensgesellschaft, das zu Gesetzesentscheidungen, Erlassen oder Transformationen führt. „Medien in dieser Forschungsperspektive erscheinen als Produkte einer komplexen Maschinerie als gesellschaftlich oder kulturell grundlegende Wahrnehmungsanordnungen und nicht als bloße Kommunikationskanäle oder Distributoren von Inhalten" (Kumięga 2012: 36). Sie sind institutionalisierte, kollektive Akteure, die einerseits Plattform von Kämpfen um Diskurshegemonie sind, gleichzeitig jedoch selbst als „Wissensproduzenten" aktiver Teil des Diskurses sind. Der Fokus auf die kommentierenden Sprecherposition der Autoren in den untersuchten Zeitungsartikeln bestätigen diese Annahme. Mediale Diskurse sind kollektives sprachliches Handeln, welches Wissen bzw. Wissensdistribution im Sinne der Foucault'schen Machtwirkung in eine soziale Wirklichkeit überträgt und damit wirklichkeitskonstruierend wirkt. Die sich 2011 abzeichnende Diskurshegemonie hat zumindest Policy-Wandel begünstigt. Nicht durch Zwang oder Unterdrückung, sondern durch stilles Wirken als Wissen produzierendes Hintergrundrauschen, das in seiner Wirkung den politischen Entscheidungsträgern Argumente für den Atomausstieg lieferte, die diese als eigene Überzeugung wahrnehmen konnten.

Literatur

Primärquellen

Balser, Markus, 2010 a: Sonnenstrom wird billiger als Atomkraft, in: SZ, 10.08.2010, 26.

Balser, Markus, 2010 b: Verstrahlt, in: SZ, 07.09.2010, 2.

Balser, Markus, 2011 a: Profitable Laufzeiten, in: SZ, 15.03.2011, 5.

Balser, Markus, 2011 b: Chef-Etage abgeschaltet, in: SZ, 31.05.2011, 25.

Balser, Markus, 2011 c: Die große Energiewende, in: SZ, 01.07.2011, 1.

Bauchmüller, Michael, 2010: Merkels Atom-Unsinn, in: SZ, 07.09.2010, 4.

Bauchmüller, Michael, 2011 a: Der Gau im Wohnzimmer, in: SZ, 15.03.2011, 4.

Bauchmüller, Michael, 2011 b: Staats-Bewegung, in: SZ, 01.07.2011, 4.

Bauchmüller, Michael/Hulverscheidt, Claus, 2010: „Hartz IV soll kein Lebensschicksal sein", in: SZ, 29.09.2010, 5.

Beppler-Stahl, Sabine, 2011: Die Natur beherrschen, in: Die Welt, 15.03.2011, 8.

Blechschmidt, Peter, 2010: Der neue Charme der Menschenkette, in: SZ, 07.09.2010, 2.

Boie, Johannes, 2011: Moralin, in: SZ, 15.03.2011, 11.

Braun, Stefan, 2010 a: Pirouetten vor und hinter den Kulissen, in: SZ, 31.08.2010, 2.

Braun, Stefan, 2010 b: Der Gipfel, in: SZ, 07.09.2010, 3.

Büschemann, Karl-Heinz, 2011: Raumschiff Berlin, in: SZ, 31.05.2011, 25.

Die Welt, 15.3.2011, 8.

Fischer, Gerhard, 2010: Reden wir über: Längere Laufzeiten, in: SZ, 07.09.2010, R3.

Flügel, Herbert, 2011: Gefahr Atomkraft, in: Die Welt, 15.03.2011, 8.

Fried, Nico, 2010: Der Wähler hat es so gewollt, in: SZ, 29.10.2010, 4.

Fried, Nico/Blechschmidt, Peter/Braun, Stefan/Brössler, Daniel, 2011: Wir sind doch nicht blöd, in: SZ, 15.03.2011, 3.

Geiger, Klaus, 2011: Persönlicher Atom-Ausstieg mit Ökostrom, in: Die Welt, 15.03.2011, 17.

Glasl, Anton, 2010: Dummheit oder Ignoranz, in: SZ, 07.09.2010, R5.

Hägler, Max, 2010: Angst vor Temelin, in: SZ, 10.08.2010, R2.

Illinger, Patrick, 2011: Die notwendige Wende, in: SZ, 31.05.2011, 4.

Jäger, Gerd, 2010: Zur Laufzeitverlängerung der Atomkraftwerke, in: Die Welt, 29.09.2010, 6.

Kläsgen, Michael, 2011: Treibhausgase wie nie, in: SZ, 31.05.2011, 25.

Kulke, Ulli, 2010 a: Akt der Vernunft, in: Die Welt, 07.09.2010, 1.

Kulke, Ulli, 2010 b: Theater im Bundestag, in: Die Welt, 29.10.2010, 1.
Kulke, Ulli, 2011: German Angst, in: Die Welt, 16.03.2011, 8.
Malzahn, Claus Christian, 2011: Ausstiegskanzlerin Merkel, in: Die Welt, 15.03.2011, 1.
Miersch, Michael, 2010: Der Energie-Kompromiss könnte recht vernünftig werden, in: Die Welt, 31.08.2010, 6.
Ostermeier, Andreas, 2011: Rotoren im Moos, in: SZ, 01.07.2011, R4.
Rexer, Andrea, 2011: Staat muss Kosten eines Atomunfalls selbst tragen, in: Die Welt, 15.03.2011, 11.
Schürger, Wolfgang, 2010: Versorgung durch regenerative Energien bis 2050 möglich, in: SZ, 10.08.2010, 31.
Schuster, Jacques, 2011: War Gott in Fukushima? in: Die Welt, 11.06.2011, 5.
Sebald, Christian, 2011: Geschmeidiger Atomminister, in: SZ, 15.03.2011, R2.
Seibel, Andrea, 2011: Wir schalten ab, in: Die Welt, 16.03.2011, 1.
SZ, 31.08.2010, R15.
SZ, 07.09.2010, 33.
SZ, 29.09.2010, 23–27.
Vitzthum, Thomas, 2010: „Brennelemente-Steuer ist ein Arbeitstitel", in: Die Welt, 31.08.2010, 2.
Wetzel, Daniel, 2010 a: Atomgutachten beruht auf höchst unsicheren Annahmen, in: Die Welt, 31.08.2010, 9.
Wetzel, Daniel, 2010 b: Der Ausstieg wird zum Einstieg, in: Die Welt, 07.09.2010, 3.
Wetzel, Daniel, 2010 c: Regierung beschließt Ende des Atomausstiegs, in: Die Welt, 29.09.2010, 9.
Wetzel, Daniel, 2011 a: AKW-Abschaltungen würden Stromversorgung nicht gefährden, in: Die Welt, 15.03.2011, 6.
Wetzel, Daniel, 2011 b: Reise ins Ungewisse, in: Die Welt, 01.07.2011, 1.

Sekundärliteratur

Allen, Amy, 1998: Rethinking power, in: Hypatia 13 (1), 21-40.
Foucault, Michel, 1983: Der Wille zum Wissen. Sexualität und Wahrheit I, Frankfurt a. M.
Foucault, Michel, 2013: Überwachen und Strafen. Die Geburt des Gefängnisses, 14. Aufl., Frankfurt a. M.
Gerhards, Jürgen, 2003: Diskursanalyse als systematische Inhaltsanalyse. Die öffentliche Debatte über Abtreibungen in den USA und in der Bundesrepublik Deutschland im Vergleich, in: Reiner Keller/Andreas Hirseland/Werner Schnei-

der/Willy Viehöver (Hrsg.), Handbuch Sozialwissenschaftliche Diskursanalyse, Band II: Forschungspraxis, Wiesbaden, 333-358.

Glaser, Barney/Strauss, Anselm, 1998: Grounded Theory. Strategien qualitativer Sozialforschung, Bern.

Hajer, Maarten, 1993: Discourse Coalitions and the Institutionalization of Practices: The Case of Acid Rain in Great Britain, in: Frank Fischer/John Forester (Hrsg.), The Argumentative turn in policy analysis and planning, Durham, 43-76.

Han, Byung-Chul, 2005: Was ist Macht?, Stuttgart.

Haunss, Sebastian/Dietz, Matthias/Nullmeier, Frank, 2013: Der Ausstieg aus der Atomenergie. Diskursnetzwerkanalyse als Beitrag zur Erklärung einer radikalen Politikwende, in: Zeitschrift für Diskursforschung 1 (3), 288-316.

Jäger, Siegfried, 1999: Kritische Diskursanalyse. Eine Einführung, DISS-Studien, Duisburg.

Keller, Reiner, 2010: Der Müll der Gesellschaft. Eine wissenssoziologische Diskursanalyse, in: Reiner Keller/Andreas Hirseland/Werner Schneider/Willy Viehöver (Hrsg.), Handbuch Sozialwissenschaftliche Diskursanalyse. Band II: Forschungspraxis, Wiesbaden, 197-232.

Kristiansen, Silje/Bonfadelli, Heinz, 2014: Risikoberichterstattung und Risikorezeption. Reaktionen von Medien und Bevölkerung in der Schweiz auf den AKW-Unfall in Fukushima, in: Jens Wolling/Dorothee Arlt (Hrsg.), Fukushima und die Folgen. Medienberichterstattung, Öffentliche Meinung, Politische Konsequenzen, Ilmenau, 297-321.

Kumięga, Łukasz, 2012: Medien im Spannungsfeld zwischen Diskurs und Dispositiv, in: Philipp Dreesen/Łukasz Kumięga/Constanze Spieß (Hrsg.), Mediendiskursanalyse. Diskurse – Dispositive – Medien – Macht, Wiesbaden, 25-45.

Newton, Kenneth/Merz, Nicolas, 2015: Regieren die Medien?, in: Wolfgang Merkel (Hrsg.), Demokratie und Krise. Zum schwierigen Verhältnis von Theorie und Empirie, Wiesbaden, 439-471.

Radtke, Jörg/Hennig, Bettina (Hrsg.), 2013: Die deutsche „Energiewende" nach Fukushima: Der wissenschaftliche Diskurs zwischen Atomausstieg und Wachstumsdebatte, Marburg.

Renn, Ortwin, 2011: Wissen und Moral – Stadien der Risikowahrnehmung, in: APuZ 61 (46-47), 3-7.

Rudzio, Wolfgang, 2003: Das Politische System der Bundesrepublik Deutschland, Opladen.

Scholz, Ronny, 2012: Die diskursive Legitimation der Europäischen Union. Eine lexikometrische Analyse zur Verwendung des sprachlichen Zeichens Europa/

Europe in deutschen, französischen und britischen Wahlprogrammen zu den Europawahlen zwischen 1979 und 2004, Universitätsbibliothek Halle, edoc2.bibliothek.uni-halle.de/hs/download/pdf/2005?originalFilename=true (URL), (Stand: 27.10.2014).

Seiffert, Jens/Fähnrich, Birte, 2014: Vertrauensverlust in die Kernenergie. Eine historische Framanalyse, in: Jens Wolling/Dorothee Arlt (Hrsg.), Fukushima und die Folgen. Medienberichterstattung, Öffentliche Meinung, Politische Konsequenzen, Ilmenau, 55-74.

Wolling, Jens/Arlt, Dorothee (Hrsg.), 2014: Fukushima und die Folgen. Medienberichterstattung, Öffentliche Meinung, Politische Konsequenzen, Ilmenau.

Korrespondenzanschrift:

Henning Möldner
Kleinfeldstraße 43
68165 Mannheim
E-Mail: henning.moeldner@fau.de

Birgit Peuker

Community Supported Agriculture – Macht in und durch die Aushandlung alternativer Landwirtschaft

Kurzfassung

In dem Artikel wird die *Community Supported Agriculture* (CSA) aus einer praxissoziologischen Perspektive betrachtet. Dabei wird folgenden Fragen nachgegangen: Wie werden Teilnehmer/innen und Produzent/innen in CSA-Projekten zu einer nachhaltigen Verhaltensweise angeregt? In welchem Ausmaß geht von den sozioökonomischen Verhältnissen strukturelle Macht aus? Inwiefern generieren CSA-Projekte eine Gegenmacht? Drei Aspekte des praxissoziologischen Machtbegriffs leiten die Analyse: die Produktivität von Macht, ihre Allgegenwärtigkeit sowie die Konzeption überindividueller Machtstrukturen. Dabei wird gezeigt, dass Macht in den CSA-Projekten produktiv in der Herstellung von Teilnehmer/innen und Produzent/innen als ökonomische, soziale und politische Subjekte wirkt, jedoch der hierfür benötigte Möglichkeitsraum durch die Sozialstruktur und die ökonomische Struktur beeinflusst wird. Weiterhin beziehen die beteiligten Akteure ihre Macht nicht nur aus ihrer Körperlichkeit, sondern ebenso aus ihren politisch-normativen Zielsetzungen. Durch die Kodifizierung von CSA-Praktiken in Handbüchern wird Macht dadurch ausgeübt, dass die Bedeutungsvielfalt von CSA eingeschränkt wird. Es wird abschließend dafür plädiert, analytisch zwischen körperlichem und politischem Wissen und zwischen sinnhaften und nicht-sinnhaften Strukturen zu unterscheiden, um die Vermittlungs- und damit Machtmechanismen untersuchen zu können.

Inhalt

1. Einleitung

Community Supported Agriculture (CSA) – in Deutschland auch Solidarische Landwirtschaft genannt – möchte ein Gegenmodell zum industrialisierten Agri-Food-System sein. Das Grundkonzept besteht darin, dass Konsument/innen zusammen mit Landwirt/innen eine Gemeinschaft bilden. Konsument/innen finanzieren im Voraus die Kosten für das Betriebsjahr eines landwirtschaftlichen Betriebes und erhalten dafür einen Teil der Ernte. Von zentraler Bedeutung ist aber der Aufbau einer vertrauensvollen Beziehung zwischen Konsument/innen und Landwirt/innen, in der beide Seiten gegenseitig voneinander lernen. Ziel ist eine Veränderung sowohl der landwirtschaftlichen Praktiken als auch der Alltagspraktiken der Konsument/innen. Mehr noch: Aus Konsument/innen sollen ‚Mitbäuer/innen' werden. Um dieser Intention Rechnung zu tragen, ist im Folgenden von Teilnehmer/innen statt von Konsument/innen und von Produzent/innen statt Landwirt/innen die Rede.

In der sozialwissenschaftlichen Literatur werden CSA-Projekte als egalitäre Bottum-up-Aushandlungsprozesse dargestellt und die damit zusammenhängenden Machtmechanismen vernachlässigt. Dagegen geht dieser Beitrag der Frage nach, wie Macht in und durch CSA ausgeübt wird. Es stellen sich folgende Fragen: Wie werden Teilnehmer/innen und Produzent/innen in CSA-Projekten zu einer nachhaltigen Verhaltensweise angeregt? In welchem Ausmaß geht von den sozio-ökonomischen Verhältnissen strukturelle Macht in Bezug auf die CSA-Projekte aus? Inwiefern generieren CSA-Projekte eine Gegenmacht, indem sie eine Alternative zum industrialisierten Agri-Food-System aufbauen?

Diesen Fragen wird aus praxissoziologischer Perspektive nachgegangen. Praxissoziologien stellen konkrete Praktiken und Praxisfelder in den Mittelpunkt ihrer Analyse. Die CSA wird als ein solches Praxisfeld angesehen. Dieses umfasst landwirtschaftliche Praktiken, Praktiken der Betriebsführung, der Gemeinschaftsbildung sowie des Konsums und der Nahrungsmittelzubereitung. Der Beitrag der Praxissoziologien besteht in ihrem besonderen Machtbegriff, der durch folgende Merkmale gekennzeichnet ist: Macht besteht in *Relation* zu den Akteuren und den Objekten in einer spezifischen Situation. Machtstrukturen sind in den symbolischen Ordnungen und stofflich-materiellen Arrangements eingelassen und kanalisieren konkrete Verhaltensweisen. In Bezug auf das Rahmenkonzept des Sonderbandes ‚power over/to/with' (Beitrag Partzsch in diesem Band) besitzt der praxissoziologische Machtbegriff Verwandtschaft zur ‚power to'-Perspektive, da er die Vorstellung stark machen will, dass jeder Akteur, wie ohnmächtig er auch erscheinen mag, in einer konkreten Situation versuchen kann, seine Ansprüche zu verfolgen und durchzusetzen. Der praxissoziologische Machtbegriff weist aber auch Bezüge zur ‚power over'-Perspektive auf: Die Akteure sind von anderen Akteuren und Objekten abhängig. Sie sind aber auch auf überindividuelle Strukturen, symbolische Ordnungen – d. h. kulturell hervorgebrachte Zeichen und Bedeutungszuschreibungen – oder nicht-sinnhafte Strukturen, wie z. B. die Verteilungsmuster von Ressourcen und Positionen, angewiesen. Damit ermöglicht es der relationale Machtbegriff, sowohl die Potenziale als auch die Beschränkungen von CSA-Projekten offen zu legen und damit zu einer differenzierten Einschätzung dieses Phänomens zu gelangen.

Der relationale Machtbegriff mit seiner Betonung der kreativen, auf Problemlösung ausgerichteten Handlungsstrukturen auf der einen Seite und die Zentralität von Routinen als Schlüsselbegriff der Praxissoziologien auf der anderen Seite bilden ein dem Theoriefeld immanentes Spannungsverhältnis, das je nach praxissoziologischem Ansatz anders aufgelöst wird. Zur Verdeutlichung dieses Spannungsverhältnisses werden in dem einleitenden, theoretisch gehaltenen Abschnitt beispielhaft neuere praxissoziologische Ansätze dargestellt, ohne damit den Anspruch zu erheben, das gesamte Spektrum der Praxistheorie und -soziologie von Marx über Bourdieu zu der Vielfalt neuerer Ansätze abbilden zu können.

Auch in den CSA-Projekten geht es um eine Veränderung und Stabilisierung von Praktiken. In der Diskussion dieses empirischen Beispiels soll eine praxissoziologische Herangehensweise entwickelt werden, die es ermöglicht, das Zusammenspiel von routinierten und kreativen Handlungs- und Verhaltensabfolgen und damit die Konturen spezifischer Machtverhältnisse analysieren zu können.

Der Artikel gliedert sich wie folgt: Im folgenden Abschnitt werden die sozialtheoretischen Annahmen der Praxissoziologien dargestellt, um darauf aufbauend ihren Machtbegriff zu erörtern. Im Anschluss daran wird im dritten Abschnitt der Frage nachgegangen, wie Macht in und durch CSA-Projekte beschrieben werden kann. Dabei wird zunächst auf die neu ausgebildeten Routinen im Praxisfeld CSA eingegangen, um im Anschluss daran jeweils für die Teilnehmer/innen und die Landwirt/innen den Einfluss von struktureller Macht (‚power over') und von kreativer Macht (‚power to') dahingehend zu analysieren, wie diese beiden Machtdimensionen die Ausbildung bzw. Transformation neuer Routinen und damit den Aufbau einer Gegenmacht durch Bottum-up-Aushandlungsprozesse strukturieren.

2. Der Machtbegriff der Praxissoziologien

Praxissoziologische Ansätze generieren sich als ein dritter Weg zwischen handlungs- und strukturtheoretischen Ansätzen (Bourdieu 1979: 146 ff.; Reckwitz 2008: 106 f.; Brand 2011: 173 ff.). Im Mittelpunkt der Analyse steht die ‚soziale Praktik' als Grundelement sozialer Prozesse. Eine soziale Praktik ist eine abgrenzbare, routinisierte Handlungs- und Verhaltensabfolge. Für diese sind die in den Körper der Akteure eingelassenen Fähigkeiten, die auch als ‚körperliches' (im Sinne von nichtkognitivem) Wissen bezeichnet werden, zentral. Eine soziale Praktik ist durch ihre Wiederholbarkeit gekennzeichnet. Soziale Praktiken sind damit auf der einen Seite nicht von einem spezifischen Individuum abhängig, werden aber nur durch dieses beständig aktualisiert und transformiert. Damit wenden sich Praxissoziologien gegen den „Intellektualismus" klassischer soziologischer Handlungs- und Strukturtheorien. Individuen handeln nicht auf Grundlage von Kosten-Nutzen-Relationen und nicht auf Grund gesellschaftlicher Normen, sondern aus einer als sinnhaft empfundenen Gewohnheit heraus (Reckwitz 2008: 111).

Praxissoziologien, wie auch poststrukturalistische Ansätze, zu denen sie Ähnlichkeit aufweisen, betonen das Ereignishafte und Unkontrollierbare bei der Wiederholung einer Praktik in einem bestimmten Kontext. Damit lassen sich Praktiken niemals ganz reproduzieren (Moebius 2009: 430 ff.; Moebius/Reckwitz 2008: 13). Überindividuelle Strukturen kristallisieren sich in situierten, also lokal und zeitlich begrenzten Interaktionsprozessen langsam heraus. Dabei unterscheiden sich praxissoziologische Ansätze danach, ob Interaktion als Wechselbeziehung zwischen menschlichen Akteuren oder auch als ‚Interaktion' mit stofflich-materiellen Objekten gedacht wird. In den neueren Entwicklungen wird dabei die Annahme nichtsinnhafter Strukturen, also Strukturen, die jenseits der Bedeutungszuschreibung der Akteure existieren, abgelehnt (Reckwitz 2008: 107). Überindividuelle Strukturen werden allein als symbolische Ordnungen aufgefasst.

In Bezug auf den Begriff der Macht ist bedeutsam, dass die Interaktionsprozesse als (machtgeladene) Hegemoniekämpfe beschrieben werden (Brand 2014: 142). Damit changieren Praxissoziologien zwischen der Betonung der Stabilität sozialer Praktiken und dem Verweis auf deren, aus kontextgebundenen Verschiebungen resultierender Instabilität (Brand 2014: 177; Reckwitz 2008: 127 f.). Zeitweilig stabile Routinen auf der einen und kreative Problemlösungsprozesse, wie sie in den situierten Hegemoniekämpfen verortet werden können, auf der anderen Seite stehen damit theorieimmanent in einem Spannungsverhältnis. Dieses wird von den jeweiligen praxissoziologischen Ansätzen unterschiedlich aufgelöst. Damit tritt auch der Machtbegriff bei den einzelnen praxissoziologischen Autor/innen mehr oder weniger in den Vordergrund, wird sozialer Wandel mehr oder weniger auf bewusste, kognitive Prozesse zurückgeführt. So steht zum Beispiel der Anti-Intellektualismus bei Reckwitz dem reflexiven Bewusstsein bei Giddens, das in Krisenzeiten koordinierend und transformativ auf Routinen zugreifen kann, gegenüber.

Drei Merkmale des praxissoziologischen Machtbegriffs sollen hier besonders hervorgehoben werden: einmal die Produktivität von Macht, dann ihre Allgegenwärtigkeit sowie als drittes Merkmal die Konzeption der Entstehung von überindividuellen Machtstrukturen. Das erste Merkmal der Produktivität von Macht wird von den Praxissoziologien in Abgrenzung zu der Unterscheidung von Macht und Herrschaft bei Max Weber formuliert. Nach der Weberischen Definition bedeutet Macht „jede Chance, innerhalb einer sozialen Beziehung den eigenen Willen auch gegen Widerstreben durchzusetzen, gleichviel worauf diese Chance beruht" (Weber 1980: 28). Unabhängig davon, welcher Mittel sich hierbei bedient wird, ist der Grundgedanke, dass es sich bei der Ausübung von Macht um eine Einschränkung der Handlungsmöglichkeiten handelt, ebenso wird meist die Willensfähigkeit des Akteurs vorausgesetzt (Offe 2007: 514 ff.).

Im Gegensatz zum Begriff bei Weber betont der praxissoziologische Machtbegriff, dass Macht nicht nur Handlungsmöglichkeiten beschränkt, sondern auch produziert. Der Akteur wird als etwas Hergestelltes aufgefasst. Dieser muss erst lernen, die Welt auf eine bestimmte – und damit eingeschränkte – Art zu begreifen, um in ihr handeln zu können (Reckwitz 2008: 108). Bei dem ebenfalls zu den Praxissoziolog/innen zählenden Bruno Latour (Reckwitz 2008: 98 f.) liegt die Produktivität in der Beziehung zwischen zwei oder mehreren Interaktionspartner/innen bzw. in den Beziehungen zu Objekten: Der Akteur wird erst durch den Kontext zum Agieren gebracht, nur in der Relation erhält er sein Handlungspotenzial (Peuker 2010: 157). Auch bei Foucault zeigt sich die Produktivität der Macht in der Produktion eines Subjektes (Moebius 2009: 434).

Ein zweites Merkmal des praxissoziologischen Machtbegriffs ist die Annahme der Allanwesenheit – der Ubiquität – von Macht. Jeder Akteur besitzt allein dadurch, dass er einen physischen Körper besitzt, Macht, da er mit seinem Körper das Handlungspotenzial anderer anwesender Akteure in einer Situation begrenzt. Praxissoziologien und poststrukturalistische Ansätze sind sich darin einig, dass jeder Akteur insofern Macht besitzt, als er Wirkungen produziert. Weil Akteure beispielsweise beständig versuchen, sich in spezifischen Situationen gegen andere Akteure durchzusetzen – was Foucault als „Machtspiele“ bezeichnet –, produzieren sie Wirkungen (Moebius 2009: 432 f.; Lemke 2008: 23 ff.; Latour 2005: 63 ff.). Hier wird von einigen praxissoziologischen Ansätzen über die Körperlichkeit hinaus auf die Motivation der Akteure, sich an diesen Machtspielen zu beteiligen, verwiesen.

Ein drittes Merkmal des praxissoziologischen Machtbegriffs besteht in Annahmen darüber, wie sich aus lokalen, situierten „Machtspielen“ überindividuelle Machtstrukturen herausbilden. Überindividuelle Machtstrukturen entstehen, indem die Bedeutungsvielfalt zugunsten weniger oder auch nur einer Bedeutung eingeschränkt wird. Dieser Gedanke ist nicht nur in praxissoziologischen, sondern auch in poststrukturalistischen Ansätzen präsent (Nonhoff 2008: 292 f.). Naturalisierungsprozesse sind ein, wenn auch extremes Beispiel hierfür: Ein Sachverhalt wird nicht als kontingentes gesellschaftliches Produkt, sondern als unveränderlicher ‚natürlicher‘ Fakt dargestellt. Latour umschreibt das Resultat dieses Vorgangs auch als „Black Box“. In dieser werden die Verhandlungen, die zur semiotisch-materiellen Konstitution eines Objektes führten, eingeschlossen (Latour 2005: 37 ff.). Bedeutsam in diesem Zusammenhang ist, dass sich diese Bedeutungsfixierung aus lokalen und situierten Praktiken ergibt.

Mit diesen drei Aspekten des Machtbegriffs sind die drei Spannungsebenen angesprochen, die das Potenzial für eine ‚Verschiebung‘ bzw. ‚Transformation‘ von Praktiken bestimmen und gleichzeitig hervorbringen. So stellt sich erstens hinsichtlich der Strukturbedingungen die Frage, durch die Relation zu was Akteure zum Agieren gebracht werden. Sind nur situationsspezifische Relationen relevant oder auch Relationen zu Elementen außerhalb einer Situation? Sind überindividuelle Strukturen, welche als strukturelle Macht das Potenzial für die Verschiebung von Routinen hervorbringen und bestimmen, immer sinnhaft, oder existieren auch nichtsinnhafte Strukturen? Zweitens stellt sich die Frage, ob Akteure tatsächlich nur über ihren Körper Wirkungen und damit Macht produzieren, und nicht auch durch auf kreative Problemlösungen ausgerichtetes Handeln. Und drittens lässt sich in Bezug auf die zeitweilige Stabilisierung von Praktiken fragen: Durch welche Mechanismen kann eine Routinisierung erreicht werden und durch welche Prozesse werden eingeschliffene Routinen irritiert?

3. Community Supported Agriculture (CSA)

Am Beispiel der Community Supported Agriculture (CSA) wird nun untersucht, welche Macht in ihnen und durch sie ausgeübt wird. Die Analyse erfolgt anhand der drei genannten Dimensionen des praxissoziologischen Machtbegriffs: Produktivität, Ubiquität und Einschränkung der Bedeutungsvielfalt. Das Beispiel CSA wurde gewählt, da es sich um ein klar umrissenes Praxisfeld handelt, eine Verschiebung von Alltagspraktiken und landwirtschaftlichen Praktiken beobachtet werden kann und nicht nur soziale Beziehungen, sondern auch Beziehungen zu stofflich-materiellen Objekten, wie z. B. zu den landwirtschaftlichen Produkten, im Mittelpunkt stehen. An diesem Beispiel möchte ich die drei eingangs genannten Spannungsverhältnisse im relationalen Machtbegriff diskutieren.

Im Folgenden werden zunächst die vorläufig stabilisierten Praktiken der CSA, wie sie sich – nach Darstellung der Protagonisten – aus einem Bottum-up-Prozess herauskristallisiert haben, geschildert. Dazu werden die Praktiken, wie sie in Handbüchern und Praxisratgebern beschrieben werden, referiert. Anschließend werden in den zwei darauf folgenden Abschnitten die Verbraucher/innen sowohl als Akteure kreativer Handlungsprozesse als auch als Träger/innen von Routinen dargestellt, zum einen in Bezug auf das soziale Setting und zum anderen auf ihre Motivation, sich in CSA-Projekten zu engagieren. Im letzten Abschnitt wird das soziale Setting der Landwirt/innen und deren Motivation diskutiert.

Für die Analyse wurde eine Auswertung von (nichtwissenschaftlichen) Schriften aus CSA-Projekten (z. B. Handbücher, Praxisratgeber) sowie eine Sekundäranalyse von wissenschaftlichem Material vorgenommen.

a) Das Konzept der CSA

Die in diesem Abschnitt dargestellten Praktiken von CSA-Projekten stellen bereits eine Einengung der Bedeutungsvielfalt von CSA-Projekten und damit, nach dem relationalen Machtbegriff, Macht dar. Von hier aus können die zwei weiteren Dimensionen von Macht – die Produktivität und Ubiquität – beleuchtet werden.

Trotz aller Unterschiede zwischen den CSA-Projekten kann als deren gemeinsamer Kern die Herstellung einer Gemeinschaft von Konsument/innen und Produzent/innen angesehen werden (Charles 2011: 363). Neben der finanziellen Beteiligung der Konsument/innen an den Produktionsrisiken soll sich zwischen Produzent/innen und Konsument/innen eine vertrauensvolle Beziehung entwickeln, bei der Wissen und Fertigkeiten ausgetauscht werden. Mit dem Konzept ist eine Neubestimmung der Rollen verbunden. Konsument/innen sollen zu „MitBäuerInnen“ (Künnemann/Presse o. J.) werden. In englischsprachigen Publikationen ist von „shareholdern“

(O'Leary 2010) die Rede. Das Konzept wird sowohl von den Protagonist/innen als auch in der sozialwissenschaftlichen Literatur zu diesem Thema nicht bloß als eine alternative Form der Vermarktung für landwirtschaftliche Betriebe dargestellt, sondern als eine politische Bewegung, die gegen die industrielle Landwirtschaft gerichtet ist (Bîrhală/Möllers 2014; Charles 2011; O'Leary 2010). Damit ist den CSA-Projekten die normative Forderung nach einer Neudefinition von Praktiken eingeschrieben.

Handbücher und Praxisratgeber, welche die Organisationsformen von CSA-Projekten beschreiben und Handlungsempfehlungen für die Errichtung neuer Konsument/innen-Produzent/innen-Gemeinschaften geben (als Beispiele: Künnemann/Presse o. J.; Wild 2012; Soil Association o. J. b), schlagen folgende Schritte vor: (1) Zunächst muss entschieden werden, wie groß der Hof sein soll und was angebaut wird. Überwiegend wird Gemüseanbau betrieben. Es gibt aber auch Höfe, die tierische Produkte anbieten und/oder Wein- oder Obstbau betreiben (für Großbritannien Soil Association 2011: 24). (2) Obwohl idealerweise die Ernte vollständig unter den Teilnehmer/innen verteilt werden sollte (Künnemann/Presse o. J.: 3), gibt es Varianten, bei denen entweder zugekaufte Produkte den wöchentlichen Gemüsekisten beigelegt werden, um die Verbrauchervielfalt zu gewährleisten, oder der verbliebene Überschuss der landwirtschaftlichen Produktion anderweitig, z. B. über einen Hofladen oder Wochenmärkte, vermarktet wird. (3) Viele Initiativen schließen juristisch gültige Mitgliedschaftsverträge ab (Wild 2012: 36). Jedoch gehen nicht alle Höfe diesen Weg, sondern bauen eher auf informelle Formen gemeinsamer Ökonomie – jeder zahlt nach seinen Kräften (Künnemann 2012: 71). Die Verpflichtung der Teilnehmer/innen erfolgt für eine Saison (z. B. 20 Wochen) oder für ein ganzes Jahr. (4) Das Ideal, dass die Teilnehmer/innen die Ware selbst abholen und so Kontakt zu den Produzent/innen herstellen können, wird auch aus praktischen Gründen nicht bei allen Initiativen verwirklicht. Teilweise bilden sich Fahrgemeinschaften und/oder die Ware wird zu bestimmten Sammelpunkten (*„pick-up-points“*) gebracht, von denen sie abgeholt werden kann. (5) Das Idealkonzept sieht vor, dass die Hofgruppe aus ihrem Kreis auf den jährlichen Mitgliederversammlungen eine Managementgruppe wählt, welche die Produzent/innen in ihren Betriebsentscheidungen unterstützt und einen Teil der Verwaltung und der Öffentlichkeitsarbeit übernimmt. Daneben gibt es aber auch Beispiele für Höfe, bei denen die Produzent/innen allein den Betrieb führen. (5) Die Mitarbeit auf dem Hof kann obligatorisch oder freiwillig sein. Bei obligatorischer Mitarbeit gibt es meist die Möglichkeit, den Anteil finanziell abzugelten, um nicht Teilnehmer/innen auszuschließen, die körperlich oder gesundheitlich zur Mitarbeit nicht in der Lage sind. Durch Mitarbeit kann jedoch auch der finanzielle Anteil reduziert werden.

Bei der Organisation des Betriebes wird demnach darauf geachtet, die Gemeinschaft aller Beteiligten zu fördern. Über die landwirtschaftliche Produktion und Distribution der Produktion hinaus werden in den Handbüchern Organisationsweisen vorgeschlagen, die ausschließlich der Gemeinschaftsbildung dienen: z. B. die Organisation von Festen und Hofbegehungen, Newsletter, die den Gemüseboxen beigelegt werden, Publikationen, wie Bücher und Broschüren, oder eine Webseite (Künnemann/Presse o. J.; Wild 2012: 49 f.)

Die Verschriftlichung von praktischem Wissen in den Handbüchern und Praxisratgebern lässt sich mit dem praxissoziologischen Machtbegriff als Schließungsprozess beschreiben. In einem Aushandlungs- und Transformationsprozess wird zwar nicht eine Praxisform von CSA, wohl aber eine begrenzte Auswahl von CSA-Modellen in der Bedeutung fixiert. So hat die CSA als Konzept eine eigene Geschichte. Von den Akteuren selbst aber auch in der sozialwissenschaftlichen Literatur wird betont, dass es sich um eine Graswurzelbewegung handelt, die an unterschiedlichen Orten direkt aus der Partnerschaft von Konsument/innen und Produzent/innen entstand und dort jeweils ihre eigenen Besonderheiten entfaltete (Charles 2011; O'Leary 2010: 2 ff.). Erst mit der Zeit bildeten sich übergreifende Netzwerke für den Austausch von Wissen und Erfahrung. Nach dieser Erzählung ist CSA ein Konzept, dass sich aus situierten Interaktionen in einem lokalen Aushandlungs- und Experimentierprozess herauskristallisierte.

Jedoch ist eine vollständige Bedeutungsoffenheit von CSA von den Akteuren selbst nicht gewollt. Dies verweist auf die produktive Seite von Macht: Den neuen Hofgründer/innen wird einerseits ein Werkzeugkasten geboten, aus dem sie sich bedienen können, ohne vollständig von Neuem anfangen zu müssen. Andererseits können sie sich, wenn sie bestimmte Kriterien erfüllen, als Teil einer Bewegung sehen.

Hier ist ein Hinweis darauf gegeben, wie Praktiken zeitweilig stabilisiert werden, nämlich durch Intellektuelle. Die Darstellungen verschiedener Modelle in den Handbüchern zur CSA zeigen, dass es auch kognitives Know-how zur Herstellung einer Gemeinschaft von Konsument/innen und Produzent/innen gibt. Dieses Wissen wird auf Grundlage intellektueller Arbeit verschriftlicht, bewertet und mit Argumenten, die der Rechtfertigung bestimmter Organisationsweisen dienen, versehen. Die Rolle von kognitivem Wissen und die Bedeutung von Intellektuellen für die Praxiszusammenhänge ist sehr bedeutsam, wird bislang aber zu wenig untersucht.

Weiterhin können die in den Handbüchern enthaltenen Empfehlungen auch normativ verstanden werden: Die Organisationsweisen *sollen* angewendet werden, um einen Wert, nämlich die Gemeinschaft von Konsument/innen und Produzent/innen, zu verwirklichen. Dies verweist auf die Dimension der Ubiquität der Macht, die in diesem spezifischen Fall eben nicht nur in der Körperlichkeit der Akteure, sondern auch in der politisch-normativen Zielsetzung der Projekte besteht.

b) Teilnehmer/innen an CSA-Projekten: soziales Setting

In diesem Abschnitt soll nun betrachtet werden, in welchem gesellschaftlichen Kontext, bzw. in welchem sozialen Setting (Brand 2014: 175), das Praxisfeld CSA angesiedelt ist. Damit wird deutlich, durch welche überindividuellen Strukturen der Möglichkeitsraum für eine Transformation von Routinen und damit für den Aufbau einer Gegenmacht generiert wird.

Verschiedene sozialwissenschaftliche Studien haben für unterschiedliche Länder die Sozialstruktur der Teilnehmer/innen von CSA-Projekten untersucht. Dabei kamen sie größtenteils zu übereinstimmenden Befunden. An den Projekten nehmen vor allem Frauen in einem Alter von zwischen 30-40 Jahren, Personen mit Kindern und Angestellte mit höherem Bildungsabschluss aus einem städtischen Milieu teil (für Pennsylvania (USA): Schnell 2013: 620; für China: Chen 2013: 39; für Großbritannien: Soil Association 2011: 24). Charles (2011: 364) verweist auf Studien, welche den Mangel an farbigen Teilnehmer/innen feststellen, womit der Eindruck von CSA als „white space" entsteht. Jedoch wurde vor allem der Ausschluss ärmerer Bevölkerungsschichten von CSA-Projekten kritisiert (Schnell 2013: 621). Ebenso sind bestimmte politische Orientierungen überrepräsentiert. Nach O'Leary (2010: 18 f.) ziehen CSA-Projekte vor allem Menschen an, die Kritik am globalen Agri-Food-System üben und eine linksliberale politische Orientierung besitzen. Die offene politische Ausrichtung der CSA-Projekte bildet seiner Meinung nach ein Hindernis, Teilnehmer/innen zu werben und zu halten.

Auf diese nichtintendierten Ausschlussmechanismen von CSA-Projekten wird bereits reagiert. In den Praxisratgebern werden Strategien vorgeschlagen, unterrepräsentierte, insbesondere einkommensschwache Bevölkerungsgruppen stärker einzubeziehen. Neben der Möglichkeit, den finanziellen Beitrag durch Freiwilligendienst zu verringern, kann der Mitgliedsbeitrag für Geringverdiener reduziert (Künnemann/Presse o. J.: 13) oder von anderen Teilnehmer/innen bezuschusst werden *(„share-a-share")* (Soil Association o. J. a). Darüber hinaus wird vorgeschlagen, aktiv Kontakt zu unterrepräsentierten Gruppen aufzunehmen und ihre Gründe für eine Nichtteilnahme zu ergründen, um geeignete Gegenmaßnahmen zu entwickeln (Soil Association o. J. a).

Für eine Partizipation am Projekt benötigen die Teilnehmer/innen bestimmte Ressourcen: Zeit, Geld und die Akzeptanz bestimmter Risiken (für Pennsylvania (USA): Schnell 2013: 621). Die Soil Association (2011: 17) untersuchte in ihrer

Befragung für britische CSA-Projekte, welche Hindernisse sich den (Nicht-)Teilnehmer/innen stellten. An erster Stelle (51% der Befragten) wurde mangelnde Zeit angegeben. Die generelle Zeitknappheit führt ebenso zu Problemen bei den Interaktionen im Projekt selbst. Zum Beispiel gibt es Probleme mit der Bereitschaft, sich an der Gemeinschaft und an der Freiwilligenarbeit aktiv zu beteiligen (für Nord-Ost-England: Charles 2011: 364; für die Region um New York (USA): Hayden/Buck 2011: 333; für Großbritannien: Soil Association 2011: 23). Wie weiter unten noch erörtert werden soll, ist eine funktionierende Hofgruppe eine Überlebensbedingung von CSA-Projekten.

Aber nicht nur das Gemeinschaftsleben selbst erfordert Zeit und Engagement. Auch mit den Produkten ist eine Umstellung in den Ernährungsgewohnheiten verbunden, die Zeit erfordert. Unbekannte Gemüsesorten bilden oft eine Herausforderung, für die erst neue Kochpraktiken erlernt werden müssen (Hayden/Buck 2011: 336; Möllers/Bîrhală 2014). Jedoch unterstützen sich die Teilnehmer/innen in einigen Projekten, z. B. indem Kochbücher geschrieben werden (Soil Association 2005: 10). Nicht nur unbekanntes Gemüse, sondern auch die Saisonalität, welche die von Verbraucher/innen gewohnte Vielfalt einschränkt, stellt ein Problem dar. Dies kann zu Enttäuschungen führen, insbesondere auch dann, wenn das Preis-Leistungs-Verhältnis negativ bewertet wird (Hayden/Buck 2011: 336). Das Supermarktangebot bleibt demnach auch in den CSA-Projekten die maßgebende Vergleichsgröße.

Neue Fähigkeiten sind beim Feldbau und neue Alltagsroutinen bei der Organisation der Verteilung erforderlich. So verweist der CSA-Landwirt Schulte-Tigges im Interview mit Bauer (2014: 198) auf die Schwierigkeiten, Freiwillige in die Produktion einzubinden: Freiwillige ohne Vorkenntnisse bräuchten eine intensive Betreuung, um nicht die Kulturpflanze mit dem Unkraut auszureißen; bei beständigem Engagement würden sich aber (hilfreiche) Routinen ausbilden. Neue Routinen sind ebenso beim Abholen der Kisten mit dem wöchentlichen Ernteanteil erforderlich. Eine Fahrt zum Hof muss eingeplant werden, es sei denn die Teilnehmer/innen organisieren sich in Gruppen, um reihum die Kisten gesammelt abzuholen. Mit solchen Organisationsweisen kann auch einem wichtigen Hinderungsgrund für die Partizipation an CSA-Projekten – mangelnden Transportmöglichkeiten – entgegengewirkt werden (Künnemann 2012: 71; Soil Association 2011: 28), auch wenn gerade durch das Abholen des Gemüses ein Austausch zwischen den Teilnehmer/innen geschaffen werden würde.

Die Notwendigkeit, neue Routinen herausbilden zu müssen, kann als Belastung und Nachteil aufgefasst werden. Die Änderung von Praktiken erfordert Zeit und Engagement. Ebenso müssen die Teilnehmer/innen auch die Bereitschaft, ihre Praktiken zu verändern, mitbringen. Für diese ‚Investitionen', die für eine Veränderung von Verhaltensweisen nötig sind, können Praxissoziologien den Blick öffnen. Auch die Dimension der Produktivität der Macht zeigt sich hier erneut in dem Aspekt, dass die Teilnehmer/innen im Projekt sich gegenseitig unterstützen und so Handlungspotenzial gewinnen. Das Projekt soll offen für alle sein und jeder befähigt werden, teilzunehmen.

Jedoch sind dieser Offenheit durch das soziale Setting Grenzen gesetzt. Die Möglichkeiten der Teilnehmer/innen, sich an den Projekten zu beteiligen, sind durch den gesellschaftlichen Kontext vorstrukturiert. Bei einigen Bevölkerungsschichten ist es wahrscheinlicher, dass die notwendigen, zeitlichen und finanziellen Ressourcen sowie die Bereitschaft, Alltagspraktiken zu ändern, neue Fähigkeiten zu erlangen und sich in der Gemeinschaft zu engagieren, vorhanden sind.

Damit ist der Verhandlungsraum für die Neukonstitution von Praktiken durch Akteursgruppen mit bestimmten sozialstrukturellen Merkmalen geprägt. In dieser Konstitution einer Nische zeigt sich die produktive Dimension von Macht, während die Dimension der Ubiquität von Macht durch die intendierte Offenheit der Projekte noch weiter verstärkt wird. Die strukturelle Macht hat dabei Auswirkungen auf die Stabilität der Praktiken, und damit Auswirkungen auf die Stärke der Gegenmacht der Alternative selbst: Fehlt den Beteiligten die Zeit, fallen die neu konstituierten Routinen in sich zusammen.

c) Motivation der Teilnehmer/innen an CSA-Projekten

Stand im vorigen Abschnitt das soziale Setting für ein Engagement an CSA-Projekten im Mittelpunkt, so widmet sich dieser Abschnitt der Motivation der Teilnehmer/innen. Damit wird die Ubiquität der Macht, die über die bloße Körperlichkeit hinausgeht, angesprochen.

Die politische Ausrichtung der CSA-Projekte zeigt sich darin, dass diese sich als Alternative zur industriellen Landwirtschaft bzw. zum industriellen Agri-Food-System verstehen (Hayden/Buck 2011: 333). Damit reiht sich die CSA-Bewegung in eine Vielfalt von Alternativbewegungen ein, die seit der Entstehung der industrialisierten Landwirtschaft Gegenstrategien zu jener entwickeln wollen (Schnell 2013; Press/Arnould 2011; Charles 2011).

Der Frage, welche Motive die Teilnehmer/innen mit einem Engagement an den CSA-Projekten verbinden, sind zahlreiche Studien für unterschiedliche Regionen nachgegangen. Als eine Hauptmotivation wird von vielen Studien jedoch nicht ein politisches Motiv genannt, sondern ein eher individuelles, verbraucherorientiertes: die Nachfrage nach frischem und regionalem Obst und Gemüse. Dies gilt sowohl für Pennsylvania (USA) (Schnell 2013: 621), für Großbritannien (Soil Association

2011: 15) als auch für China (Chen 2013) und Rumänien (Bîrhală/Möllers 2014: 54 ff.). Einige Studien stellen diesen Befund in Zusammenhang mit der Beobachtung, dass die CSA-Bewegung vor allem in den Ländern stark ist, in denen der Zugang zu ökologisch produzierten Lebensmitteln begrenzt ist, wie z. B. in Großbritannien, den USA, aber auch in Rumänien (Bîrhală/Möllers 2014).

Zentral ist jedoch ebenso das kollektivorientierte Motiv, eine Gemeinschaft zwischen Konsument/innen untereinander und zu den Produzent/innen aufzubauen. ‚Gemeinschaft' gilt als Gegensymbol zur anonymen modernen Gesellschaft, wie sie im industrialisierten Agri-Food-System zum Ausdruck kommt (Schnell 2013: 622; Hayden/Buck 2011: 333). Der Austausch von frischen und gesunden Lebensmitteln wird damit zum Kern einer als Alternative gedachten Gemeinschaft (Charles 2011: 363; Möllers/Bîrhală 2014: 141). Nach Schnell (2013) ist gerade die Betonung des Ortes (‚place') in all seinen Bedeutungen ein Symbol der CSA. Der ‚Ort' steht als Metapher für all das, was das industrialisierte Agri-Food-System nicht zu leisten vermag: Raum für Dialog und für Nähe, nicht allein im Sinne von physischer Nähe, sondern als Möglichkeit, vertrauensvolle soziale Beziehungen aufzubauen. Diese Beziehungen sollen nicht nur zu Menschen, sondern auch zu den Produkten aufgenommen werden: als Wissen um ihre Herkunft und als Möglichkeit, Einsicht in die Produktionsweise (z. B. durch Feldbesichtigungen) zu nehmen (Bauer 2014: 198; Schnell 2013: 621; Bougherara/Grolleau/Mzoughi 2009: 1494).

Materielle Produkte, soziale Beziehungen und symbolische Gegnerschaft kommen damit in den CSA-Projekten nicht nur normativ, sondern real zusammen. Auch hier zeigt sich, dass in CSA-Projekten Macht nicht allein nur durch den Körper der beteiligten Akteure ausgeübt wird, auch nicht nur durch die Verfolgung eigennütziger Ziele, sondern durch Machtpraktiken, die auf eine politisch-normative Dimension ausgerichtet sind. Die individuellen Verbraucherwünsche sind mit der politischen Motivation der Teilnehmer/innen eng verwoben (Schnell 2013: 621).

Die Politisierung der Austauschbeziehung zeigt sich auch an den Lerneffekten bei den Teilnehmer/innen an CSA-Projekten, von denen mehrere Studien berichten. Hayden und Buck (2011: 333) zitieren in ihrem Artikel mehrere US-amerikanische Studien zur CSA, die von Lernprozessen bei den Teilnehmer/innen im Hinblick auf Umweltbewusstsein, agrikulturelle Kenntnisse und Gemeinschaftssinn berichten. Auch bezüglich der Teilnehmer/innen-Motivation können Lerneffekte beobachtet werden. So befragte die Soil Association (2011: 15 ff.) für Großbritannien potenzielle Teilnehmer/innen und langjährige Teilnehmer/innen. Standen bei den ersteren noch die oben erwähnten individuellen Verbraucherwünsche nach Frische und Gesundheit der Produkte an oberster Stelle, gaben langjährige Teilnehmer/innen als eine Hauptmotivation die „Unterstützung lokaler Landwirte" an. Dies kann als Zeichen dafür gewertet werden, dass nicht nur eine vertrauensvolle, sondern auch eine solidarische Beziehung zu den Produzent/innen aufgebaut wurde.

Diese Lerneffekte sind von den CSA-Projekten intendiert (Soil Association 2011: 30). Die Projekte nehmen damit nicht mehr die Funktion von Laboren ein, in denen neue Praktiken erprobt werden, sondern sie werden für die Teilnehmer/innen zu Schulen und Sozialisationsinstanzen. Die Teilnehmer/innen werden durch ihre Partizipation an den CSA-Projekten in den ihnen zu Grunde liegenden Ideenhintergrund eingeführt und/oder in ihrer politischen Einstellung gefestigt. Darüber hinaus zielen die CSA-Projekte auch auf eine breitere Öffentlichkeit, um die Idee einer ökologisch-nachhaltigen Lebensweise zu stärken. CSA-Projekte werden damit selbst zu einem materiell-semiotischen Symbol für eine nachhaltige Lebensweise.

Mit dem relationalen Machtbegriff lässt sich die produktive Seite der genannten Lerneffekte beschreiben: Die Teilnehmer/innen werden durch ihre Partizipation an den CSA-Projekten nicht nur zu Teilnehmer/innen oder Mitbäuer/innen, sondern auch als politisierte Subjekte hergestellt. Sie lernen nicht nur neue Praktiken, sondern in Zusammenhang mit den neuen Praktiken auch neue Argumente. Dabei ist zwischen Wissen, das mit den konkreten Praktiken verbunden ist (wie das Rezeptwissen bei Kochpraktiken), und kognitiven Wissen, das an politische Forderungen gekoppelt ist, zu unterscheiden. Eine solche Unterscheidung ist wichtig, um die Vermittlung von politischen Argumenten und körperlichen Praktiken zu klären und damit das konkrete Spannungsverhältnis von Routine und Kreativität.

Als Fazit lässt sich damit Folgendes ausführen: Die zuvor beschriebenen sedimentierten CSA-Praktiken sind in einem Raum ausgehandelt, der durch eine politische Motivlage vorstrukturiert ist und auf die Teilnehmer/innen produktiv, aber machtgeladen zurückwirkt. Die kreativen Problemlösungsprozesse, die zu einer Transformation von Routinen führen können, finden in Bezug auf spezifische, politische Werte statt. Damit werden Wirkungen – die in der Dimension der Ubiquität von Macht angesprochen werden – nicht nur allein durch die Körperlichkeit der Teilnehmer/innen produziert. Durch die genannten Lerneffekte wird eine Stabilisierung der Projekte erreicht, was ebenso als interner, da die Teilnehmer/innen disziplinierender, aber auch als externer, da mit dem Aufbau einer Gegenmacht verbundener Machteffekt aufgefasst werden kann.

d) Motivation der Produzent/innen und soziales Setting

Standen in den beiden vorangegangenen Abschnitten die Teilnehmer/innen im Vordergrund, soll nun das soziale Setting und die Motivation der Produzent/innen betrachtet werden. Hierbei ist der ökonomische Kontext, in dem CSA-Projekte angesiedelt sind, angesprochen. Ebenso stellt sich die Frage, inwiefern ökonomische Strukturen nicht-sinnhafte Anteile haben, die nicht symbolisch vermittelt werden.

Zunächst fällt auf, dass es weniger Studien darüber gibt, warum Landwirt/innen sich an CSA-Projekten engagieren, als über Teilnehmer/innen (zu einem ähnlichen Eindruck Möllers/Bîrhală 2014: 142). Auch in den Praxisratgebern aus der CSA-Bewegung und der Beschreibung der Gründungsgeschichte einiger Höfe kann man ablesen, dass meist Konsument/innen-Gruppen als Initiatoren auftauchten, die sich ‚ihre/n' Produzent/in erst suchen müssen (Soil Association o. J. a; Künnemann/Presse o. J.: 7).

Die Suche nach einem/r Produzenten/in findet im Kontext des schon seit Jahrzehnten anhaltenden Trends von Konzentrationsprozessen in der Landwirtschaft statt. Diese Konzentrationsprozesse zeigen sich nicht nur in einer Abnahme der Anzahl landwirtschaftlicher Betriebe in einer Region, sondern auch in der Bodenknappheit. Der mangelnde Zugang zu Boden ist für einige CSA-Projekte ein Haupthindernis für eine Gründung (Soil Association 2011: 26). Hinsichtlich bereits bestehender Höfe stößt CSA vor allem bei den Produzent/innen auf Interesse, die unter dem Konkurrenzdruck zu leiden haben. Einige Produzent/innen, die auf CSA umstellten, standen vor der Frage, was aus dem geerbten elterlichen Betrieb werden sollte (Bauer 2014). McFadden (2013: 96) sieht als ein grundsätzliches Interesse der CSA-Bewegung, den Erhalt der Höfe zu sichern.

Die Motivation der Produzent/innen, auf CSA umzustellen, besteht zum einen in der Annahme, durch CSA bessere Preise als auf dem Markt erzielen zu können. Zum anderen soll finanzielle Sicherheit durch die Vorfinanzierung seitens der Teilnehmer/innen erlangt werden. Darüber hinaus wird als ein Vorteil die Entlastung beim Vertrieb genannt (Bîrhală/Möllers 2014: 51; Bougherara/Grolleau/Mzoughi 2009: 1490). Jedoch beziehen auch die Produzent/innen ihre Motivation zum Engagement in CSA-Projekten nicht nur aus dem Eigennutz. Sie verfolgen Ideale bei Anbau und Vertrieb: zum Beispiel eine ökologisch ausgerichtete Landwirtschaft, ohne den Zwang zur Öko-Zertifizierung, eine Produktion unabhängig vom Konkurrenzdruck sowie in engem Kontakt zu den Kunden (Bauer 2014; Bîrhală/Möllers 2014: 52 f.).

Ebenso wie bei den Teilnehmer/innen können auch bei den landwirtschaftlichen Betrieben, die auf CSA umstellen, Lerneffekte verzeichnet werden. Produzent/innen müssen sich nicht nur auf eine andere Form der Betriebsführung einstellen, bei der die Hofgruppe an den Betriebsentscheidungen beteiligt ist, auch müssen sie ihre Buchführung so optimieren, dass sie den finanziellen Anteil für die Teilnehmer/innen berechnen können. Künnemann und Presse (o. J.: 11) weisen auf das Risiko, das für den Hof durch eine Fehleinschätzung der Anteile entstehen könnte, hin und empfehlen einen beständigen Vergleich mit dem Marktpreis. Darüber hinaus müssen die Produzent/innen, wenn sie hierbei nicht von der Hofgruppe unterstützt werden, zusätzliche Aufgaben der Gemeinschaftsbildung und der Öffentlichkeitsarbeit übernehmen (Soil Association 2011: 23). Die Umstellung auf CSA hat ebenso Auswirkungen auf die landwirtschaftlichen Praktiken. So stellte die Soil Association (2011: 27) für die Betriebe in Großbritannien fest, dass viele Initiativen nachhaltiger wirtschafteten, nachdem sie auf CSA umgestellt hatten. Sie erhöhten den Anteil ökologisch bewirtschafteter Flächen, pflanzten mehr Hecken und Bäume und richteten Rückzugsflächen ein.

Wie bei den Teilnehmer/innen zeigt sich die Dimension der Produktivität von Macht darin, dass die Produzent/innen ihre Rolle umdefinieren, zusätzliche Fähigkeiten erlernen und eine besondere Beziehung zu den Teilnehmer/innen aufnehmen. Da das CSA-Konzept aus der Sichtweise einiger Produzent/innen die einzige Möglichkeit darstellt, einen landwirtschaftlichen Hof weiter bewirtschaften zu können und damit zu erhalten, wirkt das Konzept ebenso produktiv, weil es die Wahlmöglichkeiten für die Produzent/innen bereichert. Auch hier kann demnach die Wirkung von Macht nicht allein auf die Körperlichkeit der beteiligten Akteure zurückgeführt werden, sondern vor allem auf ihre politisch-normative Motivation zur Verwirklichung einer alternativen Landwirtschaft.

Die Abkopplung der landwirtschaftlichen Produktion von Marktzwängen soll der CSA-Konzeption zufolge die Produzent/innen frei für eine alternative landwirtschaftliche Bewirtschaftungsweise machen. Jedoch, darauf verweist die Soil Association (2011: 29), bleibt der wirtschaftliche Kern von CSA-Projekten der Austausch von Gütern gegen Geld – und dies trotz alternativer Formen der Betriebsführung und des Eigentums. Diese sind zum Beispiel die Übertragung des Hofes an einen Verein, eine Stiftung oder eine Genossenschaft. Ebenso können die Betriebsmittel entweder der Hofgruppe (und der Rechtsform ihres Zusammenschlusses) oder dem Produzenten gehören (Wild 2012: 41 ff.). Die Betriebsorganisation schützt jedoch nicht vor der beständig drohenden Gefahr der Vermarktlichung des Projektes.

Hayden und Buck (2011: 333) verweisen darauf, dass ohne die Herstellung einer funktionierenden Gemeinschaft viele CSA-Projekte auf die Produzent/innen zurückgeworfen werden, womit sie sich wieder mehr am Markt orientieren. Für die

Soil Association (2011: 6, 12) ist vor allem die Abhängigkeit der Projekte von Einzelpersonen mit besonderem Engagement und besonderen Fähigkeiten die Achillesferse der CSA-Projekte. Wenn diese aktiven Personen das Projekt verließen, sei es meist nicht mehr überlebensfähig. McFadden (2013: 94 ff.) sieht vor allem bei großen Höfen die Gefahr, dass sich keine vertrauensvollen Beziehungen entwickeln und die Produzent/innen wieder zu Techniken der Profitmaximierung zurückkehren. Er befürchtet grundsätzlich, dass CSA nur als ein Vermarktungskonzept genutzt wird und damit genau von den Tendenzen in der Landwirtschaft vereinnahmt werde, gegen die sie ursprünglich entwickelt worden war. Darüber hinaus werden die Kooperationsprobleme in den Projekten auf die alles durchdringende Marktlogik zurückgeführt. Diese lasse sich nur schwer mit ethischen Zielen verbinden (Charles 2011: 363 f.).

Diese Erörterungen werfen die Frage auf, inwiefern überindividuelle Strukturen allein auf symbolische Ordnungen zurückgeführt werden können oder ob ökonomische Strukturen nicht auch nicht-sinnhafte, vorkulturelle Eigenschaften besitzen. Während die Praxissoziologen Marx und Bourdieu die Konzeption nicht-sinnhafter Strukturen befürworten, lehnt dies der Kultursoziologe Reckwitz ab. Es bleibt die Forderung, in analytischer Hinsicht zwischen sinnhaften und nicht-sinnhaften Strukturen zu trennen, um die Vermittlung beider Aspekte analysieren zu können. So könnte der Konflikt zwischen Markt- und Gemeinschaftslogiken in CSA-Projekten besser analysiert und die strukturelle Macht der Marktlogik, denen die CSA-Projekte ausgesetzt sind, herausgearbeitet werden. Eine solche Analyse könnte auch Bedingungen für die Stabilität der alternativen, von den CSA-Projekten hervorgebrachten Praktiken angeben, und damit Bedingungen für die Etablierung einer Gegenmacht.

Zusammengefasst besteht demnach die Dimension der Produktivität von Macht in der Produktion einer Alternative, die sich aber unter überindividuellen Strukturzwängen bildet. Landwirt/innen haben Macht nicht nur infolge ihrer Körperlichkeit, sondern auch auf Grund ihrer politischen Zielsetzungen, die sie mit ihrem Engagement in den CSA-Projekten verbinden. Die Stabilität der Gegenmacht, die sowohl disziplinierend als auch produktiv wirkt, ist im Hinblick auf die überindividuellen Strukturzwänge – seien sie als sinnhaft oder nicht-sinnhaft konzipiert – prekär.

4. Fazit

In dem Artikel wurde mittels des praxissoziologischen Machtbegriffes der Frage nachgegangen, inwiefern CSA-Projekte Macht haben und/oder von ihnen Macht ausgeht. CSA wurde dabei als ein Praxisfeld aufgefasst, das sich als Alternative zu etablierten landwirtschaftlichen Praktiken der Produktion und des Vertriebes sieht. Anhand von drei Merkmalen des praxissoziologischen Machtbegriffs konnte erstens gezeigt werden, dass Macht in den CSA-Projekten produktiv wirkt, nämlich in der Herstellung von Teilnehmer/innen und Produzent/innen als ökonomische, soziale und politische Subjekte, die durch ihre Partizipation in den CSA-Projekten dazu befähigt werden, ihre Alltagspraktiken zu verändern. Dabei spielt die Interaktion in den Projekten ebenso eine Rolle wie die sozialen Verhältnisse außerhalb der Projekte. Sozialstruktur und ökonomische Strukturen üben eine strukturelle Macht auf den Möglichkeitsraum aus, innerhalb dessen kreative Problemlösungen und die Ausbildung von Routinen stattfinden können.

Weiterhin konnte gezeigt werden, dass die beteiligten Akteure ihre Macht nicht nur aus ihrer Körperlichkeit beziehen, sondern politisch-normative Zielsetzungen eine zentrale Rolle spielen. Dies wurde in der Analyse der Motive der Akteure, sich zu engagieren, sowohl bei den Landwirt/innen als auch bei den Verbraucher/innen deutlich. In diesem Zusammenhang wurde dafür plädiert, analytisch zwischen körperlichem und politischem Wissen zu unterscheiden, um die Vermittlungsmechanismen zwischen beiden Wissensformen untersuchen zu können. Kreative Problemlösungen sind durch politische Diskurse und die in ihnen enthaltenen politisch-normativen Vorstellungen hervorgebracht und damit auch von struktureller Macht durchdrungen.

Drittens konnte dargestellt werden, wie Macht durch in Handbüchern enthaltene Definitionen und Regeln die Bedeutungsvielfalt von CSA einschränkt. Dabei konnten Lerneffekte im Hinblick auf ökologisch und sozial nachhaltigere Praktiken sowohl bei den Teilnehmer/innen als auch bei den Produzent/innen festgestellt werden. Diese Lerneffekte tragen zur Stabilisierung von Routinen und damit der CSA-Projekte bei. Sie können jedoch durch konkurrierende Logiken aus Ökonomie und Sozialstruktur destabilisiert werden. In diesem Zusammenhang wurde in dem Beitrag dafür plädiert, dem Gedanken an die Existenz nicht-sinnhafter Strukturen nicht wie bei kulturalistischen Praxistheorien von vornherein eine Absage zu erteilen. Vielmehr soll durch eine analytische Trennung zwischen sinnhaften und nicht-sinnhaften Strukturen die Potenziale für den Aufbau von Alternativen als Gegenmacht besser abgeschätzt werden können.

Der ‚Freiraum', den CSA-Projekte sich schaffen wollen, ist keine Tabula Rasa – er ist nicht so frei wie ein Stück Wildnis auf einem unbewohnten Kontinent, sondern eher so frei wie ein Brachgelände in der Stadt. CSA-Projekte werden erst durch bestimmte Bevölkerungsschichten mit genügend zeitlichen, monetären und ideellen Ressourcen ermöglicht, sie sind in eine lange Tradition von Alternativbewegungen eingebettet, aus der sie ihre Legitimation beziehen, und sie sind von der Logik des

Marktes durchdrungen. Letztlich kann der von den CSA-Projekten geschaffene ‚Freiraum' wieder zugebaut werden, um im Bild des städtischen Brachgeländes zu bleiben. Ist die CSA eine Alternative zum industriellen Agri-Food-System? Das ist der Fall, aber eine Alternative in *Relation* zu diesem.

Literatur

Bauer, Christina Ute, 2014: Solidarische Landwirtschaft – Modell für den Hof der Zukunft? Im Gespräch: Elmar Schulte-Tigges, Dipl.-Geograph und Betreiber des „Lernbauernhof Schulte-Tigges" und der „Erzeuger-Verbraucher-Gemeinschaft Kümper Heide", in: STANDORT 38, 198-202.

Bougherara, Douadia/Grolleau, Gilles/Mzoughi, Naoufel, 2009: Buy local, pollute less: What drives households to join a community supported farm?, in: Ecological Economics 68, 1488-1495.

Bourdieu, Pierre, 1979: Entwurf einer Theorie der Praxis auf der ethnologischen Grundlage der kabylischen Gesellschaft, Frankfurt a. M.

Brand, Karl-Werner, 2014: Umweltsoziologie. Entwicklungslinien, Basiskonzepte und Erklärungsmodelle, Weinheim/Basel.

Brand, Karl-Werner, 2011: Umweltsoziologie und der praxistheoretische Zugang, in: Matthias Groß (Hrsg.), Handbuch Umweltsoziologie, Wiesbaden, 173-198.

Bîrhală, Brînduşa/Möllers, Judith, 2014: Community supported agriculture in Romania. Is it driven by economy or solidarity? Discussion Paper No. 144, Leibniz Institute of Agricultural Development in Transition Economics.

Charles, Liz, 2011: Animating community supported agriculture in North East England: for a ‚caring practice', in: Journal of Rural Studies 27, 362-371.

Chen, Weiping, 2013: Perceived value of a community supported agriculture (CSA) working share. The construct and its dimensions, in: Appetite 62, 37-49.

Hayden, Jennifer/Buck, Daniel, 2011: Doing community supported agriculture: Tactile space, affect and effects of membership, in: Geoforum 43, 332-341.

Künnemann, Rolf, 2012: Die Markushofgemeinschaft in Maisbach, in: Stephanie Wild (Hrsg.), Sich die Ernte teilen ..., Einführung in die Solidarische Landwirtschaft, Heimsheim, 70-71.

Künnemann, Rolf/Presse, Marianne, o. J.: Wir gründen einen Solidarhof. Leitfaden zur Solidarischen Landwirtschaft, o. O.

Latour, Bruno, 2005: Reassembling the Social: An Introduction to Actor-Network-Theory, Oxford.

Lemke, Thomas, 2008: Governmentalität und Biopolitik, Wiesbaden.

McFadden, Steven, 2013: Der Kontext der Gemeinschaftshöfe, in: Trauger Groh/ Steven McFadden, Höfe der Zukunft. Gemeinschaftsgetragene/Solidarische Landwirtschaft (CSA), mit Beiträgen von Wolfgang Stränz und Marcia Ruth Ostrom, Darmstadt, 69-99.

Moebius, Stephan, 2009: Strukturalismus/Poststrukturalismus, in: Georg Kneer/ Markus Schroer (Hrsg.), Handbuch Soziologische Theorien, Wiesbaden, 419-444.

Moebius, Stephan/Reckwitz, Andreas, 2008: Einleitung: Poststrukturalismus und Sozialwissenschaften: Eine Standortbestimmung, in: Stephan Moebius/Andreas Reckwitz (Hrsg.), Poststrukturalistische Sozialwissenschaften, Frankfurt a. M., 7-23.

Möllers, Judith/Bîrhală, Brîndușa, 2014: Community Supported Agriculture: A promising pathway for small family farms in Eastern Europe? A case study from Romania, in: Landbauforschung: Applied Agricultural and Forestry Research 64 (3/4), 139-150.

Nonhoff, Martin, 2008: Politik und Regierung. Wie das sozial Stabile dynamisch wird und vice versa, in: Stephan Moebius/Andreas Reckwitz (Hrsg.), Poststrukturalistische Sozialwissenschaften, Frankfurt a. M., 277-294.

Offe, Claus, 2007: Staat, Demokratie und Krieg, in: Hans Joas (Hrsg.), Lehrbuch der Soziologie, Frankfurt a. M., 505-539.

O'Leary, Daniel Emrys, 2010: Shifting Landscapes: Community supported Agriculture's next. Dissertation. Syracus University, December 2010.

Peuker, Birgit, 2011: Akteur-Netzwerk-Theorie und politische Ökologie, in: Matthias Groß (Hrsg.), Handbuch Umweltsoziologie. Der Stand der Forschung in der Umweltsoziologie, Wiesbaden, 154-172.

Press, Melea/Arnould, Eric J., 2011: Legitimating community supported agriculture through American pastoralist ideology, in: Journal of Consumer Culture 11 (2), 168-194.

Reckwitz, Andreas, 2008: Unscharfe Grenzen. Perspektiven der Kultursoziologie, Bielefeld.

Schnell, Steven M., 2013: Food miles, local eating, and community supported agriculture: putting local food in its place, in: Agric Hum Values 30, 615-628.

Soil Association, o. J.a: Frequently Asked Questions on CSA, o. O.

Soil Association, o. J.b: A Share in the Harvest. An Action Manual for Community Supported Agriculture. Bristol.

Soil Association, 2011: The Impact of Community Supported Agriculture. Soil Association CSA Support Project, Making Lokal Food Work, o. O.

Soil Association, 2005: Cultivating Communities. Farming at your Fingertips, Bristol/Edinburgh.
Weber, Max, 1980: Wirtschaft und Gesellschaft: Grundriß der verstehenden Soziologie, Tübingen (zuerst 1921).
Wild, Stephanie, 2012: Praxisteil, in: Stephanie Wild (Hrsg.), Sich die Ernte teilen …, Einführung in die Solidarische Landwirtschaft, Heimsheim, 14-55.

Korrespondenzanschrift:

Dr. phil. Birgit Peuker
Institut für Sozial- und Kulturanthropologie
Fachbereich Politik- und Sozialwissenschaften
Freie Universität Berlin
Carl-Heinrich-Becker-Weg 6-10
12165 Berlin
E-Mail: birgit.peuker@fu-berlin.de

Teil III: ‚Power with' – Leadership für die Umwelt

Alexandra Lindenthal

Macht und Leadership. Die Verhandlungsstrategien der EU zur Durchsetzung des Emissionshandels in der ICAO und der IMO[1]

Kurzfassung

Um den globalen Temperaturanstieg unter zwei Grad Celsius zu halten, setzt sich die Europäische Union (EU) in der Internationalen Zivilluftfahrtorganisation (ICAO) und in der Internationalen Seeschifffahrtsorganisation (IMO) für die Regulierung der Treibhausgasemissionen aus dem Luft- bzw. Seeverkehr ein. Die EU will die Verringerung der Treibhausgasemissionen mithilfe eines globalen marktbasierten Ansatzes erreichen und betrachtet das europäische Emissionshandelssystem als ein geeignetes Modell. Aufgrund ihrer vergleichsweise weitreichenden Klimaschutzpolitik wird die EU in der Literatur als geeignet betrachtet, auf internationaler Ebene direktionale Leadership zu übernehmen, indem sie richtungsweisend wirkt und somit zur gemeinsamen Problemlösung beiträgt.

In diesem Beitrag wird untersucht, ob es der EU in der ICAO und der IMO seit dem Ende der 1990er Jahre gelungen ist, direktionale Leadership, die auf *soft power* basiert, auszuüben und die Verhandlungen voranzubringen. Gezeigt wird, dass die Leadership-Bilanz der EU trotz günstiger Ausgangsbedingungen eher mäßig ausfällt. Es wird erläutert, dass der Versuch der EU, in der ICAO einen Wandel in Richtung Klimaschutz mittels *hard power* zu induzieren, den Verhandlungsprozess zwar zunächst beschleunigte. Insgesamt hat diese Verhandlungsstrategie ehrgeizigere Klimaschutzaktivitäten in beiden internationalen Organisationen jedoch beeinträchtigt.

1 Mein besonderer Dank gilt den Herausgeberinnen des Sonderbands und den anonymen Gutachtern für ihre sehr hilfreichen Anregungen für die Überarbeitung dieses Beitrags sowie Eva-Maria Wachter, deren sorgfältige Recherche aufschlussreiches Material für die IMO-Studie erbracht hat. Dieser Beitrag entstand im Rahmen meiner Tätigkeit im Sonderforschungsbereich 597 Staatlichkeit im Wandel an der Universität Bremen, daher gilt mein Dank nicht zuletzt der Deutschen Forschungsgemeinschaft.

Inhalt

1. Einleitung

Die Europäische Union (EU) betrachtet sich als Vorreiterin in der internationalen Klimaschutzpolitik, die sowohl der nachhaltigen Entwicklung als auch dem Multilateralismus verpflichtet ist. Demgemäß setzt sich die EU in der Internationalen Zivilluftfahrtorganisation (ICAO) und in der Internationalen Seeschifffahrtsorganisation (IMO) für die Verringerung der CO_2-Emissionen ein. Die Notwendigkeit, auch die Treibhausgasemissionen aus dem Luft- und Seeschifffahrtsverkehr zu regulieren, wurde mit dem Kyoto-Protokoll, das 1997 auf der dritten Vertragsstaatenkonferenz der Klimarahmenkonvention der Vereinten Nationen (UNFCCC) verabschiedet wurde, anerkannt. Gemäß Artikel 2, Absatz 2 des Kyoto-Protokolls sind die ICAO und die IMO verantwortlich für die Begrenzung oder Verringerung von Treibhausgasemissionen aus den jeweiligen Verkehrssektoren. Die Bemühungen beider internationaler Organisationen, dieser Aufforderung nachzukommen, waren zunächst jedoch gering (Oberthür 2003).

Seit dem Ende der 1990er Jahre warnt die EU davor, dass die steigenden Treibhausgasemissionen des Luft- und Seeverkehrs den Klimawandel begünstigen könnten. Da die EU befürchtet, dass weiterhin ungeregelte Treibhausgasemissionen die internationalen Bemühungen, den Temperaturanstieg unter zwei Grad Celsius zu halten, gefährden könnten, kritisiert sie das Stagnieren der internationalen Verhandlungen sowohl in der ICAO als auch in der IMO und setzt sich in beiden Organisationen für ehrgeizige Klimaschutzziele ein. Mithilfe eines globalen marktbasierten Ansatzes will die EU die Verringerung der Treibhausgasemissionen erreichen; dabei betrachtet sie das europäische Emissionshandelssystem (EU ETS) als richtungsweisendes Modell für die internationalen Verhandlungen.

Aufgrund ihrer vergleichsweise weitreichenden Klimaschutzpolitik (Skovgaard 2014) wird die EU in der Literatur als geeignet betrachtet, auf internationaler Ebene direktionale Leadership zu übernehmen (Groen/Niemann/Oberthür 2012), indem sie richtungsweisend wirkt und somit zur gemeinsamen Problemlösung beiträgt. Ob es der EU in der ICAO und der IMO seit dem Ende der 1990er Jahre gelungen ist, direktionale Leadership auszuüben und die Verhandlungen in Richtung Klimaschutz voranzubringen, wird in diesem Beitrag untersucht. Zunächst wird dargestellt, dass in der Literatur der Internationalen Beziehungen (IB) mehrdimensionale Leadership-Konzeptionen vorherrschen und dass die Machtkategorie *hard power*, die auf materiellen Ressourcen aufruht und die Ausübung von Zwang und Gewalt einschließt, in diesen Konzepten von zentraler Bedeutung ist. Ich betrachte Leadership hingegen als eine Beziehung zwischen *leader* und *followers*, die auf freiwilliger Gefolgschaft gründet und sich als ein gemeinsames Unterfangen der beteiligten Akteure charakterisieren lässt, in dem wechselseitige Überzeugungs- und Lernprozesse im Vordergrund stehen (vgl. die Definition von ‚power with' von Partzsch in diesem Band). Überdies argumentiere ich, dass es die Bemühungen eines Akteurs, internationale Verhandlungen im Sinne von direktionaler Leadership zu prägen, konterkarieren kann, wenn dieser Akteur auf Zwangsmaßnahmen – bei Partzsch (in diesem Band) definiert als erste Dimension von ‚power over' – zurückgreift.

Die Gelegenheit für eine direktionale Leadership der EU war sowohl in der ICAO als auch in der IMO günstig: die Verhandlungen über die Regulierung von Treibhausgasemissionen waren in beiden internationalen Organisationen ins Stocken geraten, und es bestand ein Bedarf an richtungsweisenden Impulsen, den die EU mithilfe ihres Emissionshandelssystems hätte decken können. Dennoch zeigt die nachfolgende Untersuchung, dass die Leadership-Bilanz der EU im Vergleich zu ihren Zielen eher mäßig ausfiel. Es wird erläutert, dass der Versuch der EU, in der ICAO einen Wandel in Richtung Klimaschutz mittels *hard power* zu induzieren, den Verhandlungsprozess zwar zunächst beschleunigte. Insgesamt jedoch hat diese Verhandlungsstrategie ehrgeizigere Klimaschutzaktivitäten in beiden Organisationen beeinträchtigt.

2. Leadership und Klimaschutz in den Internationalen Beziehungen

In der IB-Literatur wird Leadership als erforderlich betrachtet, um die internationalen Verhandlungen in Richtung strikter Umweltschutzziele zu lenken und, über die Implementation der internationalen Abkommen, für die Lösung globaler Umweltprobleme Sorge zu tragen (Oberthür/Ott 2000; Parker/Karlsson 2010). Analysen der Führungsrolle der EU in der internationalen Umweltpolitik setzen zumeist unterschiedliche Typen von Leadership voraus, die auf dem multidimensionalen Leadership-Konzept von Oran Young (1991) beruhen.

Young argumentiert, dass die Kombination von *intellectual leadership*, *entrepreneurial leadership* und *structural leadership* für die Gründung von internationalen Regimen erforderlich sei. Während der *intellectual leader* auf die Macht von Ideen vertraut, um die Ansichten der Verhandelnden zu formen, bezieht sich *entrepreneurial leadership* auf die Verhandlungskenntnisse eines Akteurs, die dieser anwendet, um zwischen den Interessen der Hauptakteure zu vermitteln. Ein *structural leader* hingegen wandelt seine ökonomischen und politischen Machtressourcen in Verhandlungsstärke um, um so nötigenfalls Druck auf andere auszuüben und sie zur Zustimmung zu internationalen Vereinbarungen zu veranlassen. Damit ist seine Fähigkeit, Drohungen oder Versprechen anzuwenden, essentiell (Young 1991: 290). Analoge Formen von Leadership, die sich auf die *hard power* eines Akteurs beziehen, werden auch von anderen Autoren verwendet (vgl. Oberthür/Ott 2000: 385; Underdal 1994: 186; Andresen/Agrawala 2002: 42). Nach Nye Jr. (2004: 5) beruht *hard power* auf den materiellen Ressourcen eines Akteurs, die dieser einsetzt, um – mittels Anreiz oder Zwang – das von ihm präferierte Verhandlungsergebnis zu erzielen.

Den mehrdimensionalen Leadership-Konzeptionen (für einen Überblick siehe Lindenthal 2009: 91-99) ist gemein, dass *hard power* als eine Art Hebelkraft betrachtet wird, um andere Aspekte von Leadership zur Geltung zu bringen. So betont Underdal (1994: 192), dass *hard power* ein wesentlicher Bestandteil jeder erfolgreichen Leadership-Strategie sei. Ebenso heben Young (1991: 288) und Grubb/Gupta (2000: 19) die Relevanz von materiellen Machtressourcen für erfolgreiche Leadership hervor. Karlsson u. a. (2011: 104) fordern schließlich, dass die EU direktionale Leadership mit struktureller Leadership kombinieren müsse, um substanzielle Verhandlungsergebnisse zu erreichen.[2] Allerdings machen jene Autoren, die Leadership mit *hard power* verbinden, das Zugeständnis, dass Leadership nicht lediglich auf Eigeninteresse und Zwang gründen könne. So ist Leadership gemäß

2 Für ähnliche Wechselbeziehungen zwischen Macht und Leadership siehe Skodvin/Andresen (2006: 14), Bäckstrand/Elgström (2013: 1370) sowie Parker u. a. (2012: 272).

Arild Underdal (1994: 179) verbunden mit „the collective pursuit of some common good or joint purpose“. Underdal nimmt folglich an, dass es ein Spektrum an gemeinsamen Werten, Interessen und Ansichten geben müsse.

Mein Verständnis von Leadership (Lindenthal 2009, 2014) gründet auf jenen Konzeptionen, die betonen, dass die Akzeptanz der Gefolgschaft essentiell sei für Leadership (Elgström 2007) und Leadership folglich an freiwillige Gefolgschaft binden (Burns 1979: 4). Bei Leadership handelt es sich um eine verantwortungsbewusste Aktivität „without pushing and shoving other countries“ (Kindleberger 1986: 842), welche die Anwendung von *hard power* folglich ausschließt. Dies gilt auch für die hier interessierende direktionale Leadership. Zurecht weist Underdal (1994: 192) darauf hin, dass die Ausübung von Zwang kontraproduktiv sein könne, wenn es darum gehe, Probleme zu erkennen, politische Lösungen zu entwickeln und andere dazu zu inspirieren, zu einer gemeinsamen Sache beizutragen. Somit kommt der *soft power* von Akteuren Bedeutung zu. Ein Akteur, der eine direktionale Führung anstrebt, nutzt seine *soft power*-Ressourcen, um die Zustimmung seiner potenziellen Gefolgschaft zu seinen Politiklösungen sicherzustellen. Nye Jr. (2004: 5) definiert *soft power* als Anziehungskraft und die Fähigkeit, die Bedürfnisse anderer zu formen. Im Gegensatz zu *hard power* geht es nicht um die Ausübung von Zwang, sondern darum, andere zu kooptieren. Dies geschieht nicht durch materielle, sondern durch immaterielle Ressourcen wie seine Praktiken und Politiken sowie seine Überzeugungs- und Lernfähigkeiten. Durch Interaktionen und Lernprozesse formt ein Leader nicht nur die Bedürfnisse anderer Akteure, er passt sich auch ihren Erwartungen an und respektiert ihre legitimen Interessen (Nye Jr. 2008: 141). Die Bedeutung von *soft power* findet nicht zuletzt in der Debatte über *climate leadership* auf internationaler Ebene zunehmend Berücksichtigung (Wurzel/Connelly 2012: 14).

Somit gründet direktionale Leadership auf der Fähigkeit eines Akteurs zu vorbildlichem, richtungsweisendem Handeln und der Attraktivität seiner Politiklösungen. Mehr als auf seine Verhandlungskenntnisse kommt es auf seine Argumentations- und Überzeugungskraft an. Da Leadership zielorientiert und auf Veränderungen ausgerichtet ist, lässt sich Leadership Burns zufolge (1979: 439) daran messen, ob der intendierte Wandel eingetreten ist.

Legt man die Prämisse der freiwilligen Gefolgschaft zugrunde, ist das Konzept der direktionalen Leadership von Grubb/Gupta (2000: 20-22) ein guter Ausgangspunkt für die Beschreibung und Analyse der Klimaschutzaktivitäten der EU in der ICAO und der IMO. Direktionale Leadership besteht aus zwei Komponenten. Erstens beschreibt sie die Fähigkeit eines internationalen Akteurs, eines Problems gewahr zu werden und eine Lösung für dieses Problem zu entwickeln. Zweitens bezieht sich direktionale Leadership auf dessen Fähigkeit, seine vorbildliche Politiklösung auf internationaler Ebene zu verbreiten. Indem er ein Beispiel gibt, demonstriert ein direktionaler Leader, dass seine Politikoption effektiv ist. Auf diese Weise dirigiert er das Verhalten anderer Staaten. Ideen sind insofern relevant, als sie als Orientierungsquelle und Rechtfertigung der Handlungen des Leaders dienen (Wurzel/Connelly 2012: 13). Die Folgebereitschaft der übrigen Staaten – wesentlich für Leadership – resultiert aus ihrer Akzeptanz der Problemlösung, an deren (Weiter-)Entwicklung sie als gleichberechtigte Akteure teilhaben, so dass Leadership – und die damit verbundene Art und Weise der Einflussnahme auf Drittstaaten – als legitim gelten kann.[3]

3. Das europäische Emissionshandelssystem als Politikoption

Der ersten Komponente direktionaler Leadership – der Problemwahrnehmung und der Entwicklung eines Instruments zu dessen Lösung – wird die EU mit dem EU ETS gerecht. 2005 ging das EU ETS, welches mit der Richtlinie 2003/87/EG beschlossen worden war, für Anlagen der Energiewirtschaft und der emissionsintensiven Industrie an den Start. Mittlerweile betrachtet die EU ihr Emissionshandelssystem als wichtigstes Politikinstrument zur Verringerung von Treibhausgasemissionen.

Zunächst schloss das EU ETS die Treibhausgasemissionen des Luft- und Seeverkehrs nicht ein. Erst nach mehrjährigen EU-internen Diskussionen (Lindenthal 2014) wurde die Richtlinie 2008/101/EG zur Änderung der Richtlinie 2003/87/EG zwecks Einbeziehung des Luftverkehrs in das EU ETS einstimmig vom Rat und einer Mehrheit des Europäischen Parlaments angenommen. Wie von der Kommission aus Wettbewerbs- und Umweltschutzgründen vorgeschlagen, sieht die Richtlinie vor, dass von 2012 an alle Flüge in das EU ETS einbezogen werden, die auf einem Flughafen der EU starten oder landen. Hinsichtlich der ICAO-Verhandlungen wird das EU ETS in der Richtlinie „als Modell für die weltweite Nutzung des Emissionsrechtehandels“ empfohlen.

2005 schlug die Kommission vor, auch den Schiffsverkehr in die Klimaschutzstrategie der EU zu integrieren und marktbasierte Mechanismen zur Verringerung der Treibhausgasemissionen zu nutzen. Noch im Frühjahr 2012 sah die Kommission im Einbezug des Seeverkehrs in das EU ETS eine Politikoption; die EU-Mitgliedstaaten lehnten dies jedoch ab. Daraufhin präsentierte die Kommission 2013 einen

3 Aufschlussreich ist in diesem Zusammenhang die Debatte über die Motivation für die Befolgung von internationalen Normen und Regeln, die in den IB insbesondere in der Compliance-Literatur geführt wird (Chayes/Handler Chayes 1993; Hurd 1999).

Vorschlag für ein System für die Überwachung, Prüfung und Berichterstattung von CO_2-Emissionen aus dem Seeverkehr, das die EU nunmehr als Vorbild für eine zu einem späteren Zeitpunkt einzuführende marktbasierte Maßnahme auf internationaler Ebene betrachtet.

4. Die EU in der ICAO und der IMO

Anders als ihre Mitgliedstaaten verfügt die EU weder in der ICAO noch in der IMO über eine Vollmitgliedschaft. In der ICAO hat die Europäische Gemeinschaft und in der IMO die Europäische Kommission lediglich einen Beobachterstatus inne. Dennoch gelang es der EU, insbesondere aufgrund des Engagements der Kommission, Einfluss auf die beiden Verhandlungsprozesse zur Regulierung der Treibhausgasemissionen zu nehmen.[4] Auf der Basis der Primär- und Sekundärliteratur werden die EU-Klimaschutzstrategien in beiden internationalen Organisationen kurz skizziert und schließlich hinsichtlich der Leadership-Leistung der EU analysiert.

Es wird gezeigt, dass die EU in beiden internationalen Organisationen zunächst um eine auf *soft power* beruhende direktionale Leadership bemüht war. Als dies im Rahmen der ICAO misslang, setzte die EU ihre Marktmacht ein und versuchte, die übrigen Vertragsstaaten zur Akzeptanz des EU ETS zu zwingen. Dieser Strategiewechsel hin zu *hard power* – welcher meiner Definition von direktionaler Leadership widerspricht – beeinträchtigte nicht nur in der IMO, sondern auch in der ICAO die Bemühungen der EU, in den jeweiligen internationalen Verhandlungen richtungsweisende Impulse hinsichtlich des Emissionshandels zu geben.

a) Die Klimaschutzstrategien der EU in der ICAO

(1) Forderung nach einem globalen marktbasierten Mechanismus

Auf den Sitzungen der ICAO-Vollversammlung, die zwischen 1998 und 2004 stattfanden, versuchte die EU zunächst, den europäischen Standpunkt zu den steigenden Luftverkehrsemissionen und der Notwendigkeit des Klimaschutzes deutlich zu machen und die Verhandlungen im Sinne einer gemeinsamen globalen Politiklösung voranzubringen. In ihrer Argumentation griff die EU auf einen Sonderbericht des IPCC (1999) zurück, in dem marktbasierte Mechanismen als ein noch unerprobter, aber geeigneter Ansatz zur Regulierung von Treibhausgasemissionen empfohlen

4 Vgl. zum Zusammenspiel von EU und IMO bzw. von Europäischer Kommission und den EU-Mitgliedstaaten in der IMO Van Leeuwen/Kern (2013) und Gulbrandsen (2013).

worden waren. 2001 begrüßte die ICAO-Vollversammlung die Entwicklung eines offenen Emissionshandelssystems für den internationalen Luftverkehr zunächst, beschloss jedoch 2004, kein eigenes Emissionshandelssystem zu etablieren. Stattdessen sprach sich die Vollversammlung dafür aus, den internationalen Luftverkehr in bestehende staatliche Emissionshandelssysteme zu integrieren (ICAO Assembly 2004: 48).

Die von der ICAO anfangs befürwortete Etablierung eines globalen Emissionshandelssystems war von der EU-Ratspräsidentschaft unterstützt worden, indem sie wissenschaftliche Erkenntnisse in den Verhandlungsprozess einbrachte, um die ökologischen und ökonomischen Vorzüge einer solchen Maßnahme zu untermauern. Die Europäische Kommission nutzte die ICAO-Foren, um das Vorgehen der EU hinsichtlich des EU ETS zu erläutern. Überdies unterstützte sie die ICAO bei der Erarbeitung von nicht bindenden Richtlinien für jene Staaten, welche die Treibhausgasemissionen des internationalen Luftverkehrs in ihre Emissionshandelssysteme integrieren wollten. Zwar gelang es der Kommission, ihre Erfahrungen mit dem Emissionshandel in die Beratungen einzubringen (ICAO 2007: 156), dennoch war sie unzufrieden mit dem zögerlichen Voranschreiten der ICAO und erklärte, dass die EU eine Führungsrolle übernehmen müsse, um den Verhandlungsprozess voranzubringen (European Commission 2003: 23).

(2) Präsentation des EU ETS als globales Modell

Im Zeitraum von 2007 bis 2010 setzte die ICAO ihre Überlegungen zu marktbasierten Ansätzen zur Regulierung von Treibhausgasemissionen fort. 2007 verabschiedete die ICAO-Vollversammlung eine Resolution, welche – mit Blick auf die Einführung von Emissionshandelssystemen – die Prinzipien der Nichtdiskriminierung und gleicher und gerechter Möglichkeiten zur Entwicklung des Luftverkehrs sowie der gemeinsamen, aber unterschiedlichen Verantwortung bei der Bekämpfung des Klimawandels hervorhob. Überdies wies die Vollversammlung die Vertragsstaaten an, die Luftfahrtbetreiber anderer Vertragsstaaten nur bei gegenseitigem Einvernehmen in ihr Emissionshandelssystem einzubeziehen.

Auf dieser Sitzung der ICAO-Vollversammlung versuchte die EU-Ratspräsidentschaft vergeblich, den Richtlinienvorschlag der Kommission zur Einbeziehung des Luftverkehrs in das EU ETS mit der bisherigen Politik der ICAO zu legitimieren und das EU ETS als „model for aviation emissions trading that can be extended or replicated worldwide" (2007: 4) zu präsentieren. Den Vorwurf, dass die EU-Richtlinie zur Einbeziehung des Luftverkehrs in das EU ETS den Prinzipien der Souveränität und Nicht-Diskriminierung widerspricht, wies die Ratspräsidentschaft zurück (Bogojevic 2012: 349). Auf Anraten der Kommission erläuterte sie die strittige EU-Richtlinie und wies auf die Ausnahmeregelungen hin. Ferner stellte die Ratspräsidentschaft in Aussicht, das EU ETS an die Vorgaben der ICAO anzupassen, sollte diese globale Maßnahmen verabschieden. Dass die ICAO letztlich keine verbindlichen Ziele zur Regulierung der Treibhausgasemissionen annahm, wurde von der Kommission mit den Worten kommentiert: „[O]ne finds ICAO more prone to slowing down or even trying to block those that have the will and means to take action“ (European Commission 2007: 1).

(3) Oktroyieren des EU ETS

Die Richtlinie 2008/101/EG sieht vor, die Aktivitäten des Luftverkehrssektor ab dem 1. Januar 2012 in das EU ETS einzubeziehen. Daher diskutierte der ICAO-Rat die strittige Richtlinie auf seiner Tagung im November 2011. Die nichteuropäischen Vertragsstaaten der ICAO lehnten das EU ETS ab und argumentierten, das EU ETS laufe dem Souveränitätsprinzip zuwider (Scott/Rajamani 2012). Schließlich erklärte der ICAO-Rat (2011: 2) in einer Deklaration seine Absicht „to continue to work together to oppose the imposition of the ETS“.

Kurz nach dieser Tagung, im Dezember 2011, erklärte der Europäische Gerichtshof (EuGH) das EU ETS für rechtmäßig – geklagt hatten einige nordamerikanische Fluggesellschaften. Laut EuGH-Urteil verstößt das EU ETS weder gegen die Grundsätze des Völkerrechts noch gegen andere relevante internationale Verträge, so dass der Einbezug des internationalen Luftverkehrs in das EU ETS am 1. Januar 2012 beginnen konnte. In der Folge verschärfte sich der Konflikt zwischen der EU und den Gegnern des EU ETS. Entscheidend für den weiteren Verhandlungsverlauf waren die in Aussicht gestellten Vergeltungsmaßnahmen Chinas; die chinesische Regierung hatte angekündigt, Flugzeugbestellungen zurückzuziehen, sollte die EU an den strittigen Bestimmungen ihrer Richtlinie festhalten. Den Verlust von Arbeitsplätzen befürchtend, überdachten die Regierungen der betroffenen EU-Mitgliedstaaten (Deutschland, Frankreich, Großbritannien und Spanien) ihre Standpunkte, und die gemeinsame europäische Position zerbrach. Die zuständigen Minister der genannten EU-Mitgliedstaaten kündigten an, sich nicht länger für das EU ETS, sondern für eine gemeinsame Lösung innerhalb der ICAO einzusetzen.

Der internationale Konflikt, welcher aus der EU-Haltung zum Emissionshandel entstanden war, veranlasste die ICAO zum Handeln. Eine hochrangige Arbeitsgruppe wurde eingesetzt, um die Möglichkeiten für einen globalen marktbasierten Mechanismus zu evaluieren. Im Oktober 2013 beschloss die ICAO-Vollversammlung, einen globalen marktbasierten Mechanismus zur Regulierung von Treibhausgasemissionen bis 2016 zu entwickeln, der 2020 umgesetzt werden soll. Als „Reaktion auf den Fortschritt“ (Europäische Kommission 2013 a) wurde im April 2014 eine EU-Verordnung erlassen, die eine Ausnahmebestimmung für Flüge von oder nach Flugplätzen in Ländern außerhalb des Europäischen Wirtschaftsraums vorsieht, so dass zwischen 2013 und 2016 die in der Richtlinie 2003/87/EG genannten Melde- und Abgabeverpflichtungen nur für Treibhausgasemissionen aus Flügen innerhalb des Europäischen Wirtschaftraums gelten. Damit war der ursprüngliche Vorschlag der Kommission – unterstützt vom Umweltausschuss des Europäischen Parlaments –, bei Flügen von und nach Drittstaaten die Treibhausgasemissionen der Flugstrecke zumindest anteilig zu erfassen, fallengelassen worden.

b) Die Klimaschutzstrategien der EU in der IMO

(1) Forderung nach konkreten Maßnahmen zur Verringerung der Treibhausgasemissionen

Nach der Annahme des Kyoto-Protokolls intensivierte auch die IMO ihre Klimaschutzaktivitäten (Oberthür 2003: 195). Das Umweltschutzkomitee der IMO (MEPC) wurde beauftragt, eine Strategie zur Regulierung der Treibhausgasemissionen des Seeverkehrs zu entwickeln (IMO 2003). Der Rat der EU drängte die Mitgliedstaaten und die Kommission zur Kooperation, um gemeinsam zu den Aktivitäten des MEPC beizutragen. Die vom Rat (2001: 6) befürwortete konkrete und ambitionierte Strategie zur Verringerung der Treibhausgasemissionen wurde auf der Sitzung der IMO-Vollversammlung im Jahr 2003 indes nicht angenommen.

Erst 2006 nahm das MEPC einen Arbeitsplan an, um Maßnahmen zur Verringerung der Treibhausgasemissionen zu entwickeln (IMO 2014 a). Da technische Maßnahmen hinsichtlich des Designs neuer Schiffe als grundlegend betrachtet wurden, sollte ein Energy Efficiency Design Index für neue Schiffe entwickelt werden. Des Weiteren sollte für alle Schiffe ein Managementplan zur Energieeffizienz vorgelegt werden. Optionen für einen marktbasierten Mechanismus wurden ebenfalls diskutiert, darunter eine CO_2-Steuer für den internationalen Schiffsverkehr und ein Emissionshandelssystem (Bodansky 2011: 7).

(2) Das EU ETS als globales Modell

Seit 2007 setzte sich die IMO verstärkt mit dem Thema Klimaschutz und Schiffsverkehr auseinander und diskutierte das Potenzial von marktbasierten Mechanismen hinsichtlich der Verringerung von Treibhausgasemissionen (IMO 2014 b). Auch die Einführung eines Emissionshandels für den Seeverkehr stand auf der Agenda. 2009 erkannte das MEPC, dass die bisher getroffenen Maßnahmen nicht ausreichen würden, um die Treibhausgasemissionen zu begrenzen. Daher wurde vereinbart, auf einen marktbasierten Mechanismus zurückzugreifen. Die Mitgliedstaaten und Beobachterorganisationen der IMO wurden aufgefordert, entsprechende Vorschläge vorzulegen (IMO 2014 a).

In der zuständigen IMO-Arbeitsgruppe fand im April 2011 eine Debatte über Notwendigkeit und Zweck marktbasierter Mechanismen statt (MEPC 2011). Es stellte sich heraus, dass sich die Vertragsstaaten in zwei Gruppen spalteten. Während die Gruppe der Befürworter die Notwendigkeit und den Nutzen marktbasierter Mechanismen als erwiesen ansah, wies die Gruppe der Gegner dies zurück. Insbesondere China und Indien kritisierten, dass die eingereichten Vorschläge das UNFCCC-Prinzip der gemeinsamen, aber unterschiedlichen Verantwortung nicht berücksichtigten (MEPC 2008, 2010). Eine Entscheidung über die Einführung von marktbasierten Mechanismen kam nicht zustande, da in dieser Frage keine Einigung zwischen den Befürwortern (Industriestaaten) und Gegnern (Entwicklungsstaaten) erzielt worden war. Die „era of non-regulation for shipping GHGs“ (Psarafits 2012: 211) endete jedoch mit der Annahme des Energy Efficiency Design Index und des Managementplans für Energieeffizienz.

Sowohl die Europäische Kommission als auch die EU-Mitgliedstaaten engagierten sich von 2007 bis 2011 in der Debatte über marktbasierte Mechanismen und die Einführung eines Emissionshandelssystems. Insbesondere die Kommission war unzufrieden mit dem langsamen Voranschreiten der IMO. Der Generaldirektor der Generaldirektion Umwelt erklärte, dass die EU ein internationales System bevorzugen würde, fügte aber hinzu: „We are fed up waiting for Godot“ (Transport & Environment 2008). Sollte die IMO nicht aktiv werden, würde sich die EU für ein unilaterales Vorgehen entscheiden und den Seeverkehr in das EU ETS einbeziehen. Dennoch unterstützte die Kommission die IMO-Aktivitäten. Sie stellte das EU ETS als Modell vor und brachte ihre Erfahrungen – auch die negativen – mit dem EU ETS in den Diskussionsprozess ein. Da die EU-Mitgliedstaaten diesbezüglich unterschiedliche Ansichten vertraten (Kågeson 2011 b), kam eine gemeinsame europäische Position indes nicht zustande (IMO 2008, 2011).

(3) Das EU-MRV-System als Kompromiss

Bis heute hat die IMO keine angemessene Antwort auf die Anforderung des Kyoto-Protokolls, die Treibhausgasemissionen aus dem Seeverkehr zu regulieren, gefunden. Die IMO-Vertragsstaaten sind sich insbesondere über die Interpretation des in der UNFCCC verankerten Prinzips der gemeinsamen, aber unterschiedlichen Verantwortung und dessen Verhältnis zum IMO-Prinzip der Gleichbehandlung von Schiffen uneins (Kågeson 2011 a: 39). 2012 setzte der zuständige IMO-Ausschuss die Diskussion über marktbasierte Mechanismen zunächst aus.

Wegen der ausbleibenden internationalen Fortschritte zog die Europäische Kommission (2012: 3) den Einbezug des Seeverkehrs in das EU ETS noch im Frühjahr 2012 in Erwägung, und einige Umwelt-NGOs hofften, dass die Androhung eines unilateralen Vorgehens die internationalen Verhandlungen beschleunigen würde (Germanwatch 2012). Andere Experten nahmen hingegen an, dass „the EU has not got the stomach for a war on two fronts" (New York Times 2011). Aufgrund ihrer Erfahrungen mit der ICAO betrachtete die Kommission einen wiederholten Alleingang der EU letztlich skeptisch. Ein Kommissionsbeamter wurde mit den Worten zitiert: „The aviation [dispute] shows us that this is probably not the right way to go because if it fails, what have we won beside bad blood and bitterness?" (The Guardian 2011). Ähnlich betonte der EU-Verkehrskommissar: „I don't think that a unilateral solution can be a good answer because it can create a lot of political resistance" (The Guardian 2011).

Überdies ergab eine von der Kommission durchgeführte Konsultation, dass die Schiffsindustrie einen Alleingang der EU ablehnte. Daraufhin erarbeite die Kommission eine neue Initiative zur Regulierung der Treibhausgasemissionen des Seeverkehrs, die sie im Juni 2013 vorstellte. Als ersten Schritt einer EU-Strategie legte die Kommission einen Vorschlag für eine Verordnung über die Überwachung von, Berichterstattung über und Prüfung von CO_2-Emissionen aus dem Seeverkehr (Monitoring, Reporting and Verification (MRV-System)) vor. Neben dem MRV-System umfasst die Kommissionsstrategie zwei weitere Elemente: Das Festschreiben von Emissionsreduktionszielen für den Seeverkehrssektor und, mittel- oder langfristig, die Implementation weiterer Maßnahmen – hierunter fallen auch marktbasierte Mechanismen.

Mit dieser Initiative will die Kommission (2013 b) den internationalen Verhandlungsprozess beschleunigen und zu einer effektiven Lösung beitragen; das EU-MRV-System soll „als Modell für die Umsetzung eines globalen MRV-Systems dienen. Ein globales MRV-System wäre vorzuziehen, da es wegen des breiteren Anwendungsbereichs als wirksamer erachtet werden könnte. […] Wird eine Einigung über ein globales MRV-System erzielt, sollte die Kommission das EU-MRV-System überarbeiten, um es an das globale System anzugleichen" (Europäische Kommission 2013 b: 15).

5. Die Leadership-Bilanz der EU in der ICAO und der IMO

Seit dem Ende der 1990er Jahre bemüht sich die EU, die Klimaschutzaktivitäten der ICAO und der IMO entsprechend den Bestimmungen des Kyoto-Protokolls voranzubringen. Zu diesem Zweck verfolgte die EU in den beiden Verhandlungsprozessen jeweils drei Strategien. Zunächst unterstützte die EU die anfänglichen Klimaschutzbemühungen beider Organisationen und setzte sich für ambitionierte Klimaschutzziele und die Etablierung eines globalen marktbasierten Mechanismus zur Regulierung der Treibhausgasemissionen ein. Anschließend stellte die EU das EU ETS als Modell für ein weltweites System vor und versuchte – auf jeweils unterschiedliche Weise – die Vertragsstaaten beider Foren zur Akzeptanz des EU ETS zu bewegen. Schließlich billigte die EU das langsamere und weniger ehrgeizige Vorgehen der internationalen Organisationen bei der Regulierung der Treibhausgasemissionen. In beiden internationalen Verhandlungsprozessen setzte sich insbesondere die Europäische Kommission für das EU ETS ein. Dass die Einflussmöglichkeiten der Kommission hinsichtlich der ICAO-Verhandlungen größer als in jenen der IMO war, lässt sich darauf zurückführen, dass die EU-Mitgliedstaaten die Politikoption des EU ETS im Rahmen der ICAO, anders als in der IMO, einvernehmlich befürworteten – zumindest bis zum Zeitpunkt der in Aussicht gestellten Handelssanktionen.

Anfangs entsprachen die Aktivitäten der EU der Definition direktionaler Leadership; insgesamt kann jedoch nicht von einer erfolgreichen direktionalen Leadership der EU die Rede sein. Zu Beginn der Verhandlungen war es der EU gelungen, die Aufmerksamkeit der Vertragsstaaten auf das Problem steigender Treibhausgasemissionen des Flug- bzw. des Seeverkehrs zu lenken; später konnte die EU ihre Erfahrungen mit dem Emissionshandel einbringen. Obwohl die EU ökonomische und ökologische Argumente für einen globalen marktbasierten Ansatz und das EU ETS vorgebracht hatte, konnte sie jedoch weder die Vertragsstaaten der ICAO noch jene der IMO von den Vorzügen eines um den Luft- bzw. Seeverkehr erweiterten Emissionshandelssystems nach europäischem Vorbild überzeugen.

Im Vergleich zu ihren ambitionierten Verhandlungszielen hat die EU in beiden internationalen Organisationen nur wenig erreicht. Hierzu trug die Reaktion der EU auf die Ablehnung ihrer Vorschläge zur Regulierung der Treibhausgasemissionen in der ICAO maßgeblich bei. Die EU hatte versucht, ihre Marktmacht einzusetzen (Staniland 2012: 1018) und den ICAO-Vertragsstaaten das EU ETS aufzuzwingen. Dieses unilaterale Handeln hatte die Androhung von Handelssanktionen zur Folge, welche die EU schließlich veranlasste, von den ursprünglichen Bestimmungen des EU ETS abzurücken und stattdessen das gemäßigte Vorgehen der ICAO hinsichtlich der Regulierung von Treibhausgasemissionen – der geplante globale marktbasierte Mechanismus soll erst 2020 umgesetzt werden – zu akzeptieren. Dies wurde insbesondere von Umwelt-NGOs bedauert. Der Versuch der EU, mittels *hard power* die Klimaschutzaktivitäten der ICAO voranzubringen, entspricht zwar nicht der obigen Definition von Leadership, sorgte jedoch für eine Beschleunigung der Verhandlungen. Dies allerdings nur vorübergehend; letztlich wurde dadurch der Verhandlungsspielraum der EU in der IMO eingeschränkt. Dies zeigt, dass der Rückgriff auf *hard power* den Zielen der direktionalen Leadership entgegenstehen kann und nicht notwendigerweise – wie von Parker u. a. angenommen (2012: 272) – zu substanziellen Verhandlungsresultaten führt.

Wie im zweiten Kapitel ausgeführt, handelt es sich bei direktionaler Leadership um eine freiwillige Beziehung zwischen *leader* und *followers*; Leadership ist zielorientiert, gründet auf den *soft power*-Ressourcen eines Akteurs und wird an der Zielerreichung gemessen. Die illustrativen Fallstudien haben gezeigt, dass die EU aufgrund ihres Engagements für nachhaltige, multilaterale Politiklösungen und wegen ihrer Erfahrungen mit dem Emissionshandel für eine direktionale Leadership geeignet erschien. Dass die EU einer solchen Vorreiterrolle bislang nur ansatzweise gerecht wurde, lässt sich indes nicht ausschließlich mit dem mangelnden Verhandlungsgeschick der EU erklären. Die USA bildeten zusammen mit China, Russland, Indien und Südafrika eine mächtige Koalition innerhalb der ICAO, die nicht bereit war, das Vorgehen und den Alleingang der EU zu akzeptieren (Luhmann 2014: 3).

Es soll nicht ausgeschlossen werden, dass der Einsatz von *hard power* zu einem Wandel in Richtung Umweltschutz beitragen kann. Allerdings ist nicht ersichtlich, weshalb die Ausübung von Zwang und die Verhängung von Sanktionen in der IB-Literatur unter dem Begriff Leadership subsumiert werden. Wird der Begriff Leadership zu weit gefasst, fällt jede Art der Machtausübung darunter – dies erschwert die theoretische Abgrenzung zu anderen Konzeptionen, wie beispielsweise Hegemonie, und ist letztlich der empirischen Analyse nicht dienlich.

Literatur

Andresen, Steinar/Agrawala, Shardul, 2002: Leaders, pushers and laggards in the making of the climate regime, in: Global Environmental Change 12 (1), 41-51.

Bäckstrand, Karin/Elgström, Ole, 2013: The EU's role in climate change negotiations: from leader to „leadiator", in: Journal of European Public Policy 20 (10), 1369-1386.

Bodansky, Daniel, 2011: Multilateral climate efforts beyond the UNFCCC: Center for Climate and Energy Solutions, http://papers.ssrn.com/sol3/papers.cfm?abstract_id=19 (Stand: 07.10.2014).

Bogojevic, Sanja, 2012: Legalising environmental leadership: a comment on the CJEU's ruling in C-366/10 on the inclusion of aviation in the EU emissions trading scheme, in: Journal of Environmental Law 24 (2), 345-356.

Burns, James MacGregor, 1979: Leadership, New York.

Chayes, Abram/Handler Chayes, Antonia, 1993: On compliance, in: International Organization 47 (2), 175-205.

Council of the European Union, 2001: Council Conclusions: Climate Change – Preparation of COP 7, 13439/01.

Elgström, Ole, 2007: The European Union as a leader in international multilateral negotiations – a problematic aspiration?, in: International Relations 21 (4), 445-458.

Europäische Kommission, 2013 a: Vorschlag für eine Richtlinie des Europäischen Parlaments und des Rates zur Änderung der Richtlinie 2003/87/EG, COM 2013 (722) final.

Europäische Kommission, 2013 b: Vorschlag für eine Verordnung des Europäischen Parlaments und des Rates über die Überwachung von, Berichterstattung über und Prüfung von Kohlendioxidemissionen aus dem Seeverkehr und zur Änderung der Verordnung Nr. 525/2013, COM 2013 (480) final.

European Commission, 2003: Second ECCP progress report – can we meet our Kyoto targets?, http://ec.europa.eu/clima/policies/eccp/docs/second_eccp_report_en.pdf (Stand: 07.10.2014).

European Commission, 2007: Written statement of reservation made at the 36th ICAO Assembly, http://ec.europa.eu/transport/modes/air/international_aviation/european_community_icao/doc/memo_eu_statement.pdf (Stand: 07.10.2014).

European Commission, 2012: Environment for Europeans. An economic challenge for the environment 46, Brüssel.

Germanwatch, 2012: Verhandlungsstillstand bei Internationaler Seeschifffahrtsorganisation, http://germanwatch.org/de/5418 (Stand: 07.10.2014).

Groen, Lisanne/Niemann, Arne/Oberthür, Sebastian, 2012: The EU as a global leader? The Copenhagen and Cancun UN Climate Change Negotiations, in: Journal of Contemporary European Research 8 (2), 173-191.

Grubb, Michael/Gupta, Joyeeta, 2000: Leadership. Theory and methodology, in: Joyeeta Gupta/Michael Grubb (Hrsg.), Climate Change and European Leadership. A Sustainable Role for Europe?, Dordrecht, 15-24.

Gulbrandsen, Christer, 2013: Navigating from conflict to working arrangement: EU coordination in the International Maritime Organization, in: Journal of European Integration 35 (7), 749-765.

Hurd, Ian, 1999: Legitimacy and authority in international politics, in: International Organization 53 (2), 379-408.

ICAO, 2007: Environmental report, http://legacy.icao.int/icao/en/env 2010/pubs/env_report_07.pdf (Stand: 07.10.2014).

ICAO Assembly, 2004: Assembly resolutions in force (Doc. 9849), http://legacy.icao.int/env/a35-5.pdf (Stand: 07.10.2014).

ICAO Council, 2011: 194th Council session (C-min/194/2), http://ec.europa.eu/clima/policies/transport/aviation/docs/minutes_icao_en.pdf (Stand: 07.10. 2014).

IMO, 2003: IMO policies and practices related to the reduction of GHG emissions from ships, http://www.imo.org/blast/blastDataHelper.asp?data_id=26597&filename= A963%2823%29.pdf (Stand: 07.10.2014).

IMO, 2008: Key design elements for designing a „cap and trade“ greenhouse gas emissions trading scheme (GHG-WG 1/5/3), http://www.sjofartsverket.se/pages/16278/1-5-3.pdf (Stand: 07.10.2014).

IMO, 2011: Need and purpose of an MBM: Information on experience with the European Union Emissions Trading Scheme and the carbon market (GHG-WG 3/INF. 3).

IMO, 2014 a: Market-based measures, http://www.imo.org/OurWork/Environment/PollutionPrevention/AirPollution/Pages/Market-Based-Measures.aspx (Stand: 07.10.2014).

IMO, 2014 b: Pollution prevention. Historic background, http://www.imo.org/OurWork/Environment/PollutionPrevention/AirPollution/Pages/Historic%20-Background%20GHG.aspx (Stand: 07.10.2014).

IPCC, 1999: Special report on aviation and the global atmosphere. Summary for policymakers, http://www.ipcc.ch/pdf/special-reports/spm/av-en.pdf (Stand: 07.10.2014).

Kågeson, Per, 2011 a: Applying the principle of common but differentiated responsibility to the mitigation of greenhouse gases from international shipping, Centre for Transport Studies, CTS working paper 5, http://econpapers.repec.org/paper/hhsctswps/2011_5f005.htm (Stand: 07.10.2014).

Kågeson, Per, 2011 b: Options for Europe when acting alone on CO_2 emissions from shipping. ECCP WG Ships. Background document, http://ec.europa.eu/clima/events/0036/options_en.pdf (Stand: 07.10.2014).

Karlsson, Christer/Parker, Charles F./Hjerpe, Mattias/Linner, Björn-Ola, 2011: Looking for leaders: perceptions of climate change leadership among climate change negotiation participants, in: Global Environmental Politics 11 (1), 89-107.

Kindleberger, Charles P., 1986: Hierarchy versus inertial cooperation, in: International Organization 40 (4), 841-847.

Lindenthal, Alexandra, 2009: Leadership im Klimaschutz: Die Rolle der Europäischen Union in der internationalen Umweltpolitik, Frankfurt a. M.

Lindenthal, Alexandra, 2014: Aviation and climate protection: EU leadership within the International Civil Aviation Organization, in: Environmental Politics 23 (6), 1064-1081.

Luhmann, Hans-Jochen, 2014: Climb-down in climate protection? EU facing a far-reaching decision in aviation policy. Friedrich-Ebert-Stiftung, http://library.fes.de/pdf-files/iez/global/10477.pdf (Stand: 07.10.2014).

MEPC, 2008: Prevention of air pollution from ships. Application of the principle of „common but differentiated responsibilities“ to the reduction of greenhouse gas emissions from international shipping, MEPC 58/4/32.

MEPC, 2010: Uncertainties and problems in market-based measures, MEPC 61/5/24.

MEPC, 2011: Reduction of GHG emissions from ships. Report of the third intersessional meeting of the working group on GHG emissions from ships, MEPC 62/5/1.

New York Times, 2011: European pollution regulations face challenge, 10.04.2011, http://www.nytimes.com/2011/04/11/business/energy-environ-ment/11-green.html?_r=0 (Stand: 07.10.2014).

Nye Jr., Joseph S., 2004: Soft Power. The Means to Success in World Politics, New York.

Nye Jr., Joseph S., 2008: The Powers to Lead, New York.

Oberthür, Sebastian, 2003: Institutional interaction to address greenhouse gas emissions from international transport: ICAO, IMO and the Kyoto Protocol, in: Climate Policy 3 (3), 191-205.

Oberthür, Sebastian/Ott, Hermann E., 2000: Das Kyoto-Protokoll: Internationale Klimapolitik für das 21. Jahrhundert, Opladen.

Parker, Charles F./Karlsson, Christer, 2010: Climate change and the European Union's leadership moment: an inconvenient truth?, in: Journal of Common Market Studies 48 (4), 923-943.

Parker, Charles F./Karlsson, Christer/Hjerpe, Mattias/Linner, Björn-Ola, 2012: Fragmented climate change leadership: making sense of the ambiguous outcome of COP-15, in: Environmental Politics 21(2), 268-286.

Presidency of the EU Council, 2007: The European Union's commitment to cooperation with the world aviation community, http://ec.europa.eu/transport/modes/air/international_aviation/european_community_icao/doc/info_paper_icao_en.pdf (Stand: 07.10.2014).

Psarafits, Harilaos N., 2012: Market-based measures for greenhouse gas emissions from ships: a review, in: WMU Journal of Maritime Affairs 11 (2), 211-232.

Scott, Joanne/Rajamani, Lavanya, 2012: EU climate change unilateralism, in: European Journal of International Law 23 (2), 469-494.

Skodvin, Tora/Andresen, Steinar, 2006: Leadership revisited, in: Global Environmental Politics 6 (3), 13-27.

Skovgaard, Jakob, 2014: EU climate policy after the crisis, in: Environmental Politics 23 (1), 1-17.

Staniland, Martin, 2012: Regulating aircraft emissions: leadership and market power, in: Journal of European Public Policy 19 (7), 1006-1025.

The Guardian, 2011: Global maritime carbon deal ‚dead in the water', 30.06.2011, http://www.theguardian.com/environment/2011/jun/30/global-maritime-carbon-deal (Stand: 07.10.2014).

Transport & Environment, 2008: Brussels hints at including shipping in ETS, http://www.transportenvironment.org/news/brussels-hints-including-shipping-ets (Stand: 07.10.2014).

Underdal, Aril, 1994: Leadership theory: rediscovering the arts of management, in: I. William Zartmann (Hrsg.), International Multilateral Negotiation. Approaches to the Management of Complexity, San Francisco, 178-200.

Van Leeuwen, Judith/Kern, Kristine, 2013: The external dimension of European Union marine governance: institutional Interplay between the EU and the International Maritime Organization, in: Global Environmental Politics 13 (1), 69-87.

Wurzel, Rüdiger K. W./Connelly, James, 2012: Introduction: European Union political leadership in international climate change politics, in: Rüdiger K. W. Wurzel/James Connelly (Hrsg.), The European Union as a Leader in International Climate Change Politics, London/New York, 3-20.

Young, Oran R., 1991: Political leadership and regime formation: on the development of institutions in international society, in: International Organization 45 (3), 281-308.

Korrespondenzanschrift:

Dr. Alexandra Lindenthal
Umweltbundesamt
Fachgebiet I 1.1 Grundsatzfragen, Nachhaltigkeitsstrategien und -szenarien, Ressourcenschonung
Wörlitzer Platz 1
06844 Dessau

Philip Wallmeier

Dissidenz als Lebensform. Nicht-antagonistischer Widerstand in Öko-Dörfern[1]

Kurzfassung

Im Bereich der Umweltpolitik gewinnen derzeit Akteure an Prominenz, die sich selbst als widerständig verstehen, obwohl sie keinen Antagonisten klar benennen können oder wollen: Im Rahmen von Initiativen solidarischer Landwirtschaft, der Transition-Bewegung oder Öko-Dörfern schaffen Aktivist/innen alternative Ordnungen, anstatt sich primär gegen bestimmte Gruppen oder Institutionen zu wenden. Durch die empirische Analyse der Praxis in Öko-Dörfern liefert dieser Beitrag Konzepte um den ‚kritischen Stachel' dieser nicht-antagonistischen Form von Widerstand zu benennen.

Zu diesem Zweck wird der Praxiszusammenhang in Öko-Dörfern als *dissidente Lebensform* bestimmt. In Alltagshandlungen überwinden Aktivist/innen die Dichotomien Mensch/Natur, ich/du, Mittel/Zweck und bringen so gemeinsame Gestaltungsfähigkeit, ‚power with', hervor. So machen Ökodörfler/innen verschleierte Interdependenzen sichtbar, befreien sich von den Zwängen übergreifender Institutionen, lassen Widersprüche in der derzeit dominanten Lebensform sichtbar werden und bringen neue Weltbezüge und Subjektivitäten hervor. Insofern erlauben die eingeführten Konzepte diese nicht-antagonistische Form von Widerstand als Gegenbewegung zur derzeit dominanten Lebens*form* zu benennen.

1 Für Kommentare zu früheren Versionen danke ich den Herausgeberinnen dieses Sonderbands, Lena Partzsch und Sabine Weiland, sowie zwei Reviewer/innen für produktive Kritik, Ratschläge und Literaturhinweise.

Inhalt

1. Einleitung

Widerstand lässt sich ohne Antagonisten nur schwer denken. Und doch gewinnen im Bereich der Umweltpolitik derzeit Akteure an Prominenz, die sich selbst als widerständig verstehen, obwohl sie kein Anderes, gegen das sich ihr Widerstand richtet, klar benennen können oder wollen. Als Beispiele seien hier nur Initiativen solidarischer Landwirtschaft, die Transition-Bewegung oder Öko-Dörfer, von denen dieser Beitrag handelt, genannt.

Die Bewohner/innen von Öko-Dörfern versuchen, in Abgrenzung zum ‚Mainstream', den sie mit Konkurrenz, Kurzfristigkeit und Individualismus verbinden, kooperativ, nachhaltig und gemeinschaftlich zu leben. Weil sie ihren eigenen Alltag verändern, anstatt sich vornehmlich gegen benennbare Gruppen oder politische Institutionen zu wenden, bleibt die Praxis von Ökodörfler/innen aus politikwissenschaftlicher Sicht als Widerstand häufig unlesbar (Schehr 1997). Zwar kann ihr Handeln teilweise durch die Benennung eines abstrakten Anderen (z. B. die neoliberale Globalisierung) als Gegenbewegung lesbar gemacht werden; durch ein solches Vorgehen tritt aber die Besonderheit dieses Widerstands aus dem Blickfeld, der sich weniger an einem Antagonisten, als an der Herstellung gemeinsamer Gestaltungsmacht, ‚power with', orientiert (vgl. Partzsch in diesem Band). Zur Analyse der Praxis von Ökodörfler/innen im globalen Norden, schlägt dieser Beitrag daher Konzepte vor, die das Aufschlüsseln ihres Handelns *als* Widerstand ermöglichen, ohne den Aktivist/innen dabei einen Antagonisten zuzuschreiben. So wird ihr Widerstand als dissidente Gegenbewegung zur derzeit dominanten Lebens*form* verständlich.

Der Beitrag geht in drei Schritten vor. Zuerst wird das bereits angerissene Spannungsfeld aufgeschlüsselt: Ich beschreibe das Selbstverständnis von Öko-Dörfler/innen als ein widerständiges, das sich aber nicht primär über einen Antagonisten, sondern über die Vorstellung einer besseren Welt bestimmt. Diese Form von Widerstand bezeichne ich in Abgrenzung zu ‚Opposition' als ‚Dissidenz' (Kapitel 2). In einem zweiten Schritt rekonstruiere ich die dissidente Praxis von Ökodörfler/innen als Lebensform, welche gemeinsame Gestaltungsmacht (‚power with') hervorbringt, indem die Trennungen Mensch/Natur, ich/du, Mittel/Zweck überwunden werden. Damit machen Ökodörfler/innen verschleierte Interdependenzen sichtbar und befreien sich von den Zwängen übergreifender Institutionen (‚power over')[2] und unbeabsichtigten ‚externen Effekten' (Kapitel 3). So lässt sich diese dissidente Praxis zwar nicht als Gegenbewegung zur Mehrheitsgesellschaft, wohl aber zu deren Lebensform verstehen. Das widerständige Moment dieser dissidenten Praxis besteht darin, dass Öko-Dörfer Widersprüche in der derzeit dominanten Lebensform sichtbar werden lassen, indem sie neue Weltbezüge und Subjektivitäten hervorbringen (Kapitel 4).

2. Problemaufriss: Der Widerstand in Öko-Dörfern

„[T]oday the dominant form of commercial globalization is to be resisted if we want to bring about a truly harmonious and equitable world" (Jackson 2002: 129). Trotz der bedeutsamen Unterschiede, die sich zwischen Öko-Dörfern ausmachen lassen,[3] fasst Hildur Jackson als prominente Vertreterin der ‚Ökodorfbewegung' in diesem Zitat knapp zusammen, worum es vielen ihrer Mitstreiter/innen geht. Der erste Teil dieses Zitats („to be resisted") verweist auf das widerständige Verhältnis von Ökodörfler/innen zur *Form* der globalen polit-ökonomischen Ordnung, weil diese Mensch und Natur zerstört und zu einer Vielfachkrise führt. Zu dieser Vielfachkrise zählen die Akteure unter anderem Umweltzerstörung, Hungerkatastrophen und Epidemien im globalen Süden sowie Vereinsamung, soziale Spaltung und Leerlaufen der repräsentativen Demokratie im globalen Norden (Jackson 2004). Der zweite Teil des Zitats („bring about a truly harmonious and equitable world") verweist darauf, dass mit diesem Widerstand der Anspruch auf eine fundamentale

2 Zu den verwendeten Machtkonzeptionen ‚power with' und ‚power over', vgl. den Beitrag von Partzsch in diesem Band.

3 In diesem Aufsatz sehe ich über die Heterogenität der ‚Bewegung' hinweg, um das dieser Form von Widerstand Gemeinsame herauszuarbeiten.

Transformation einhergeht. Ökodörfler/innen sind überzeugt, dass diese Transformation hin zu einer besseren Welt weder in der stillen Kammer erdacht, noch durch konfrontativen Protest oder durch Verordnungen von oben hervorgebracht werden kann. Stattdessen versuchen sie der beschriebenen Vielfachkrise durch *gelebte* Alternativen beizukommen: Orte, an denen sie in Abgrenzung zum ‚Mainstream', der mit Konkurrenz, Kurzfristigkeit und Individualismus verbunden wird, kooperativ, nachhaltig und gemeinschaftlich leben wollen. Weil Öko-Dörfer bewusst gegründet werden, um gemeinschaftliches Leben zu ermöglichen, werden sie auch als (ökologisch orientierte) „Intentionale Gemeinschaften" (Grundmann u. a. 2006; Bohill 2010) bezeichnet, von denen es Schätzungen zufolge weltweit ca. 12.000 gibt (Grundmann/Kunze 2013: 360). Ein Großteil dieser ‚Alternativen' sind dörflich organisierte Lebensgemeinschaften, deren Gründungsjahr zwischen die späten 1970er und frühen 2000er Jahren fällt; einige wurden im Zuge der New Age Bewegung oder als Landkommune gegründet. Dabei unterscheiden sich die heutigen Öko-Dörfer aber von den Kommunen der 1970er Jahre nicht nur in ihrer Selbstbezeichnung (Pepper 1991; Marcus/Wagner 2012). Im Vergleich zu den frühen Kommunen sind sie meist enger in transnationale Netzwerke eingebunden. Zudem konstatieren Grundmann und Kunze (2009: 364 f.) für die ‚Bewegung' insgesamt „einen Entwicklungstrend hin zu zunehmender Differenzierung und Reflexionsfähigkeit der beteiligten Akteure".

Da Ökodörfler/innen Alltagshandeln problematisieren und Alternativen aufbauen, anstatt sich vornehmlich in lautstarkem Protest gegen bestimmte Institutionen zu richten, bleibt ihre Praxis als Widerstand häufig unlesbar (Schehr 1997; Litfin 2009: 134) oder wird, wie von Haenfler u. a. (2012), nur als Lebensstil beschrieben.[4] Dies ist insofern problematisch, als damit eine Gruppe von Aktivist/innen unverstanden bleibt, die einen radikalen (im Sinne von: an die Wurzel gehen) Transformationsanspruch erhebt. Der durch zahlreiche Publikationen bekannte Ökodörfler Jonathan Dawson (2006: 17) bringt diesen Anspruch wie folgt auf den Punkt: „The failure of governments to address this [ecological] crisis in any systematic manner has led people in unprecedented numbers to conclude that the core direction of mainstream society is so fundamentally flawed that it cannot be reformed from within but must, rather, be transcended from without". Die widerstän-

4 Ähnliche Gedanken formuliert Iris Kunze (2009: 57) in ihrer Studie über Intentionale Gemeinschaften zu der Frage: „Wie werden Bewegungen definiert, die sich nicht nur über den Protest zum Bestehenden, sondern auch über die Suche nach anderen sozialen Strukturen konstituieren?". Als Antwort führt sie das Konzept ‚experimentierende Lernfelder' ein und legt damit den begrifflichen Fokus auf die Zukunftgerichtetheit von Gemeinschaften. Im Gegensatz dazu liegt der Fokus hier auf ihrer Widerständigkeit.

dige Praxis von Ökodörfler/innen entfaltet sich also deswegen im Aufbau von Alternativen, weil sie nicht an Auseinandersetzungen innerhalb der gegebenen Ordnung, sondern an der ‚Transzendierung' dieser Ordnung orientiert ist. Jenes Handeln, das auf den ersten Blick als unkritisch missverstanden werden könnte, entpuppt sich aus dieser Perspektive als Ausdruck einer *fundamentalen* Ablehnung. Eine Unterscheidung, die diese Form von Widerstand begreifbar macht, ist die von ‚Dissidenz' und ‚Opposition' (zu dieser Unterscheidung vgl. Daase/Deitelhoff 2015; Daase 2014). Wenn ‚Opposition' die Form von Widerstand bezeichnet, welche eine Ordnung von innen zu verändern sucht, indem sie sich anhand der von dieser Ordnung bereitgestellten Mittel und Bedeutungen als Widerspruch entfaltet, bezeichnet ‚Dissidenz' jene Form von Widerstand, die auf die fundamentale Transformation dieser Ordnung abzielt, während sie sich unkonventioneller Mittel bedient und neue Bedeutungen herstellt.

Diese Leitunterscheidung liefert einen ersten konzeptionellen Rahmen zum Verständnis der Gegenbewegung von Ökodörfler/innen: Diese entfaltet sich nicht oppositionell, sondern dissident. Die empirische Analyse dieses Widerstands kann also nur mithilfe eines Interpretationsrahmens gelingen, welcher die widerständige Praxis nicht unmittelbar auf die gegebene Ordnung projiziert. Schließlich bleibt das Handeln von Ökodörfler/innen meist deswegen als Widerstand unlesbar, weil es an jenem Verständnis des Politischen und an jenen Institutionen und Machtverhältnissen gemessen wird, welche die Akteure überwinden wollen. So bleibt die ‚Andersartigkeit' dieser Praxis ebenso unsichtbar, wie das Neue, was hier entsteht. Als Dissidenz kann diese Praxis also nur mithilfe eines Interpretationsrahmens verstanden werden, der die empirische Rekonstruktion der *Eigenlogik* jener Praxiszusammenhänge erlaubt, die auf die Transzendierung der derzeitigen Ordnung und nicht lediglich auf ihre Veränderung von innen abzielen.

3. Praktiken einer dissidenten Lebensform

a) Zur Rekonstruktion dissidenter Praktiken

Um die als dissident identifizierte Praxis von Ökodörfler/innen empirisch zu rekonstruieren, bedarf es einer Untersuchung, welche die Eigenlogik dieses Widerstands zu deuten erlaubt. Um diesem Anspruch in der folgenden Analyse gerecht zu werden, folge ich der Argumentation Rahel Jaeggis (2014: 86 f.), dass „Dissidenzphänomene", ein Begriff den sie nicht weiter bestimmt, „in dem Maße in die Nähe von Lebensformen geraten, in dem sie, den herrschenden Normen und Werten widersprechend, eine vollständige Alternative zur etablierten Kultur sein wollen, also auf die Transformation der dominanten Kultur zielen". Diese Argumentation trifft auch die Intuition, welche sich in der umgangssprachlichen Bezeichnung von Wagenburgen, Kommunen und Öko-Dörfern als ‚alternative Lebensformen' ausdrückt. Wie generell in modernen Lebensformen üblich (Reckwitz 2006: 63), verbinden sich auch in den hier analysierten Gemeinschaftsprojekten bestimmte Arbeitsroutinen, Formen der persönlichen Interaktion, der Selbstbeziehung und des Konsums zu einem relativ stabilen, identifizierbaren Ganzen. Diese Bezeichnung erhält die Schärfe eines analytischen Konzepts, wenn man ‚Lebensform' als „fragile[n] Zusammenhang von sozialen Praktiken, [unter] dem Gesichtspunkt der Organisation der Alltags- und Lebenszeit von Subjekten" (Reckwitz 2005: 101) definiert. Lebensformen sind also grundlegende *Praxiszusammenhänge*: Die Art und Weise, wie Subjekte arbeiten, miteinander interagieren, welche Art von Beziehung sie zu sich selbst und zu Artefakten pflegen, ist Ausdruck von (unhintergehbaren) Werten, Wahrnehmungsweisen und Identitäten und bringt diese beständig neu hervor (Jaeggi 2014: Kap. 1-2; Rosa 2003: 65). Ziel der folgenden Analyse ist also nicht die Beschreibung von Einzelhandlungen, sondern die Rekonstruktion von Praktiken, von „know-how abhängige[n] und von einem praktischen ‚Verstehen' zusammengehaltene[n] Verhaltensroutinen, deren Wissen einerseits in den Körpern der handelnden Subjekte ‚inkorporiert' ist, die andererseits regelmäßig die Form von routinisierten Beziehungen zwischen Subjekten und von ihnen ‚verwendeten' materialen Artefakten annehmen" (Reckwitz 2003: 289). Kurz auf den Punkt gebracht: Die folgende Rekonstruktion der Praktiken von Ökodörfler/innen soll ein besseres Verständnis ihres Widerstands erlauben, indem ihre Alltagshandlungen als ineinander verwoben, als Lebensform, verstanden werden.

Für diese Rekonstruktion beziehe ich mich auf zahlreiche von Ökodörfler/innen verfasste Publikationen und Newsletter sowie auf Erfahrungen, Zitate und Eindrücke, die ich durch teilnehmende Beobachtung in zwei Öko-Dörfern über mehrere Tage und während zwei einwöchigen Vernetzungstreffen gewinnen konnte. Dieses Vorgehen ist nicht nur wegen der Methode der teilnehmenden Beobachtung ethnographisch; vielmehr impliziert der ethnographische Ansatz eine Ethik und Haltung der Offenheit (Juris/Khasnabish 2013), die sich darin entfaltet, Aktivist/innen nicht mit vorgefertigten Interpretationsrahmen zu begegnen, sondern zu ‚ertasten', welche Bedeutung sie selbst ihrem Handeln geben (Pleyers 2013: 109). Erst durch diesen Ansatz, der das Phänomen nicht ‚von außen' kategorisiert, sondern ‚von innen' rekonstruiert, lässt sich erschließen, wie Ökodörfler/innen den *status quo* zu transzendieren suchen. Wie ich im Folgenden ausführe, zeigt sich der dissidente Anspruch dieser Lebensform insbesondere in der pragmatischen, in Alltagshandlungen eingebetteten, Transzendierung von als zerstörerisch wahrgenommenen Gegensätzen.

b) Die pragmatische Transzendenz in Öko-Dörfern

(1) Die Trennung Natur/Mensch transzendieren

Im Alltag von Ökodörfler/innen spielt ‚die Gemeinschaft', als Gruppe, die ein Öko-Dorf bewohnt, eine zentrale Rolle. Mit diesem Begriff wird aber häufig auch der Ort bezeichnet, an dem sich das soziale Leben abspielt. Schon in der Sprache deutet sich also an, dass physischer und sozialer Raum hier zusammenfließen. Von diesem Verständnis ausgehend verändern die Gemeinschaftsmitglieder die Orte, an denen sie leben, häufig arbeiten und ihre eigenen Nahrungsmittel anbauen. Unter anderem versuchen sie, zerstörte Natur wieder herzustellen. Der bereits zitierte Dawson (2014: 19) fasst diesen Ansatz unter dem Schlagwort „sustainable plus" zusammen: „putting more back into the environment than we take out". So hat eine Gemeinschaft in Brandenburg die Bodenqualität auf ihrem Gelände, einer ehemaligen Ausbildungsstätte für Spione der DDR, wieder soweit verbessert, dass hier überall essbare Pflanzen wachsen können. Neben solchen direkten Maßnahmen entwickeln und nutzen Ökodörfler/innen besondere Technologien: z. B. ein System, wie Häuser relativ einfach aus Strohballen gebaut werden können, eine Klimaanlage, die nur durch Luftzirkulation funktioniert, eine rein pflanzliche Wasserkläranlage und Komposttoiletten.

Wichtig sind diese Bemühungen für Ökodörfler/innen jedoch nicht nur, weil sie hier und jetzt umweltfreundlicheres Wohnen erlauben. Vielmehr geht mit den Technologien und Maßnahmen ein Anspruch einher, der häufig als „reconnecting with nature" zusammengefasst wird. So geht es etwa in der Nutzung von Komposttoiletten nicht nur um die Vermeidung von Abwasser oder Energieverbrauch, sondern um die fundamentale Trennung zwischen Mensch und Natur, die in herkömmlichen Wassertoiletten materialisiert ist. Diese Vorstellung beschreibt die Ökodörflerin Christine Schneider als „a vision of the environment where there is balance between human beings and the environment. If there is separation, a conflict is generated [...]. A perspective of either/or, promotes the interest of one side to the detriment of the other. Joining both aspects [...] means considering the environment as a single organism, a holistic concept, and one we cannot go beyond" (2007: 224). Anstatt also z. B. lediglich ein effizienteres Abwassersystem zu entwickeln, transzendieren Ökodörfler/innen durch Komposttoiletten die Trennung von Mensch/Natur pragmatisch und lassen beide Seiten als Teil eines Kreislaufs sichtbar werden. Hier geht also das Schlagwort ‚Naturschutz' in dem Sinne fehl, als ‚Natur' eben nicht als etwas dem Menschen Äußerliches erscheint, das durch diesen geschützt werden könnte.

Vielmehr zeigt sich hier jene Interdependenz, welche Jahn und Wehling (1998; vgl. auch Görg 2003) „gesellschaftliche Naturverhältnisse" nennen.

Wie der Begriff *Inter*dependenz schon anzeigt, geht mit der Transzendenz der Dichotomie Mensch/Natur nicht nur der Anspruch einher, ‚zugunsten der Umwelt' anders zu leben. Vielmehr verschieben die beschriebenen Praktiken und Technologien auch Abhängigkeiten im sozialen Gefüge. So kann zum Beispiel der durch Komposttoiletten gewonnene Dünger verwendet werden, um die eigene Nahrungsmittelproduktion zu fördern, ohne auf industriell hergestellte Produkte und mit diesen verbundene Herstellungs- und Vertriebsprozesse angewiesen zu sein. Damit entsteht eine Unabhängigkeit von übergreifenden sozialen Institutionen.

(2) Die Trennung Ich/Du transzendieren

Über die pragmatische Transzendenz der Trennung Natur/Mensch in Alltagshandlungen hinaus, kümmern sich Ökodörfler/innen auch um die Ausgestaltung ihres Platzes wegen seiner gemeinschaftsbildenden Wirkung. In einem Ratgeber zum architektonischen Aufbau von Öko-Dörfern, argumentiert der Experte Bang (2002: 19) z. B., dass die Ausgestaltung des Gemeinschaftsgeländes zu „quality human interaction" einladen sollte. Nach Bang (2002) sollte jedes Öko-Dorf ein Gemeinschaftshaus haben, in dessen Sichtweite die Wohnhäuser und die wichtigsten Wege gebaut sind; ein Arrangement, das dazu führen soll, dass sich Menschen häufig an Stellen treffen, die zu Kommunikation einladen. Diese Ausgestaltung des Ortes durch Planung und Architektur ist für Ökodörfler/innen wegen seiner gemeinschaftsbildenden Kraft wichtig. Newmann und Jennings (2008: 50) betonen: „[t]he physical characteristics of a sustainable community help to create a sense of community – a sense of ownership, commitment and a feeling of belonging to a larger whole". Manche Öko-Dörfer unterstützen dieses Gemeinschaftsgefühl auch durch gemeinsamen Besitz. Ein Bewohner betonte in einem Gespräch zum Beispiel: „zumindest muss der Boden allen zusammen gehören, sonst geht's schief". Die Bedeutung der Besitzverhältnisse und architektonischen Arrangements liegt für viele Ökodörfler/innen also nicht unmittelbar in Gerechtigkeitsprinzipien oder Nachhaltigkeitsaspekten begründet. Vielmehr zeigt sich hier der Anspruch, das Verhältnis von Individuen untereinander so zu gestalten, dass ‚authentische' oder ‚gelingende' Gemeinschaft möglich und somit die Trennung zwischen ich/du transzendiert wird. Dieser Anspruch findet neben den beschriebenen Arrangements auch in gemeinsamen Aktivitäten und (Entscheidungs-)Prozessen Ausdruck. Hierzu gehören gemeinsames Essen und Feiern ebenso wie viele Techniken, die in Öko-Dörfern genutzt werden, um Spannungen abzubauen und Konflikte auszutragen – „damit wir uns hier nicht an die Gurgel springen", wie mir ein Ökodörfler zwinkernd erklärte.

Dass sich der Anspruch auf ‚authentische' oder ‚gelingende' Gemeinschaft nicht in Kollektivierung erschöpft, zeigen insbesondere die verwendeten Konfliktlösungstechnologien. Ein Öko-Dorf in Deutschland nutzt z. B. das sogenannte ‚Forum'. Beim ‚Forum' sitzen die Mitglieder einer Gemeinschaft in einem Kreis, dessen Mitte leer ist. Wer in den Kreis tritt, verpflichtet sich, ‚offen und aus dem Herzen zu sprechen', zu sagen, was ihn oder sie bewegt. Wer im Kreis sitzt (und so dessen Außen bildet) hört zu und schweigt. Der leere Menschenkreis verbildlicht, wie sich viele Ökodörfler/innen das Verhältnis zwischen Individuen ‚in Gemeinschaft' vorstellen. Gemeinschaft soll Individualität nicht durch Kollektivität ersetzen, sondern Individuen die Möglichkeit geben, mit ihren Ideen, Ängsten und Vorstellungen gehört zu werden, positive Freiheit mit anderen zu leben. So stellen Grundmann und Kunze (2012: 367) in ihrer Untersuchung zu Intentionalen Gemeinschaften fest: „Was bei all dem aufscheint ist ein neues Menschenbild, das scheinbar Unversöhnliches miteinander vereint, nämlich Subjekthaftigkeit und [...] kollektive Selbstbindung".

(3) Die Trennung Mittel/Zweck transzendieren

Jenseits der eigenen Gemeinschaft sind Ökodörfler/innen meist in Netzwerke von Gemeinschaften eingebunden. Innerhalb dieser Netzwerke finden regelmäßig Treffen und Festivals statt, bei denen praktisches Wissen (*know-how*) ausgetauscht wird: Je nach Rahmen werden Tipps weitergegeben, wie man Freiwillige für ein Freiwilliges Ökologisches Jahr oder für *WWOOFing* findet, welche neuen ‚Techniken zur Entscheidungsfindung' ausprobiert wurden oder wie die wirtschaftliche Struktur der Gemeinschaft verbessert werden kann. Nicht nur zufällig entstehen bei diesen Netzwerktreffen Kontakte, Freundschaften und manchmal Liebesbeziehungen; der persönliche Kontakt wird durch das Rahmenprogramm gefördert. Zur Eröffnung eines Netzwerktreffens, an dem ich teilnehmen durfte, trafen sich zum Beispiel alle Teilnehmer/innen, gingen aneinander vorbei, sahen sich in die Augen und sangen: „Sei du mir willkommen, zu dieser Zeit an diesem Ort. Es ist die Zeit des großen Wandels und du bist ein Teil davon". Viele Gemeinschaftsmitglieder interpretieren diese Treffen als Möglichkeit für ‚tiefe Begegnungen'. So stellen die Netzwerke ein Beispiel dafür dar, wie Ökodörfler/innen die scharfe Trennung zwischen Mittel und Zweck pragmatisch überwinden. Die häufig gebrauchte Beschreibung als ‚networks of hope of love' bringt dies auf den Punkt. Das Netzwerk ist nützlich, weil es Wissensaustausch und Kooperation ermöglicht. Darüber hinaus kann es allerdings, erstens, genau wie Hoffnung oder Liebe, kaum rein instrumentell genutzt werden; zweitens ist das Netzwerk selbst Ausdruck von Hoffnung und Liebe und so immer auch Zweck der gemeinsamen Praxis.

Neben dem Netzwerk verdeutlicht auch das Selbstverständnis vieler Öko-Dörfer als „experimentierende Lernfelder" (Kunze 2009) die pragmatische Transzendenz der Trennung zwischen Mittel und Zweck. Diese Einsicht umreißt ein Gemeinschaftsprojekt auf ihrer Website:

> „Ein Verständnis von Politik, das persönliche Entwicklung und politisches Engagement voneinander trennt, ist für uns überholt. Wenn wir uns nachhaltig für eine bessere Welt einsetzen wollen, im Großen wie im Kleinen, sind mehr innere Weite und Mitgefühl unabdingbar. Ein tiefgreifender gesellschaftlicher Wandel wird nicht aus der Denkweise kommen, die wir kennen. Damit eine neue Geschichte entstehen kann, brauchen wir Möglichkeiten, Raum und Weite. Dafür sind wir ein lebendiges Experiment" (ZEGG 2013).

Die hier zitierten Ökodörfler/innen sind also überzeugt, dass die derzeitige „Denkweise" gesellschaftlichem Wandel entgegensteht, weil sie ein ungenügendes *Mittel* ist, um jene *Zwecke* zu definieren, die für einen tiefgreifenden Wandel erreicht werden müssten – Mittel und Zweck erscheinen hier verschränkt. So bleibt die zielgerichtete Suche nach *entweder* neuen Mitteln *oder* neuen Zwecken innerhalb dieser „Denkweise" erfolglos: wie sollte der Zweck der Suche, also wonach gesucht werden soll, oder die Mittel dieser Suche, also auf welche Weise gesucht werden soll, bestimmt werden? Die Antwort von Öko-Dörfern ist die Transzendenz der Dichotomie Mittel/Zweck: als Experimente stellen sie „Möglichkeiten, Raum und Weite" zu Verfügung, durch die „Denkweisen" entstehen können, welche „neue Geschichten" zu erzählen erlauben.

c) Pragmatische Transzendenz und dissidente Qualität

Indem Ökodörfler/innen ihre Nahrungsmittel häufig selbst produzieren, natürliche Kreisläufe nutzen, Architektur und Entscheidungsprozesse auf Gemeinschaft einstellen und instrumentelles Handeln durch experimentelles ergänzen, transzendieren sie in alltäglichen Praktiken die Dichotomien Natur/Gesellschaft, ich/du, Mittel/Zweck. So sparen sie Ressourcen und verändern die lokalen Bedingungen (Litfin 2014: Kap. 3; Simon 2006). Die beschriebene ‚Transzendenz' führt aber nicht lediglich zu Verschiebungen im Sinne von *trade-offs* (also z. B. einer Verschiebung des Fokus vom Menschen zur Natur oder vom Individuum hin zum Kollektiv), sondern transformiert das Verständnis dessen, was beide Seiten ausmacht: Statt als unabhängige Gegensätze erscheinen sie als interdependente Teile eines Ganzen. Der Kreislauf, der durch Komposttoiletten entsteht, verweist ebenso auf die Verwobenheit von Mensch und Natur, wie die beschriebenen Konfliktlösungsmechanismen unterstreichen, dass positive Freiheiten von menschlichen Beziehungen abhängen. Nicht zuletzt rückt das Selbstverständnis der Gemeinschaftsprojekte als ‚lebendige Experimente' die ‚Denkweise', in der Mittel und Zweck zusammenhängen, in den Fokus.

Insofern die alltägliche Praxis in Öko-Dörfern den Fokus von der Unabhängigkeit zweier Seiten auf deren Abhängigkeit verschiebt, manifestiert sich in ihr eine bestimmte Weltsicht: ein holistisches Paradigma. Dieses „operative Paradigma", dessen Bedeutung für die ‚Ökodorfbewegung' Karen Litfin (2009) unterstreicht, fand ich in der Email einer portugiesischen Ökodörflerin folgendermaßen zusammengefasst: „When we try to pick anything out by itself, we find it hitched to everything else in the universe. One could not pluck a flower without troubling a star [...]". Dieses holistische Verständnis lässt sich an der Nahrungsmittelproduktion von Öko-Dörfern veranschaulichen. In Gemeinschaften, die ihre Nahrungsmittel komplett selbst produzieren, geben die Mitglieder die formale Freiheit individueller Konsument/innen auf, die im Supermarkt das für sich beste Produkt kaufen können. So wie aber im oben zitierten Sprichwort die Blume mit einem Stern verbunden ist, verweisen Ökodörfler/innen darauf, dass diese Freiheit zu konsumieren eng an die Umwelt, Produzent/innen in anderen Regionen, sowie an übergreifende Institutionen, wie Geld und den Markt, gekoppelt ist. Was als individuelle Freiheit zu konsumieren erscheint, stellt sich aus einer holistischen Perspektive also eher als Verschleierung von Abhängigkeiten dar. Gemeinsame Nahrungsmittelproduktion erscheint im Gegensatz dazu als Befreiung von den Zwängen übergreifender Institutionen und unbeabsichtigten ‚externen Effekten', wie Ausbeutung von Natur und Mensch. Der Lebensform ökologisch orientierter Intentionaler Gemeinschaften ist also ein „operatives Paradigma" (Rosa 2003: 58), ein holistischer Verständnishorizont eingeschrieben. Dieses Paradigma klang oben schon in der Aussage einer Ökodörflerin an, eine Trennung von Mensch und Natur führe in den Konflikt, weil so die Interessen einer Seite gegen die der anderen ausgespielt würden. Die beschriebenen Dichotomien sind also deswegen zu transzendieren, weil Trennungen Abhängigkeiten verschleiern und so systematisch Ungleichheiten hervorbringen.

Nicht zuletzt erlaubt die Rekonstruktion dieses holistischen Paradigmas, den widerständigen Anspruch von Öko-Dörfern präziser darzustellen: Ihre Gegenbewegung entfaltet sich auch deswegen nicht-antagonistisch, weil das Moment der Trennung zwischen Widerstand/Antagonist die fundamentale Interdependenz beider Seiten verschleiert. Ebenso wie die Trennung Mensch/Natur, erscheint die Trennung Widerstand/Antagonist vielen Ökodörfler/innen als Problem für beide Seiten, wie eine ‚Gemeinschaft' auf ihrer Website schreibt: „Politischer Aktivismus, der den Feind immer nur auf der anderen Seite sieht, verfängt sich in Mustern der Trennung und das ewige Nein-Sagen führt in die Frustration" (ZEGG 2013). So entfaltet sich die Bedeutung des bereits zitierten Ausspruchs, viele Ökodörfler/innen sähen ihr Handeln als Reaktion auf fundamentale Probleme einer nicht-reformierbaren Gesellschaft, die transzendiert werden muss: Wenn Trennungen Abhängigkeiten verschleiern und so Beherrschung (‚power over') hervorbringen, kann Widerstand nicht die Form von *Gegen*macht annehmen, sondern muss sich in gemeinsamer Gestaltungsfähigkeit (‚power with') entfalten, um die Ordnung von außen zu transzendieren. So zeigt sich eine diesem Widerstand eigene dissidente Qualität, welche durch die Zuschreibung eines Antagonisten verschleiert statt offengelegt würde.

4. Das widerständige Moment pragmatischer Transzendenz

Der Widerstand in ökologisch orientierten Intentionalen Gemeinschaften entfaltet gemeinsame Gestaltungsfähigkeit, indem ansonsten verschleierte Abhängigkeiten im Alltag der Akteure sichtbar und damit kontrollierbar gemacht werden. Bisher wurde allerdings die Frage ausgespart, inwiefern die analysierten Gemeinschaftsprojekte nicht nur aus ihrem eigenen Paradigma heraus, sondern auch aus Sicht der herrschenden Ordnung als widerständig verstanden werden müssen. Worin also besteht, wie Helmut Willke (1983: 156) zur frühen Kommunebewegung fragte, der „eigenartige Stachel" dieser Praxis, deren Widerstand sich nicht unmittelbar auf die derzeitige politische Landschaft projizieren lässt? Um diese Frage zu beantworten, soll es im Folgenden nicht um die nachweisbare Wirkungsmacht, strategische Dilemmata und Ambivalenzen dieses Widerstands gehen (vgl. hierzu: Habermann 2009; Exner/Kratzwald 2012; Mouffe 2005; Loick 2014). An dieser Stelle soll lediglich, sozusagen formal, bestimmt werden, worin das widerständige Moment dieser Praxis für die dominante Ordnung besteht. Der Schlüssel zu dieser Bestimmung, so möchte ich im Folgenden zeigen, ist das Konzept ‚Lebensform'.

Wie oben beschrieben, stellen Lebensformen jenen Zusammenhang von Praktiken dar, welcher die Alltags- und Lebenszeit von Subjekten maßgeblich strukturiert. Da Praktiken als routinisierte Vollzüge von einem ‚Verstehen' zusammengehalten werden, also auf eine immer schon interpretierte und bewertete Umwelt bezogen sind, *manifestieren* sich in Lebensformen Wahrnehmungsweisen, Werte, und Identitäten. So bleiben sie ‚von innen' unter normalen Umständen weder sichtbar noch hinterfragbar (Rosa 2003): „Unsere Lebensformen ‚kennen' wir [...] weniger, als dass wir uns ‚in ihnen auskennen'" (Jaeggi 2014: 124). Durch die Neuorganisation von Praktiken der Arbeit, der persönlichen Interaktion, der Selbstbeziehung und des Konsums aber treten Ökodörfler/innen aus der Lebensform der Mehrheitsgesellschaft, dem ‚Mainstream', heraus und schaffen eine alternative Lebensform. Diese Neuorganisation stellt ein ‚Störmoment' dar, welches die normalerweise unauffällige Lebensform der Mehrheitsgesellschaft *als Lebensform* sichtbar werden lässt. Dieses Störmoment entfalten die hier analysierten Gemeinschaftsprojekte nicht durch das Verlassen der dominanten Lebensform, welches eine Kritik von außen erlaubt; es entsteht vielmehr dadurch, dass sich die Alternative aus der Lebensform der Mehrheitsgesellschaft und *mit Bezug auf deren eigene Werte* herausbildet, von denen sie manche besser verwirklicht. So stellt z. B. Matthias Grundmann (2011: 296) fest, dass in den „Lebensführungspraktiken [der von ihm untersuchten Intentionalen Gemeinschaft] das entsteht, das zu fördern sich die Mehrheitsgesellschaft propagandistisch auf ihre Fahnen geschrieben hat: Mündigkeit, Solidarität, Gerechtigkeit und Transparenz". Den Anspruch, dass gewisse Werte der Mehrheitsgesellschaft in Öko-Dörfern besser als in der derzeit dominanten Lebensform umzusetzen sind, formuliert auch der bereits zitierte Ökodörfler Jonathan Dawson. Für Dawson (2006: 50) zwingt diese derzeit dominante Lebensform Menschen eine Trennung zwischen Herz und Kopf auf, welche sich in Konsumgewohnheiten manifestiert, deren zerstörerische Auswirkungen die Konsument/innen selbst ablehnen. Als Kontrastfolie dient Dawson das Öko-Dorf: „This ecovillage model enables people to bring back into alignment [their] desire for justice and sustainability with their aspiration to live well and happily". Die alternative Lebensform erhebt also den Anspruch, dass in ihr gewisse Werte der Mehrheitsgesellschaft (nämlich Gerechtigkeit, Nachhaltigkeit, ein gutes Leben) konsistenter zu verwirklichen sind, als in der Lebensform dieser Mehrheitsgesellschaft selbst.

Insofern sind Öko-Dörfer zwar „nicht als Gegenmodell zur Mehrheits*gesellschaft* zu interpretieren" (Grundmann 2011: 296, meine Hervorhebung), wohl aber stellen sie ein Gegenmodell zur dominanten Lebens*form* in dieser Gesellschaft dar. Der ‚Stachel' der hier analysierten Gemeinschaftsprojekte entsteht also nicht primär durch Desinteresse an der Mehrheitsgesellschaft, wie Helmut Willke (1983) für die frühe Kommunebewegung herausgearbeitet hat. Der Stachel von Öko-Dörfern besteht eher darin, *als Gegenmodell* eine Störung hervorzurufen, welche in Anlehnung an Jaeggis (2014) Konzeptualisierung expliziert werden soll.

Erstens entfalten Öko-Dörfer als alternative Lebensformen ein widerständiges Moment, indem sie durch das Vorleben einer nachhaltigeren und kooperativeren Praxis performativ sowohl der Alternativlosigkeit des *status quo* als auch ökonomisch oder funktional deterministischen Vorstellungen sozialen Wandels widersprechen (Loick 2014: 62). Diesen kritischen Anspruch formuliert auch die Herausgeberin des ‚Ecovillage Newsletter': „Let's get the word about Ecovillages out in the world, so that people know that another world is not only possible, but that it already exists in many places". Weil sie *gelebte* Alternativen darstellen, destabilisieren sie jene Rechtfertigungen, die sich darauf berufen, besseres oder weniger zerstörerisches Handeln sei (innerhalb der gegebenen Strukturen) nicht möglich.

Als bessere Verwirklichung gewisser Werte der Mehrheitsgesellschaft zerrt die alternative Lebensform, zweitens, Institutionen, Symbole und Artefakte ans Licht, welche als ‚sedimentierte' Voraussetzungen der dominanten Lebensform meist unsichtbar bleiben, obwohl sie die Lebensbedingungen und das Handeln Einzelner in entscheidender Weise prägen. So verweisen Öko-Dörfer zum Beispiel nicht zuletzt darauf, dass die zerstörerischen Auswirkungen des Konsums der Mehrheitsgesellschaft kaum auf individuelle Entscheidungen, sondern auf übergreifende Praxiszusammenhänge (siehe auch Brand 2011; Røpke 2009; Shove 2010), auf die Lebensform zurückzuführen sind. Um nur ein Beispiel zu nennen: Bewohner/innen von Öko-Dörfern verwenden schon deswegen kein Einweggeschirr, weil sie häufig auf dem Gemeinschaftsgelände wohnen und arbeiten. Sie essen zuhause. Dies ist aber nur möglich, weil die meisten Gemeinschaftsprojekte weder Wohnraum verkaufen noch Arbeit in der Gemeinschaft über den Markt vermitteln. So wird das Plastikgeschirr als funktionierender Teil einer Lebensform von Menschen ans Licht gezerrt, die sich (meist im Auto) aus Vororten in die Stadt bewegen, um dort ihrer marktvermittelten Erwerbsarbeit nachzugehen. Die Kontrastfolie der Alternative verweist auf den Zusammenhang zwischen Plastikgeschirr, Verkehr, Arbeits- und Wohnungsmärkten; sie lässt diese im Alltag kaum wahrgenommenen Institutionen und Artefakte weder als Naturgegebenheiten noch als leicht veränderliche Oberflächenerscheinungen, sondern als Manifestation einer *bestimmten* Lebensform und Weltsicht aufscheinen, welche die Lebensbedingungen Einzelner entscheidend prägt und dabei teilweise zerstörerische Ergebnisse hervorbringt.

Drittens, problematisieren Öko-Dörfler/innen diese in der dominanten Lebensform eingelagerte Weltsicht. Schließlich stellt die dissidente Praxis von Ökodörfler/innen nicht nur gewisse Wege zur Erreichung gegebener Ziele als problematisch dar. Es geht ihnen zum Beispiel nicht darum, wie ‚Naturschutz' besser umzusetzen wäre – dieser Begriff passt nicht zu jener Lebensform, in der die Trennung zwischen Mensch/Natur in alltäglichen Vollzügen aufgehoben wird. Vielmehr erscheint ihre Lebensform durch das in ihr verwirklichte holistische ‚Denkmuster' als Kritik an jenem Verständnishorizont, der bestimmte Ziele und Problemverständnisse hervorbringt. Gelingt es der Alternative mit diesem Verständnishorizont gewisse Probleme der Mehrheitsgesellschaft zu lösen (z. B. die ‚Trennung zwischen Herz und Verstand' aufzulösen), also gewisse Werte der dominanten Lebensform besser zu verwirklichen, so erscheinen die Verständniskategorien letzterer unzulänglich. Jener Interpretationsrahmen, der normalerweise unsichtbar bleibt, erscheint als Problem und der „Boden der Selbstverständlichkeiten" gerät ins Wanken (Jaeggi 2014: 130). So verweisen Öko-Dörfer also nicht zuletzt darauf, dass die Transformation zu einer nachhaltigeren Lebensform, wie Felix Rauschmayer und Ines Omann (2012) formulieren, „nicht nur groß, sondern auch tief" sein muss.

Viertens entfaltet die Herausbildung von Öko-Dörfern über dieses Störmoment hinaus ein widerständiges Potenzial, weil sich in der gemeinsamen dissidenten Praxis Subjektivitäten transformieren (Eräranta u. a. 2009) und neue Bezugsweisen entstehen. Zwar sind Subjekte, wie Butler (1993: 45) betont, nie „Ursprung" einer veränderten Bezugsweise; sie sind aber auch nicht, wie sie weiter schreibt, „bloßes Produkt, sondern die stets vorhandene Möglichkeit eines bestimmten Prozesses der Umdeutung". Diese Umdeutungsprozesse sind in Intentionalen Gemeinschaften, wie McLaughlin und Davidson (1986: 2) für Gemeinschaftsprojekte der 1970er Jahre formulieren, insbesondere Ergebnisse eines „powerful training in the art of relationship". Subjektivitäten verändern sich auf eine nicht-planbare Weise in der *Inter*aktion. Dieses Verständnis brachte mir eine spanische Ökodörflerin spielerisch in einer Gruppenübung näher. Zu Beginn der Übung summten wir alle einzeln und unabhängig voneinander unterschiedliche Melodien – was uns gerade einfiel. Danach sollte ein Mitglied der Gruppe die eigene Melodie in der Mitte des Kreises summen und alle waren in der Folge aufgerufen, sich in den Kreis dazu zu stellen und *passend* zur Melodie der ‚Pionierin' zu summen. „Das Lied verändert sich stark und ist am Ende kaum mit der Melodie am Anfang vergleichbar. Aber es gehört allen zusammen und ist viel größer als die Melodie allein", erklärte sie mir. Diese Einsicht, dass in Gemeinschaftsprojekten vor allem deswegen neue Subjektivitäten entstehen, weil die gemeinsame Praxis der Planung Einzelner enthoben ist, zeigt auch der Erfahrungsbericht einer Ökodörflerin (zitiert in Christian 2002: 13):

> „The idealism, dreams and devotion, while still here, have given ground to the practical and the real experience of living in community – the good, the bad, and the ugly. Community is seeping into our cells, I believe, so that even the challenges become just part of who we each are. […] We set out to change the world, and now community is changing us".

Vielmehr als die reibungslose Umsetzung ihres Anspruchs auf ‚Transzendenz' ist es also die teilweise konfliktive gemeinsame Praxis, durch welche neue Bezugsweisen und Subjektivitäten entstehen. So entfaltet die Dissidenz von Öko-Dörfler/innen nicht zuletzt ein widerständiges Moment, weil in ihren nicht-planbaren Gemeinschaftsprozessen neue Subjektivitäten entstehen, die (potenziell) neue Verständnishorizonte öffnen.

5. Fazit: Dissidenz und Lebensformen

Öko-Dörfer stellen eine Form von Widerstand dar, die sich nicht primär über einen Antagonisten, sondern über die Vorstellung einer besseren Welt bestimmt. Diese bessere Welt wollen die Aktivist/innen nicht als Opposition, durch Auseinandersetzungen innerhalb der bestehenden Ordnung, sondern, als dissidente Lebensform, durch die Transzendierung dieser Ordnung herbeiführen. Diese Transzendierung versuchen Ökodörfler/innen herzustellen, indem sie die Dichotomien Mensch/Natur, ich/du und Mittel/Zweck in Alltagshandlungen transformieren und so gemeinsame Gestaltungsfähigkeit, ‚power with', hervorbringen. Diese gemeinsame Gestaltungsfähigkeit erscheint aus der holistischen Weltsicht der Akteure als Befreiung von den Zwängen übergreifender Institutionen und unbeabsichtigten ‚externen Effekten', wie Ausbeutung von Natur und Mensch (‚power over'). Als widerständig ist diese Praxis also gerade deswegen zu verstehen, weil sie bestehende Trennungen und damit einhergehende Abhängigkeitsverhältnisse sichtbar macht und teilweise aufhebt. In diesem vereinigenden Anspruch liegt jene dissidente Qualität dieses Widerstands, welche durch die Zuschreibung eines Antagonisten verschleiert statt offengelegt würde.

Dabei entfaltet diese Praxis auch aus Sicht der zu transzendierenden Ordnung ein widerständiges Moment. Ökologisch orientierte Intentionale Gemeinschaften stellen sich bewusst als Gegenmodell zur dominanten Lebensform dar. Weil sich die Gemeinschaftsprojekte aus dieser dominanten Lebensform und mit Bezug auf deren eigene Werte herausschälen, destabilisieren sie jene Rechtfertigungen, die auf die Alternativlosigkeit (innerhalb) der gegebenen Ordnung verweisen. Zudem wirkt dieses Herausschälen als Störmoment, durch das manche Artefakte und Institutionen der dominanten Lebensform als Manifestation einer *bestimmten* Weltsicht aufscheinen. Diese Weltsicht tritt deswegen als Problem hervor, weil die dominante Lebensform, im Gegensatz zur Alternative, nicht in der Lage ist, bestimmte eigene Widersprüche aufzulösen. Dabei bleiben Öko-Dörfer aber nicht diesem Störmoment verhaftet, sondern ermöglichen neue, von Individuen nicht planbare, Subjektivitäten und Denkweisen.

Weil ich mich in diesem Aufsatz auf die Deutung des widerständigen Potenzials von Öko-Dörfern konzentriere, bleiben vorhandene Widersprüche in der alternativen Lebensform selbst unbeleuchtet. Über diese Leerstelle hinaus wirft meine Deutung der dissidenten Praxis von Ökodörfler/innen aber noch eine weitere Frage auf.

Der Widerstand in Ökodörfern verdeutlicht, wie entscheidend Lebensformen die Bezugsweise von Subjekten zu ihrer Umwelt prägen. Nicht nur aus umweltpolitischen Gründen scheint die Thematisierung und Transformation aktueller Lebensformen daher geboten. Wie aber ein solcher Prozess jenseits intentionaler Zusammenschlüsse ausgestaltet werden müsste, damit er keinen normierenden oder sozialtechnologischen Charakter annimmt, scheint bisher unklar.

Literatur

Bang, Jan Martin, 2002: Permaculture design: Philosophy and practices, in: Hildur Jackson/Karin Svensson (Hrsg.), Ecovillage Living: Restoring the Earth and Her People, White River Junction, VT, 18-19.

Bohill, Ruth Rewa, 2010: Intentional Communities: Ethics as Praxis, PhD thesis, Lismore, NSW, http://epubs.scu.edu.au/cgi/viewcontent.cgi?article=1175&context=theses (Stand: 01.11.2013).

Brand, Karl-Werner, 2011: Umweltsoziologie und der praxistheoretische Zugang, in: Matthias Groß (Hrsg.), Handbuch Umweltsoziologie, Wiesbaden, 173-198.

Butler, Judith, 1993: Kontingente Grundlagen: Der Feminismus und die Frage der ‚Postmoderne', in: Seyla Benhabib/Judith Butler/Drucilla Cornell/Nancy Fraser (Hrsg.), Der Streit um Differenz, Frankfurt a. M., 31-58.

Christian, Diana Leafe, 2003: Creating a Life Together: Practical Tools to Grow Ecovillages and Intentional Communities, Gabriola Island.

Daase, Christopher, 2014: Was ist Widerstand? Zum Wandel von Opposition und Dissidenz, in: Aus Politik und Zeitgeschichte (APuZ) 27, 3-9.

Daase, Christopher/Deitelhoff, Nicole, 2015: Jenseits der Anarchie: Widerstand und Herrschaft im internationalen System, in: Politische Vierteljahresschrift 56 (2), 299-318.

Dawson, Jonathan, 2006: Ecovillages: New Frontiers for Sustainability, White River Jct., VT.

Dawson, Jonathan, 2014: From Islands to networks: The history and future of the Ecovillage Movement, in: Joshua Lockyer/James R. Vereto (Hrsg.), Environmental Anthropology Engaging Ecotopia: Bioregionalism, Permaculture, and Ecovillages, New York, 217-234.

Eräranta, Kirsi/Moisander, Johanna/Pesonen, Sinikka, 2009: Narratives of self and relatedness in eco-communes: Resistance against normalized individualization and the nuclear family, in: European Societies 11 (3), 347-367.

Exner, Andreas/Kratzwald, Brigitte, 2012: Solidarische Ökonomie & Commons, Wien.

Grundmann, Matthias/Dierschke, Thomas/Drucks, Stephan/Kunze, Iris (Hrsg.), 2006: Soziale Gemeinschaften: Experimentierfelder für kollektive Lebensformen (Vol. 3), Münster.

Grundmann, Matthias, 2011: Lebensführungspraktiken in Intentionalen Gemeinschaften, in: Kornelia Hahn/Cornelia Koppetsch (Hrsg.), Soziologie des Privaten, Wiesbaden, 275-302.

Grundmann, Matthias/Kunze, Iris, 2012: Transnationale Vergemeinschaftungen: Interkulturelle Formen der sozial-ökologischen Gemeinschaftsbildung als Globalisierung von unten?, in: Hans-Georg Soeffner (Hrsg.), Transnationale Vergesellschaftungen, Wiesbaden, 357-369.

Görg, Christoph, 2003: Dialektische Konstellationen. Zu einer kritischen Theorie gesellschaftlicher Naturverhältnisse, in: Alex Demirovic (Hrsg.), Modelle kritischer Gesellschaftstheorie. Traditionen und Perspektiven der Kritischen Theorie, Stuttgart/Weimar, 39-62.

Habermann, Friederike, 2009: Halbinseln gegen den Strom: Anders leben und wirtschaften im Alltag, Sulzbach.

Haenfler, Ross/Johnson, Brett/Jones, Ellis, 2012: Lifestyle movements: Exploring the intersection of lifestyle and social movements, in: Social Movement Studies –Journal of Social, Cultural and Political Protest 11 (1), 1-20.

Jackson, Hildur, 2002: Localization, bioregionalism, resisting economic globalization: A new culture emerges, in: Hildur Jackson/Karen Svensson (Hrsg.), Ecovillage Living: Restoring the Earth and her People, White River Junction, VT, 129.

Jackson, Ross, 2004: The Ecovillage movement, in: Permaculture Magazine 40, 25-30.

Jaeggi, Rahel, 2014: Kritik von Lebensformen, Frankfurt a. M.

Jahn, Thomas/Wehling, Peter, 1998: Gesellschaftliche Naturverhältnisse. Konturen eines theoretischen Konzepts, in: Karl-Werner Brand (Hrsg.), Soziologie und Natur. Theroretische Perspektiven, Soziologie und Ökologie Band 2, Opladen, 75-93.

Juris, Jeffrey S./Khasnabish, Alex, 2013: Ethnography and activism within networked spaces of transnational encounter, in: Jeffrey S. Juris/Alex Khasnabish (Hrsg.), Insurgent Encounters: Transnational Activism, Ethnography and the Political, Durham, 1-38.

Kunze, Iris, 2009: Soziale Innovationen für eine zukunftsfähige Lebensweise: Gemeinschaften und Ökodörfer als experimentierende Lernfelder für sozial-ökologische Nachhaltigkeit, Münster.

Litfin, Karen, 2009: The global ecovillage movement as a holistic knowledge community, in: Gabriela Kütting/Ronnie Lipschutz (Hrsg.), Environmental Governance: Power and Knowledge in a Local-Global World, London, 124-142.

Litfin, Karin, 2014: Ecovillages: Lessons for Sustainable Community, Hoboken, N.J.

Loick, Daniel (Hrsg.), 2014: Exodus. Leben jenseits von Staat und Konsum?, in: WestEnd. Neue Zeitschrift für Sozialforschung, 61-121.

Marcus, Andreas/Wagner, Felix (Hrsg.), 2012: Realizing Utopia: Ecovillage Endeavours and Academic Approaches, RCC Perspectives 2012 (8), www.carson-center.uni-muenchen.de/download/publications/perspectives/2012_perspectives/1208_ecovillages_web_bw.pdf (Stand: 05.09.2013).

McLaughlin, Corinne/Davidson, Gordon, 1986: Builders of the Dawn: Community Lifestyles in a Changing World, Walpole, NH.

Mouffe, Chantal, 2005: Exodus und Stellungskrieg: die Zukunft radikaler Politik, Wien.

Newman, Peter/Jennings, Isabella, 2008: Cities as Sustainable Ecosystems: Principles and Practices, Washington, DC.

Pepper, David, 1991: Communes and the Green Vision: Counterculture, Lifestyle and the New Age, London.

Pleyers, Geoffrey, 2013: From local ethnographies to global movement: Experience, subjectivity, and power among four alter-globalization actors, in: Jeffrey S. Juris/Alex Khasnabish (Hrsg.), Insurgent Encounters: transnational activism, ethnography ad the political, Durham, 108-128.

Rauschmayer, Felix/Omann, Ines, 2012: Transition to sustainability: Not only big, but deep, in: GAIA 21, 266-268.

Reckwitz, Andreas, 2003: Grundelemente einer Theorie sozialer Praktiken: Eine sozialtheoretische Perspektive, in: Zeitschrift für Soziologie 32 (4), 282-301.

Reckwitz, Andreas, 2005: Kulturelle Differenzen aus praxeologischer Perspektive: Kulturelle Globalisierung jenseits von Modernisierungstheorie und Kulturessentialismus, in: Ilja Srubar/Joachim Renn/Ulrich Wenzel (Hrsg.), Kulturen Vergleichen. Sozial- und kulturwissenschaftliche Grundlagen und Kontroversen, Wiesbaden, 92- 111.

Reckwitz, Andreas, 2006: Das hybride Subjekt. Eine Theorie der Subjektkulturen von der bürgerlichen Moderne zur Postmoderne, Weilerswist-Metternich.

Rosa, Hartmut, 2003: Lebensformen vergleichen und verstehen. Eine Theorie der dimensionalen Kommensurabilität von Kontexten und Kulturen, in: Burkhard Liebsch/Jürgen Straub (Hrsg.), Lebensformen im Widerstreit, Frankfurt a. M., 47-81.

Røpke, Inge, 2009: Theories of practice – New inspiration for ecological economic studies on consumption, in: Ecological Economics 68, 2490-2497.

Schehr, Robert C., 1997: Dynamic Utopia: Establishing Intentional Communities as a New Social Movement, Westport.

Schneider, Christine, 2007: Politics as spirituality, in: Kosha Anja Joubert/Robin Alfred (Hrsg.), Beyond You and Me: Inspirations and Wisdom for Building Community, Hampshire, 221-227.

Shove, Elizabeth, 2010: Beyond the ABC: Climate change policy and theories of social change, in: Environment and Planning 42 (6), 1273-1285.

Simon, Karl-Heinz, 2006: Gemeinschaftlich nachhaltig. Welche Vorteile bietet das Leben in Gemeinschaft für die Umsetzung ökologischer Lebenspraktiken, in: Matthias Grundmann/Thomas Dierschke/Stephan Drucks/lris Kunze (Hrsg.), Soziale Gemeinschaften. Experimentierfelder für kollektive Lebensformen, Münster, 155-170.

Willke, Helmut, 1983: Gesellschaftliche Wirkungen der Kommunebewegung, in: Friedhelm Neidhardt (Hrsg.), Gruppensoziologie, Perspektiven und Materialien. Sonderheft 25/1983 der Kölner Zeitschrift für Soziologie und Sozialpsychologie, Wiesbaden, 156-171.

ZEGG (Zentrum für experimentelle Gesellschaftsgestaltung), 2013: www.zegg.de/de/veranstaltungen/zegg-grosstagungen/34-kontakt/134-eine-andere-politik.htmls (Stand: 30.10.2013).

Korrespondenzanschrift:

Philip Wallmeier, M. A.
Goethe Universität Frankfurt
Exzellenzcluster „Normative Ordnungen"
Arbeitsbereich Internationale Organisationen
Max-Horkheimer-Straße 2
60629 Frankfurt am Main
E-Mail: wallmeier@normativeorders.net

Andrea Knierim

Machtzugang und Empowerment bei der Leitung eines transdisziplinären Netzwerks zur Anpassung an den Klimawandel[1]

Kurzfassung

Mit dem vorliegenden Artikel werden die Möglichkeiten und Grenzen von Machtzugang und Empowerment individueller und kollektiver Akteure im gesellschaftlichen Transformationsprozess exemplarisch für einen transdisziplinären Forschungsverbund zur Anpassung an den Klimawandel beschrieben. Es werden Konzepte und Theorien aus der soziologischen Innovations- und Netzwerkforschung sowie aus der sozialpsychologischen Gruppendynamik genutzt, um die Auseinandersetzung mit der Frage zu strukturieren, welcher Umgang mit Macht zu einem intendierten gesellschaftlichen Wandel führen kann. Es kann gezeigt werden, dass die Entwicklung von machtvollem Handeln im Sinne der *power to-* und *power with*-Konzepte aus einem Gruppenkontext heraus möglich, aber nicht einfach zu praktizieren ist, insbesondere dann, wenn durch die Beteiligten neue Ziele vereinbart werden sollen. Aktionsforschung ist ein methodisch geeigneter Forschungsansatz, um die Umstände und Bedingungen solchen Handelns systematisch zu erfassen und zu reflektieren.

1 Die hier vorgestellte Forschung zur Anpassung an den Klimawandel in INKA BB wurde durch das BMBF gefördert (FKZ 01LR0803A). Hierfür und für die kritisch-konstruktiven Hinweise der anonymen Gutachter/innen und von Sabine Weiland möchte ich mich bedanken.

Inhalt

1. Einführung

Klimaschutz und Anpassung an die Folgen des Klimawandels stellen eine der großen umweltpolitischen Herausforderungen heute und in den nächsten Jahrzehnten dar (IPCC 2014). Zur Förderung der Anpassung an den Klimawandel hat die Bundesregierung die ‚Deutsche Anpassungsstrategie an den Klimawandel' und den ‚Aktionsplan Anpassung' entwickelt und beschlossen (Bundesregierung 2008, 2011). Hierin wird unter anderem die Notwendigkeit von regionalen Anpassungsprozessen in Wirtschaft, Verwaltungen und Zivilgesellschaft formuliert und in diesem Zusammenhang auf die Forschungsinitiative KLIMZUG (‚Klimawandel in Regionen zukunftsfähig gestalten') verwiesen. Durch dieses Forschungsprogramm wurden in den Jahren 2008 bis 2014 in sieben regionalen Forschungsverbünden innovative regionale, lokale und sektorale Anpassungsmaßnahmen an den Klimawandel erprobt und zu Strategien zusammengeführt. Entsprechend der Ausschreibung fanden sich Akteure aus Wissenschaft, Wirtschaft, Verwaltung und anderen gesellschaftlichen Gruppen zusammen, um in Netzwerkformation und mittels transdisziplinärer Kooperation Innovationen zu entwickeln, anzupassen und zu implementieren (www.klimzug.de).

Dieses programmatische Design kann als eine Vorwegnahme der vom Wissenschaftlichen Beirat für Globale Umweltfragen (WBGU) im Jahr 2011 angeregten ‚proaktiven Transformationspolitik' verstanden werden, die auf einen gestaltenden Staat in Kombination mit engagierten gesellschaftlichen Akteuren setzt, um letzteren ‚Experimentier- und Spielräume' zu verschaffen, in denen ‚wissenschaftliche Erkenntnisse und technologische Innovationen mit sozialen Lebenswelten' verbunden werden können (WBGU 2011: 216 f.). Besondere Rollen in solchen Veränderungsprozessen kommen dabei einzelnen Akteuren (Individuen, Gruppen, Organisationen) zu, die als ‚change agents' oder ‚Pioniere des Wandels' bezeichnet werden (256 ff.) und die treibende Kräfte für Veränderung darstellen. Als eine Maßnahme in diesem Zusammenhang empfiehlt der WBGU dem gestaltenden Staat, zivilgesellschaftliche Akteure und die Wissenschaft stärker als bisher in partizipative Beratungsprozesse einzubeziehen (296 f.).

In diesem Kontext wird das oben beschriebene Forschungsprogramm ‚KLIMZUG' als ein Instrument betrachtet, mit dem in einem staatlich legitimierten Wettbewerb Ressourcen aufgrund eines verbindlichen Forschungs- und Aktionsplans vergeben werden, die transdisziplinäre Netzwerke befähigen sollen, regional nachhaltige Innovationsprozesse durchzuführen (Bundesregierung 2011: 28). Anders gesagt werden hier institutionelle und ökonomische Rahmenbedingungen für ‚Handlungsarenen' (Ostrom 2005) geschaffen, in denen wissenschaftliche, privatwirtschaftliche und regionalpolitische Akteure in einem selbstorganisierten Setting und Prozess problemorientiert und themenspezifisch einen gesellschaftlichen Wandlungsprozess gestalten können. Wie die Einleitung und Durchführung solcher Veränderungsprozesse durch einzelne oder Gruppen von Akteuren gestaltet wird, soll hier mikrosoziologisch als das Einbringen und Durchsetzen von individuellen und gemeinschaftlichen Interessen und Zielen nachvollzogen und mit den Konzepten des ‚power to' bzw. ‚power with' (Partzsch in diesem Band) in Bezug gesetzt werden.

Mit dem vorliegenden Artikel werden die Möglichkeiten und Grenzen von Machtzugang und Empowerment individueller und kollektiver Akteure im gesellschaftlichen Transformationsprozess exemplarisch für einen der Klimzugverbünde beschrieben und theoriebezogen reflektiert, um damit eine mikrosoziologische Auseinandersetzung mit der Frage zu fördern, welche Macht zu Wandel führt, und einen Beitrag zu leisten zur sozialwissenschaftlichen Forschung zur Anpassung an den Klimawandel, in der bisher „die Rolle von Macht, Herrschaft und Interessen [vernachlässigt wurde]" (Grothmann/Daschkeit 2014: 223). Da ich an diesem Vorhaben sowohl als Sozialwissenschaftlerin wie auch als Koordinatorin beteiligt war, trete ich auch als Autorin in einer Doppelrolle auf – einerseits deskriptiv als Beteiligte berichtend und andererseits analytisch-reflektierend zu dem von mir mitgestalteten Prozess.

Der Artikel beginnt im nächsten Abschnitt mit der Darstellung des theoretisch-konzeptionellen Rahmens. Darauf folgt eine knappe Präsentation des empirischen Falls, des Innovationsnetzwerks INKA BB, mit einem Fokus auf der untersuchten Handlungsarena, dem Leitungsgremium des Netzwerks. Der Ergebnisteil umfasst die Schilderung von mehreren Aktivitäten der Akteure dieses Gremiums, die als Empowerment bzw. als gemeinsam gestalteter Wandel ‚gerahmt' werden. Die Schlussfolgerungen und Reflexionen führen die Einzelerfahrungen auf den konzeptionellen Rahmen zurück und zielen darauf, Empfehlungen für die Ausgestaltung künftiger Forschungsprogramme zur gesellschaftlichen Transformation zu entwickeln.

2. Konzepte zu Macht und Wandel in sozialen Gruppen und Netzwerken

Im Folgenden wird zuerst das Verständnis des Netzwerks als lernende Organisation erläutert und dieses dann im Rahmen der transdisziplinären Forschung akteursspezifisch differenziert. Anschließend werden Konzepte für die Gestaltung von mikrosozialen Veränderungsprozessen präsentiert und zuletzt das meine Rolle und Haltung als Forscherin leitende Verständnis von Aktionsforschung dargestellt.

a) Soziale Netzwerke als lernende Organisation

Ein soziales Netzwerk wird zunächst als Meta-Organisation verstanden, die aus einer Anzahl von Subsystemen bzw. (individuellen oder korporativen) Akteuren besteht. Diese unterscheiden sich in ihren Zielen, Strukturen und Verhalten deutlich voneinander und stehen als autonome Partner miteinander im Austausch (Weyer 2008). Damit ist ein Netzwerk strukturell durch die Vielfalt der horizontalen, a priori gleichberechtigten Beziehungen zwischen voneinander grundsätzlich unabhängigen Einheiten gekennzeichnet. Mit einem Fokus auf die sozialen Prozesse, die in Netzwerken als ‚lernenden Systemen' stattfinden, betont Orthey (2005: 11 mit Rückgriff auf Baecker 1994), dass Netzwerke als „lose Koppelung von Elementen und Ereignissen mit hohen Autonomiegraden" gedacht werden sollen und somit viele Möglichkeiten der Selbstorganisation bieten, die erst durch das In-Beziehung-Treten von Akteuren eine wahrnehmbare Gestalt bekommen. Netzwerke sind somit ständig in Bewegung und verändern sich laufend, sie „oszillieren zwischen Struktur und Prozess", und bestehen dank der „permanenten Beziehungsarbeit" der Akteure

(Orthey 2005: 12). Dabei müssen sich diese immer wieder zwischen Kooperation und Konkurrenz entscheiden, zwischen gemeinsamen bzw. übergeordneten Interessen und Zielen und individuellen, die gegebenenfalls nur gegen andere Ziele und Interessen erreicht werden können. Das Aufrechterhalten einer Balance erfordert daher ein Lernen über die Wirkungen und den möglichen Ausgleich von eigenem und fremdem Verhalten im Wechselspiel.

Diese Koordination in sozialen Netzwerken basiert auf den Normen der Komplementarität und der Kooperation und gelingt unter der Voraussetzung, dass sich die beteiligten Akteure ihrer wechselseitigen Abhängigkeit bewusst sind, wie auch ihrer langfristigen Ziele und Interessen und dass sie beides in ihrem Handeln berücksichtigen (Willke 2001: 146 ff.). Zur Koordination und Leitung werden vor allem Gespräche und Verhandlungen eingesetzt. In diesem Zusammenhang bedeutet „dezentrale Steuerung der Kontextbedingungen [...], dass ein Mindestmaß an gemeinsamer Orientierung oder ‚Weltsicht' zwar unumgänglich ist; dass aber dieser gemeinsame Kontext nicht mehr von einer zentralen Einheit [...] vorgegeben werden kann. Vielmehr müssen die Kontextbedingungen aus dem Diskurs der autonomen Teile konstituiert werden, in welchem Konsens auf der Grundlage eines basalen Dissenses [...] möglich ist" (Willke 1989: 58), so dass auch eine für gemeinsames Handeln notwendige Übereinstimmung bei grundsätzlich unterschiedlichen Werthaltungen erzielt werden kann. Machtausübung und Einflussnahme in einer sich selbstorganisierenden Gruppe von grundsätzlich gleichberechtigten Akteuren können daher nicht auf die Entwicklung und Einhaltung formaler Regeln und Verfahren gegründet werden, sondern sie bedürfen der Verhandlung und des Wissensaustausches, der Argumente und des Engagements. Somit sind Macht und Einfluss weder allein den Akteuren zuordenbare Attribute, noch allein Ergebnis struktureller Bedingungen, sondern sie finden statt als situative und prozesshafte Handlungsfähigkeiten im sozialen Feld (König 2007).

b) Netzwerke in der transdisziplinären Forschung

Transdisziplinäre Forschung befasst sich mit komplexen, lebensweltlichen Problemen und führt wissenschaftliche und praktische Expertise zur Entwicklung von deren Lösungen zusammen (Pohl/Hirsch Hadorn 2008), wobei diese gemeinsame Wissensgenerierung in Gruppen oder Netzwerken umgesetzt wird (Gibbons u. a. 1994 zitiert in Pohl/Hirsch Hadorn 2008: 119). Die Besonderheit transdisziplinärer Netzwerke besteht darin, dass die Akteure aus unterschiedlichen gesellschaftlichen Systemen stammen, die mindestens entweder der ‚Wissenschaft' oder der ‚Praxis' zugeordnet werden können (Lang u. a. 2012), ggf. aber auch noch stärker entsprechend ihrer professionellen Interessen differenziert werden, z. B. in Wissenschaft, Wirtschaft, Politik und Verwaltung, Zivilgesellschaft etc. Diese Akteure aus Wissenschaft und Praxis bilden – im idealen Prozess – ein Team um ein gemeinsam wahrgenommenes Problem und bearbeiten dieses, indem lösungsnahes Wissen entwickelt und anschließend in die jeweiligen gesellschaftlichen Zusammenhänge integriert und darin angewendet wird (28).

Transdisziplinäre Forschung erfordert also kontinuierliche Zusammenarbeit unterschiedlicher Partner durch die Phasen eines Projektverlaufs, beginnend mit der Situationsanalyse und Problemidentifizierung, über Zielsetzungs- und Planungsschritte, die Lösungserarbeitung und schließlich die Evaluierung sowie die Reintegration in die unterschiedlichen disziplinären bzw. lebensweltlichen Zusammenhänge (Hoffmann/Thomas/Gerber 2009). Je nach Verbindlichkeit und Formalisierungsgrad der Beziehungen zwischen den beteiligten Akteuren bzw. der den einzelnen verbleibenden Autonomie kann diese Zusammenarbeit daher als Gruppen- oder Netzwerksetting angesprochen werden. Entscheidend für den vorliegenden Kontext ist die direkte interpersonale Beziehung, die die Akteure im Wechselspiel gestalten.

c) Macht, Einfluss und die Gestaltung von mikrosozialen Veränderungsprozessen

Auf der Mikroebene sozialer Aushandlungsprozesse stellen sich pro-aktive Beteiligung bzw. Engagement für eine Sache und Zugang zu Macht als zwei Seiten einer Medaille dar: Veränderungen im sozialen Kontext benötigen sowohl die vom eigenen Interesse geleitete Aktivität des Individuums, im Sinne von Machtnahme, als auch die Zustimmung der Gruppenmitglieder, im Sinne von Empowerment oder ‚power to' (Partzsch in diesem Band), sie lassen sich also nur in der sozialen Interdependenz verstehen und gestalten. Aus der mikrosoziologischen Forschung zu Innovationsprozessen wissen wir, dass der- oder diejenige, der/die etwas Neues anfängt, zunächst in die Situation des ‚Innovator als Störenfried' gerät, in der das Neue begründet und ggf. gegen die Anderen praktiziert werden muss (Hoffmann u. a. 2009; Rogers 2003). In diesem Sinne bedeuten ‚power to' die individuelle Fähigkeit, das Für und Wider von Veränderungen abzuwägen und dann an einer Entscheidung festhaltend zu handeln, und ‚power with' eine solche richtungsgebende Entscheidung in einer sozialen Gruppe zu vermitteln und zu begründen, um eine möglichst breite Zustimmung und Unterstützung für einen Veränderungsprozess zu gewinnen (Partzsch in diesem Band). Collins und Ison (2009) weisen darauf hin, dass ein solches zirkulierendes Machtverständnis, bei dem Macht nicht einzelnen Akteuren zugeordnet, sondern im System der Netzwerkbeziehungen ausgeübt wird, Veränderungen in Form ‚sozialer Lernprozesse' impliziert.

Vor diesem Hintergrund werden daher Machtnahme und die Gestaltung von Veränderung als ein sich gegenseitig bedingendes Gelingen individuellen und gemeinschaftlichen Handelns im sozialen System gefasst, bei dem als Ziel die Annäherung an eine Lösung für ein gesellschaftlich als relevant wahrgenommenes Problem steht. Um diese Wechselbeziehung empirisch zu fassen und für eine systematische Betrachtung zugänglich zu machen, werden am Beispiel der Leitungsebene des transdisziplinären Netzwerks INKA BB (Innovationsnetzwerk Klimaanpassung Brandenburg Berlin) zwei Fragen ausgearbeitet und diskutiert:

- Welche individuellen Ziele wurden im Projektverlauf durch Mitglieder der INKA BB Leitungsebene verfolgt, welche Unterstützung und Ressourcen konnten sie dafür mobilisieren, welche Ergebnisse wurden erreicht und wie können diese vor dem Hintergrund ‚Macht und Empowerment' eingeordnet und bewertet werden?
- Welche gemeinsamen Ziele haben die Mitglieder der INKA BB Leitungsebene im Projektverlauf verfolgt, wie erfolgte die Mobilisierung von Ressourcen, welche Ergebnisse wurden erzielt und wie sind diese im Sinne von Machtnahme und Empowerment zu bewerten?

d) Aktionsforschung zu mikrosozialen Veränderungsprozessen

Im Rahmen des hier umrissenen Forschungsprojekts zur Anpassung an den Klimawandel war ich sowohl an der Entwicklung von Struktur und Prozess des Netzwerks beteiligt, als auch mit der Dokumentation und Begleitung aus sozialwissenschaftlicher Perspektive befasst. In dieser Doppelrolle habe ich mich des Aktionsforschungsansatzes bedient, um Orientierung für Handeln und Analyse zu gewinnen (Knierim/Hirte 2011). Das von Checkland und Holwell (1998: 14) spezifizierte konzeptionelle Vorgehen lässt sich folgendermaßen zusammenfassen:

Ausgehend von einem Forschungsthema (*research theme*) werden ein konzeptioneller Rahmen (*framework*) und Methoden (*methods*) aufgesetzt, mittels derer ein Problem der Lebenswelt insoweit verstanden und interpretiert wird, dass Handeln (*action*) möglich ist. Dieses Handeln hat Wirkungen, welche sich als Ergebnisse feststellen lassen (*findings*) und konzeptionell überprüft werden können. Aufgrund bei der Überprüfung festgestellten Differenzen zum Forschungsthema oder durch das Entstehen veränderter Forschungsfragen wird der Aktionsforschungsprozess mit einer neuen Schleife fortgeführt. Durch schriftliche Aufzeichnungen und deren Überprüfung mit anderen beteiligten Akteuren wird eine auswertbare Datengrundlage zum Forschungsprozess geschaffen.

In Anlehnung an dieses methodische Rahmenkonzept habe ich mich mit den in 2 a) bis 2 c) dargestellten Konzepten und Theorien (*framework*) ex ante auseinander gesetzt und ebenso diese ex post für die Analyse herangezogen. In der konkreten Situation des Handelns allerdings wurde nicht jede praktische Situation vorher analysiert und dann agiert, sondern im Joas'schen Sinne der unmittelbaren, situationsspezifischen und nicht-teleologischen Intention und im Kontext der Sozialität des jeweiligen Gruppenprozesses gehandelt (Joas 1996: 218 ff., 273 ff.). Methodisch habe ich – entsprechend der oben genannten Doppelrolle – zum einen als Forscherin agiert, und schriftliche Dokumente zum Forschungsgegenstand angefertigt und abgestimmt, zum anderen als Koordinatorin und Verbundmanagerin gemeinsame Beratungs- und Entscheidungsprozesse gefördert und gestaltet (*methods*). Eine solche Mehrfachrolle ist nicht ungewöhnlich in transdisziplinären Projekten und mit der Notwendigkeit verbunden, sich mit den daraus resultierenden unterschiedlichen Erwartungen und Zuschreibungen auseinander zu setzen (Knierim u. a. 2013). Als *action* betrachte ich die von mir tatsächlich getroffenen Entscheidungen inhaltlicher Art, die mit der Absicht getroffenen wurden, einen gestaltenden Einfluss auf den Projektverlauf zu nehmen, während die (dokumentierten) Folgen der von mir und von anderen getroffenen Entscheidungen hier als *findings* Berücksichtigung finden.

Damit ist der vorliegende Beitrag der Versuch, den geleisteten Arbeits- und Veränderungsprozess im Rahmen einer Netzwerkkoordination qualitativ so aufzuarbeiten und zu kommunizieren, dass er transparent, nachvollziehbar und für analytische Schritte operationalisierbar vorliegt und Schlussfolgerungen für künftige ähnliche Situationen erlaubt.

3. Das transdisziplinäre Netzwerk als Ausgangspunkt für regionalen Wandel – das Beispiel INKA BB

In diesem Abschnitt wird erst das Netzwerk INKA BB vorgestellt und dann ausführlicher die Koordinationsrunde, deren Aktivitäten über den Zeitraum 2009 bis 2013 Gegenstand der vorliegenden Untersuchung sind.

a) Das Zwei-Ebenen Netzwerk als Organisationsstruktur

INKA BB (Innovationsnetzwerk Klimaanpassung Brandenburg Berlin) war einer der sieben KLIMZUG-Verbünde und befasste sich schwerpunktmäßig mit den Handlungsfeldern Landnutzung und Wassermanagement in von Trockenheit und Wetterextremen geprägten Räumen. Ziele von INKA BB waren, räumlich differenzierte und regional abgestimmte Innovationen für eine nachhaltige Land- und Gewässernutzung sowie partiell für das Gesundheitsmanagement unter den Bedingungen des Klimawandels zu erproben, diese in vernetzte Anpassungsstrategien weiterzuentwickeln und im Raum Berlin-Brandenburg vorbildhaft und breitenwirksam in die Praxis zu überführen. Dabei kam es nicht nur auf die Wirksamkeit der einzelnen Maßnahmen an, sondern auch auf die Fähigkeiten und Kompetenzen der beteiligten Akteure, pro-aktiv Veränderungsbedarf wahrzunehmen und Wandel zu gestalten (Knierim u. a. 2009).

Das Netzwerk setzte sich zusammen aus Akteuren aus Wissenschaft, staatlichen Verwaltungen, Wirtschaftsunternehmen (wobei hier die landwirtschaftlichen Betriebe überwogen) und Interessenverbänden. Nach einer Vorbereitungsphase von zwei Jahren umfasste das Netzwerk zu Projektbeginn (Mai 2009) ca. 80 Partner, ein Jahr später ca. 140 und im Jahr 2013 ca. 180 Partner im engeren Sinne und darüber hinaus ca. 300 weitere Partner, die INKA BB mehr oder weniger lose verbunden waren (Knierim 2014).

Die strukturelle Organisation des Forschungsverbundes wurde von Anfang an als ein Zwei-Ebenen Netzwerk angelegt, in dem einzelne Netzwerke transdisziplinärer Teilprojekte parallel in einem größeren Ganzen zusammengefasst wurden, inhaltlich unterschiedlichen thematischen Handlungsfeldern zugeordnet und miteinander über Facharbeitsgruppen verbunden waren (Abbildung 1).

Abbildung 1: Organigramm von INKA BB

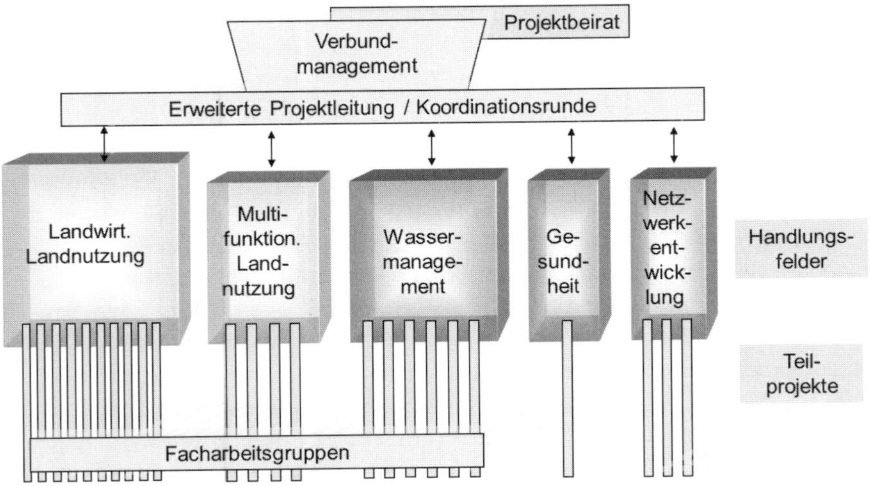

Quelle: Eigene Darstellung.

Alle Teilprojekte verfügten über eigene Ressourcen zur Bearbeitung ihrer Aufgaben und wurden von autonomen Teilprojektkoordinator/innen geleitet. 20 der 24 Teilprojekte waren jeweils transdisziplinäre Netzwerke, in denen Wissenschaftler/innen und Praxispartner an einer lebensweltlichen Problemstellung zusammen arbeiteten, um Anpassungsmaßnahmen zu entwickeln, Innovationen zu erproben und die strategische Anpassungsfähigkeit der Akteure zu stärken. Zur Unterstützung dieser Kooperationen wurden durch drei weitere Teilprojekte regionalisierte Klimaszenarien zur Verfügung gestellt und Planungs- und Entwicklungsschritte sowie Transferaktivitäten methodisch unterstützt. Ein Teilprojekt wurde ausschließlich durch Wissenschaftler/innen bearbeitet.

b) Die Koordinationsrunde als leitendes Gremium

Wie das Organigramm (Abbildung 1) zeigt, hatte das Netzwerk eine verschränkte Leitungsstruktur, die das Verbundmanagement und die Koordinationsrunde (KR), auch erweiterte Projektleitung genannt, umfasste. Dabei war die Koordinationsrunde das übergreifende Gremium, zusammengesetzt aus Vertreter/innen der unterschiedlichen Handlungsfelder und dem Verbundmanagement. Letzteres wurde von einer Kollegin und mir geleistet, wir waren für die laufenden Managementaufgaben verantwortlich. Die KR war verantwortlich für alle übergeordneten Fragen des Netzwerkes, und sie steht im Zentrum der hier vorgestellten Auswertungen. Auf einer der ersten offiziellen Sitzungen im Juli 2009 wurde das Selbstverständnis folgendermaßen abgestimmt:

> „Aufgabe der Koordinationsrunde ist es, die Entwicklung von INKA BB zu fördern, seine Zielausrichtung kontinuierlich zu beobachten und zu justieren und seine dauerhafte Etablierung zu unterstützen. Im Fokus der Koordinationsrunde stehen somit die netzwerkinternen Aktivitäten und Interaktionen zwischen den einzelnen Teilprojekten sowie deren Wirkungen in der Berlin-Brandenburger Organisationenlandschaft. Die Koordinationsrunde ist ein Abstimmungsgremium, das zwischen dem Verbundmanagement und den Teilprojekten angesiedelt ist. Die Mitglieder des Gremiums beraten und beschließen gemeinsam zu Fragen der strategischen Ausrichtung des Gesamtnetzwerks. Dabei sollen Entscheidungen im Konsens gefällt und Mehrheitsvoten vermieden werden. Im Fall von unüberbrückbaren Meinungsunterschieden innerhalb des Gremiums entscheidet das Verbundmanagement unter Einbeziehung der formalen Projektleitung“ (Koordinationsrunde INKA BB 2009).

Somit hat sich die Koordinationsrunde eine Leitungsaufgabe für das Gesamtnetzwerk zugeschrieben, neben weiteren Aufgaben wie das Monitoring der Teilprojekte und Koordination in den Handlungsfeldern durch die Herstellung von Transparenz und der Außenvertretung von INKA BB in der politischen Landschaft. Prägend für die Zusammenarbeit waren das gemeinsame Beraten und Beschließen zu Fragen der strategischen Ausrichtung im Gesamtnetzwerk. Entsprechend einem (sehr) flachen Hierarchieverständnis und der Einsicht in die wechselseitige Abhängigkeit wurden Konsensvoten angestrebt. Die Ressourcen, die die Koordinationsrunde nutzen konnte, waren mittelbar über das Verbundmanagement verfügbar. Dabei handelt es sich sowohl um Sachmittel z. B. für die Gestaltung von Veranstaltungen, als auch in geringerem Umfang um Personalmittel.

Aufgrund des Entstehungsprozesses von INKA BB als einem Zusammenschluss aus vier Antragsinitiativen und der damit verbundenen organisatorischen und inhaltlichen Diversität wurde die Koordinationsrunde auch als ein die unterschiedlichen Interessen und Perspektiven integrierendes Gremium aufgebaut. Daneben hing die personelle Zusammensetzung der Runde aber auch stark mit der Bereitschaft zum Engagement und der Einsicht in die Notwendigkeit von Koordination der einzelnen Beteiligten zusammen. Die KR setzte sich somit aus Personen zusammen, die bereits im Antragsprozess aktiv waren und mit Projektbeginn im Netzwerk mehrere Rollen und Aufgaben übernahmen: vier der sechs Mitglieder leiteten ein bzw. zwei Teilprojekte, und fünf hatten die Verantwortung für eines der Handlungsfelder, wobei sich zwei Personen ein Handlungsfeld teilten. Vier Mitglieder der Koordinationsrunde arbeiteten in einer wissenschaftlichen Einrichtung, die zwei anderen können im weitesten Sinne der Wirtschaft zugerechnet werden. Fünf Mitglieder hatten eine mehrheitlich naturwissenschaftliche, akademische Ausbildung, und von den drei Männern und drei Frauen hatten je drei Menschen eine ostdeutsche bzw. westdeutsche Sozialisation. Ich war sowohl Mitglied der KR als auch des Verbundmanagements. Ab Projektbeginn im Mai 2009 bis März 2013 blieb die Zusammensetzung stabil; da ich im April 2013 aufgrund eines beruflichen Wechsels aus dem Gremium ausschied, endet auch der hier ausgewertete Betrachtungszeitraum; Projektende war im April 2014.

4. Empowerment und Gestaltung von Veränderung in der Koordinationsrunde von INKA BB

In den beiden Abschnitten dieses Kapitels werden die Aktivitäten beschrieben, die die Koordinationsrunde im Projektverlauf (2009-2013) für INKA BB geleistet hat. Grundlage dafür ist die thematische Auswertung der KR-Protokolle. Unterschieden werden sogenannte ‚Pflichtaufgaben', das sind die Aktivitäten, die sich aus der Aufgabenbeschreibung im Projektantrag ergeben bzw. aus dem Selbstverständnis der KR (Abschnitt 4 a) und ‚Initiativen', das sind neue, zusätzlich entwickelte Aktivitäten, die entweder von Gruppen oder von Individuen im Projektverlauf initiiert und getragen wurden (Abschnitte 4 b und 4 c). Diese Aktivitäten werden untersucht im Hinblick auf pro-aktive Impulse zur Gestaltung von Veränderung und bewertet im Sinne der ‚power to' und ‚power with' Konzepte.

a) Pflichtaufgaben und Arbeitsroutinen der Koordinationsrunde

Ab Projektbeginn traf sich die Koordinationsrunde 4 bis 5-mal pro Jahr, in der Regel jeweils für 2,5 bis 4 Stunden; insgesamt werden hier die Protokolle von 20 Treffen herangezogen (Tabelle 1). Die Tagesordnung wurde vom Verbundmanagement vorgeschlagen, und die Verbundkoordinatorinnen, meist ich selbst, übernahmen auch die Moderation und die Dokumentation der Treffen. Tabelle 1 belegt die hohe und kontinuierliche Teilnahme aller Mitglieder in der Koordinationsrunde.

Tabelle 1: Übersicht zur Teilnahme an Treffen der KR pro Mitglied und Jahr

Mitglied Jahr/Zahl der Treffen	**HF 1**	**HF 1**	**HF2**	**HF3**	**HF4/VM**	**VM**
2009: 4	3	3	4	3	4	4
2010: 5	4	4	4	5	5	5
2011: 5	4	4	5	5	5	5
2012: 4	3	3	3	4	4	4
2013: 2	2	2	1	2	2	2

HF: Handlungsfeldkoordinator/in; VM: Verbundmanagement

Quelle: Eigene Erhebung.

Die Auswertung der Protokolle zeigt, dass die zeitlich umfassendsten Aktivitäten der KR (i) der Austausch über und das Geben von Impulsen für die Arbeiten in und zwischen den Teilprojekten und (ii) die Auseinandersetzung mit der politisch-gesellschaftlichen Außenwirksamkeit und Fragen der Öffentlichkeitsarbeit von INKA BB waren. Im Zusammenhang mit dem ersten Aktivitätenblock begleiteten die Mitglieder der KR die Teilprojekte bilateral, bereiteten Treffen im Gesamtnetzwerk inhaltlich vor, werteten diese aus und unterstützten Impulse, die den gezielten Austausch zu einzelnen Fragen (z. B. regionale Klimamodellierung) oder zu Themenfeldern (z. B. in den Facharbeitsgruppen) zum Gegenstand hatten. Im Rahmen des zweiten Aktivitätenblocks wurden zahlreiche öffentliche Veranstaltungen organisiert und Kontakte zu politischen Entscheidungsträgern aufgebaut. Ziel dieser Aktivitäten war es, INKA BB bekannt zu machen und mit dem Klimawandel verbundene, gesellschaftliche Herausforderungen in der interessierten Fachöffentlichkeit zur Diskussion zu stellen. Als weitere, bereits im Antrag geplante Aktivität wurde in diesem Rahmen auch die netzwerkinterne Ziel- und Leitbilddiskussion geführt (2009-2010), die mit der Bekanntgabe eines dem Netzwerk gemeinsamen Zielsystems abgeschlossen wurde (INKA BB 2010).

Die Arbeiten in diesen ‚Pflichtbereichen' waren innerhalb des Gremiums unstrittig und wurden mit großem Engagement und Ernsthaftigkeit verfolgt. Da sie bereits grundsätzlich in der Antragsstellung vereinbart worden waren, werden sie hier nicht als ‚mikrosoziale Veränderungsprozesse' verstanden, auch wenn es natürlich Spielräume bei der Ausführung gab. Hervorzuheben als Impuls zu einem ‚power with' lässt sich die Weiterentwicklung und Verankerung des gemeinsamen Zielsystems, das die Werte „Kooperation, Transparenz und eine experimentelle Herangehensweise an die Strategieentwicklung" in den Mittelpunkt rückte und in diesem Sinne sicherlich neu für viele Beteiligte war. Allerdings wurde die Wirkung dieser Zielvereinbarungen auf die einzelnen Netzwerkpartner nicht überprüft, und es gibt nur eine indirekte Evidenz, dass sich die Beteiligten diese Prinzipien zu Eigen gemacht haben: so stellten die Teilprojektleiterinnen und -leiter bei der Nennung bedeutender Zwischenergebnisse fest, dass sie sich besonderen Herausforderungen wie dem ‚Umgang mit Vielfalt' und ‚Flexibilität' sowie auch ‚Prioritätensetzung' stellen müssen – und damit Aktivitäten übernehmen, die nicht zum gängigen wissenschaftlichen Repertoire zählen (Knierim/Schmid/Knuth 2014).

Für die öffentlichkeitswirksamen Maßnahmen lässt sich im Laufe des betrachteten Zeitraums belegen, dass eine gewisse Verschiebung von politisch-gesellschaftlich relevanten hin zu wissenschaftlichen Aktivitäten stattfand. Diese Verschiebung kann in Verbindung gebracht werden mit dem mehrheitlich wissenschaftlichen Selbstverständnis der KR Mitglieder und damit als eine Manifestation von Machtverhältnissen in dieser Runde interpretiert werden. Allerdings können auch externe Gründe für diese Verschiebung genannt werden – so bestand z. B. eine geringe landespolitische Resonanz zu den Arbeiten von INKA BB, was sich u. a. darin zeigte, dass kein Termin gefunden werden konnte, die Arbeiten in den Fachministerien vorzustellen. Im Ergebnis konnte hier das im Netzwerkdesign angelegte Potenzial des ‚power with' nicht als Impuls für eine politisch-gesellschaftliche Transformation genutzt werden.

b) Gemeinschaftliche Initiativen zur Gestaltung von Veränderung

Als zwei Beispiele für Gruppeninitiativen werden hier die in KR und Netzwerk geführten Auseinandersetzungen mit der Entwicklung einer Gesamtstrategie für INKA BB und mit der Erstellung eines gemeinsamen Produkts als ‚Netzwerk-Ergebnis' vorgestellt. Angestoßen durch den Ausschreibungstext wurde die Aufgabe der ‚Strategieentwicklung zur Anpassung an den Klimawandel' als ein Querschnittsthema für alle Teilprojekte formuliert und als eine Integrationsanforderung auf der Ebene des Gesamtnetzwerks. Außerdem beschäftigte die Frage, mit welchen Methoden eine koordinierte Strategieentwicklung zur Anpassung an den Klimawandel in INKA BB durchgeführt werden könne, eines der drei Querschnittsteilprojekte (siehe 3 a). Diese zunächst implizit bestehende Aufgabe der Strategieentwicklung wurde von einer Gruppe von Netzwerkakteuren als teilprojektübergreifendes Anliegen nach einer ‚Gesamtstrategie' von INKA BB formuliert (Gesamtverbundtreffen, November 2010). Die Koordinationsrunde beschäftigte sich daraufhin mit der Frage, inwiefern INKA BB eine Gesamtstrategie zur Anpassung an den Klimawandel entwickeln soll und, wenn ja, mit welchen Schritten. Die Diskussionen zeigten einen starken Dissens darüber, a) ob angesichts der thematischen Breite die Entwicklung einer überzeugenden Gesamtstrategie zu leisten ist und b) ob in INKA BB die dafür richtigen Akteure vertreten sind und zusammenarbeiten. Bei einer durch die KR veranstalteten Diskussion mit den Teilprojektleiterinnen und -leitern im Frühjahr 2012 zu dieser Frage spiegelte sich dieser Dissens auch unter den Netzwerkpartnern wider, und es zeichnete sich eine deutliche Mehrheit gegen die Entwicklung einer Gesamtstrategie ab. Die Minderheit entschloss sich, eine integrierte Strategie für einen räumlichen Ausschnitt aus der Projektregion zu entwickeln und machte sich dieses Thema im Rahmen einer Facharbeitsgruppe zu Eigen, die von einem Mitglied der KR geleitet wurde. Inhaltlich war das Thema Gesamtstrategieentwicklung damit nicht länger auf der Agenda der KR. Es wurde in den folgenden Jahren durch die Facharbeitsgruppe diskursiv weiter bearbeitet und der Diskussionsstand im Rahmen einer öffentlichen Veranstaltung im Jahr 2014 präsentiert, allerdings ohne in ein abschließendes Produkt zu münden. Ab Mitte 2012 entwickelte die KR weitere partielle Strategien, die ausgewählte Querschnittsthemen aufgriffen und sich an einzelne gesellschaftliche Gruppen, insbesondere an Wissenschaft und Politik, richteten. Eine Gesamtstrategie von INKA BB wurde indes nicht mehr entwickelt.

Im letzten Drittel des Projektes, im Spätherbst 2012 beschäftigte sich die KR mit der Frage, ob es gemeinsame Ergebnisse (Produkte) von INKA BB geben könnte und, wenn ja, welche. Es wurde der Vorschlag entwickelt, ein Simulationsspiel zu entwickeln, um die Auseinandersetzung mit den Folgen des Klimawandels und mit geeigneten Anpassungsstrategien im Handlungsfeld von Land- und Wassermanagement zu fördern. Diese Idee, beim Gesamtverbundtreffen im November 2012 vorgestellt, polarisierte die anwesenden Netzwerkpartner: Während eine Gruppe dies für eine gute Idee hielt und bereit war, sie mit eigenen Ressourcen zu unterstützen, standen andere der Idee kritisch bis ablehnend gegenüber und waren nicht bereit, sich zu engagieren. Als Konsequenz wurde die Initiative nicht als Gemeinschaftsergebnis von INKA BB definiert, sondern als ein Ergebnis unter vielen, entwickelt in Kooperation mehrerer Einzelnetzwerke.

c) Eine individuelle Initiative zur Gestaltung von Veränderung

Als Beispiel für eine individuelle Initiative wird die Entwicklung des Wissenschafts-Praxis-Dialogs durch einen der beiden Wirtschaftsvertreter in der Koordinationsrunde präsentiert. Ausgangspunkt war die Beobachtung und Erkenntnis, dass die Agrarforschung in Brandenburg bisher die konkreten Fragestellungen der landwirtschaftlichen Praxis kaum aufgreift und bearbeitet (Stöber 2010). Gleichzeitig war ihm durch verbandsinterne Diskussionen und durch die Arbeiten in den Teilprojekten von INKA BB auch deutlich geworden, dass Landwirte überwiegend nicht ‚aus dem Stand' Vorschläge für Forschungsfragen machen können. Durch die Mitarbeit in der Koordinationsrunde war es diesem Akteur möglich, soweit Einblick in die institutionellen und inhaltlichen Dimensionen der Forschungsförderung und der Themenentwicklung zu nehmen, dass er im dritten Jahr der Kooperation die Initiative für einen institutionalisierten Wissenschafts-Praxis-Dialog ergriff. Dieser Dialog baute inhaltlich auf den Wissenschafts-Praxis-Kooperationserfahrungen in INKA BB auf, er wurde aber strukturell parallel zu INKA BB angesiedelt und zunächst an die leitenden Akteure der wissenschaftlichen Einrichtungen Berlin-Brandenburgs und im zweiten Schritt an das Wissenschaftsministerium in Brandenburg gerichtet. Unterstützung aus INKA BB konnte dieser Akteur auf zwei Ebenen mobilisieren: zum einen engagierten sich zwei weitere Mitglieder aus der KR im Wissenschafts-Praxis-Dialog und zum anderen wurde das Anliegen beim INKA BB Verbundtreffen im November 2012 zur Diskussion gestellt und dort von vielen Beteiligten mit Vorschlägen unterstützt. Die Kooperationserfahrungen und die thematische Relevanz der im Kontext von INKA BB identifizierten Forschungsfragen bildeten die Grundlage für ein selbstbewusst(er)es Auftreten dieses Akteurs gegenüber dem Wissenschaftsministerium und insbesondere für die Forderung, auch künftig solche Forschungsansätze in Brandenburg zu ermöglichen.

5. Diskussion, Reflexion und Schlussfolgerungen

Sowohl Übersichtsartikel zur sozialwissenschaftlichen Forschung zur Anpassung an den Klimawandel (Beck u. a. 2013; Grothmann/Daschkeit 2014), als auch solche zur transdisziplinären Forschung (Rosendahl u. a. 2015; Zscheischler/Rogga 2015) machen deutlich, dass der Umgang mit Macht und die Machtverhältnisse zwischen den beteiligten Akteuren hier bisher (zu) wenig wissenschaftliche Aufmerksamkeit erhalten haben und wenn, dann wurde dieses Thema eher mit der Perspektive des ‚power over' bzw. unter Gerechtigkeitsaspekten (Baasch 2013) als im Hinblick auf die Ausbildung von ‚power to' und ‚power with' betrachtet.

Anhand der hier vorgestellten Beispiele aus INKA BB soll ein erster Schritt gemacht werden, diese Lücke zu schließen und diskutiert werden, inwieweit Machtnahme und die Gestaltung von Veränderungsprozessen durch einzelne oder gemeinschaftliche Akteure sich wechselseitig bedingen und wie mikrosoziologische und gruppendynamische Konzepte für die künftige Transformationsforschung operationalisiert werden können.

Mit Blick auf die eingangs gestellten Fragen nach der Umsetzung von individuellen und gemeinschaftlichen Zielen durch die KR (Abschnitt 2 c), kann festgehalten werden, dass

a) die KR erfolgreich zu Projektbeginn vereinbarte, gemeinsame Ziele und geplante Veränderungsprozesse des Netzwerks verfolgt und konkretisiert hat (Abschnitt 4 a);
b) keine neuen gemeinschaftlichen Ziele vereinbaren konnte und keine weiteren gemeinsamen Veränderungsprozesse gefördert hat (4 b), aber dass
c) einzelne Akteure der KR in der Lage waren, individuelle Ziele auszubauen und Unterstützung zu mobilisieren (Abschnitt 4 c).

Das ‚power with' Konzept, das mit der „Entwicklung geteilter Werte, Finden von Gemeinsamkeiten und Schaffung kollektiver Stärke durch Organisation" durch Lernprozesse einzelner und gemeinschaftlicher Akteure beschrieben wird (Partzsch in diesem Band), kann auf die Erfahrungen in der KR grundsätzlich angewandt werden: die Aktivitäten der einzelnen Mitglieder waren im o. g. Sinne der lernenden Organisation auf die „Beziehungsarbeit zur Erhaltung und Stärkung des Netzwerkes" (Orthey 2005) gerichtet. So engagierten sich alle durchgängig für die vereinbarten Ziele und strebten meist die Herstellung eines Konsens an. Diese – für mich überraschend – geringe Kontroverse kann in Anlehnung an Boon u. a. (2014) auf eine glückliche Balance zwischen Divergenz und Konvergenz der KR-Mitglieder zurückgeführt werden, die sich in fachlichen und soziodemographischen Komplementaritäten und Ähnlichkeiten widerspiegelt (Abschnitt 3 b). Damit allerdings wäre die Kooperationsorientierung als zufallsbedingt bzw. mit dem freiwillig-einsichtsvollen Auswahlprozess bei der Konstituierung der KR zu begründen und diese Bedingung für zukünftige Forschung nicht zu steuern. In Anlehnung an die oben dargelegten Voraussetzungen einer gelingenden Netzwerkkoordination (Abschnitt 2 a und 2 b) kann aber auch die These verfolgt werden, dass bei allen Akteuren die Einsicht in die langfristige Vorteilhaftigkeit der Kooperation überwog und somit ihre motivationale Haltung ausschlaggebend für die gute Zusammenarbeit war. Beide Thesen sollten durch künftige Forschung untersucht und überprüft werden, um eine in dieser Hinsicht gezielte Gestaltung transdisziplinärer Forschungsvorhaben zu untermauern.

Die beiden unter 4 b und 4 c genannten Initiativen, neue, für das Gesamtnetzwerk geltende Ziele und Veränderungsprozesse zu entwickeln, beleuchten die Möglichkeit, individuell oder gemeinschaftlich aus einem transdisziplinären Setting heraus einen Veränderungsprozess zu gestalten. Sie werden hier als Beispiele für eine Kombination von ‚power to' und ‚power with' Ansätzen verstanden, wobei im ersten Fall eine Teilgruppe bzw. wenige Akteure das ganze Netzwerk zu einem Veränderungsprozess bewegen wollten und nicht erfolgreich waren, da sie entweder in der KR oder unter den Netzwerkpartnern keine ungeteilte Zustimmung fanden. Es wird hier anschaulich, dass auch wenn günstige Voraussetzungen für das Empowerment einzelner oder kleiner Gruppen gegeben sind und erkannt werden, dies keineswegs sicher zu Folge hat, dass diese Macht für die Gestaltung eines Veränderungsprozesses genutzt wird. Wieder bieten die genannten Konzepte mehrere Möglichkeiten, den beobachteten Prozess zu interpretieren: Zum einen kann mit Bezug auf die oben benannten Innovationstheorien (Hoffmann u. a. 2009; Rogers 2003) unterstellt werden, dass die Motivation und/oder die Ressourcen der initiierenden Akteure zu gering waren, um die Widerstände im Gesamtnetzwerk zu überwinden bzw. um als Teilgruppe das Ziel zu verfolgen. Damit wäre der Fokus der Betrachtung auf den individuellen Akteuren und den von ihnen wahrgenommen bzw. mit anderen Akteuren ausgehandelten Spielräumen für Machtausübung durch *Führung* (König 2007: 52 ff.). Um die Dynamik im sozialen System ‚Netzwerk' an dieser Stelle aber noch expliziter miteinzubeziehen, ist zum anderen zu überprüfen, inwieweit es (nicht) gelungen ist, einen „Konsens auf der Grundlage eines basalen Dissenses" (Willke 1989: 58) herzustellen, also eine geteilten Einsicht über die gewollten Gemeinsamkeiten und die akzeptablen Differenzen zwischen den beteiligten Akteuren. Auch Hutter und Bohnefeld (2013) beobachten in einem anderen Klimzug-Netzwerk, dass vielfältige „spannungsreiche Anforderungen" im Hinblick auf die inhaltliche Integration von Programmen auftreten, und es bei weitem noch nicht selbstverständlich ist, hierfür einen *methodischen Umgang*, d.h. eine systematisch-überprüfbare Vorgehensweise anzuwenden (168).

Dagegen kann die von dem einzelnen Akteur initiierte Veränderung als ein (potenziell) erfolgreicher Innovationsprozess, zumindest aber als ein wirksamer Impuls für einen (kleinen) gesellschaftlichen Wandel im eingangs genannten Sinne verstanden werden, bei der er die im Kooperationsprozess gewonnene Erkenntnis und verfügbare Ressourcen für seine Ziele nutzbar machen konnte. Diese Stärkung eines Praxispartners beim Einbringen von Forschungsinteressen in den politisch-gesellschaftlichen Prozess kann im Kontext der transdisziplinären Forschung als ein Beitrag zur Nachhaltigkeit bewertet werden (Lang u. a. 2012). Es stellt sich aber mit dem erfolgten *Empowerment* sofort die Folgefrage, ob und wenn ja, welche anderen Akteure dadurch benachteiligt werden könnten und zumindest die Option für eine solche öffentliche Förderung bekommen müssten (Baasch 2013; Bundschuh/Knierim 2013).

Welche Schlussfolgerungen lassen sich aus den hier beschriebenen Erfahrungen und theoriebezogenen Reflexionen für die künftige Forschung zu gesellschaftlichen Transformationsprozessen ziehen? Zunächst einmal hat sich gezeigt, dass sehr wenig empirische Forschung zu mikrosozialen Prozessen des Empowerments und der Gestaltung von Veränderung sowohl im Sinne eines ‚power to' als auch von ‚power with' in Netzwerken vorliegt und somit ein grundsätzlicher Forschungsbedarf besteht. Dieser sollte zum einen das Spannungsfeld zwischen Kooperation und Führung unter autonomen und gleichberechtigten Akteuren zum Gegenstand haben – also die interaktionelle Komponente der Machtnutzung und die Frage, ob diese beim Design transformationsorientierter Forschung expliziter adressiert werden muss, um Veränderungsimpulse und soziale Innovationsprozesse zu fördern. Zum anderen muss auch die strukturelle Dimension der Gestaltung von Veränderungsprozessen in politikinduzierten, transdisziplinären Netzwerken thematisiert werden, z. B. inwiefern die Kooperationsorientierung und ‚lose Koppelung' der autonomen Akteure in Netzwerken sich hindernd auf die Austragung schwieriger Entscheidungsprozesse auswirken. So war mir als Mitglied der KR der Fokus auf die Kooperation und die individuelle ‚Machtabstinenz' zwar aufgefallen, und zwar u. a. daran, dass die zur Verfügung stehenden finanziellen Ressourcen kaum beansprucht wurden (Abschnitt 3 b). Aus meiner Perspektive als Verbundkoordinatorin war das ein angenehmes, arbeitserleichterndes Phänomen. Andererseits wirft diese Strukturierung aber auch grundsätzliche Fragen auf, weil es offen ist, ob diese Form der Netzwerkleitung es möglicherweise verhindert oder erschwert, dass einzelne Akteure ihre Veränderungskräfte tatsächlich zum Einsatz bringen.

Aktionsforschung ist sicherlich nicht die einzige Methode, mit der diese Fragestellungen bearbeitet werden sollten. Sie hat allerdings eine besondere Stärke dadurch, dass sie durch die Offenlegung von und die Reflexion über Interaktionen zwischen Akteuren in Gruppen und Netzwerken einen differenzierten Beitrag zum Verständnis von Empowerment- und Machtnahmeprozessen leisten kann.

Literatur

Baasch, Stefanie, 2013: Klimaanpassungspolitiken in Deutschland – welche Rolle spielt Gerechtigkeit?, in: Andrea Knierim/Stefanie Baasch/Manuel Gottschick (Hrsg.), Partizipation und Klimawandel – Ansprüche, Konzepte und Umsetzung. München, 37-53.

Beck, Silke/Böschen, Stefan/Kropp, Cordula/Voss, Martin, 2013: Jenseits des Anpassungsmanagements, in: GAIA 22/1, 8-13.

Boon, Wouter P.C./Chappin, Maryse, M.H./Perenboom, Jaap, 2015: Balancing divergence and convergence in transdisciplinary research teams, in: Environmental Science and Policy 40, 57-68.

Bundesregierung, 2008: Deutsche Anpassungsstrategie an den Klimawandel, http://www.bmu.de/klimaschutz/downloads/doc/42783.php (Stand: 29.02.2012).

Bundesregierung, 2011: Aktionsplan Anpassung der deutschen Anpassungsstrategie an den Klimawandel, http://www.bmub.bund.de/fileadmin/bmu-import/files/pdfs/allgemein/application/pdf/aktionsplan_anpassung_klimawandel_bf.pdf (Stand: 29.02.2012).

Bundschuh, Anne/Knierim, Andrea, 2013: Partizipation von Praxispartnern: Wer repräsentiert die Landwirtschaft in INKA BB?, in: Andrea Knierim/Stefanie Baasch/Manuel Gottschick (Hrsg.), Partizipation und Klimawandel – Ansprüche, Konzepte und Umsetzung, München, 103-119.

Checkland, Peter/Holwell, Sue, 1998: Action research: its nature and validity, in: Systemic Practice and Action Research 11 (1), 9-21.

Collins, Kevin/Ison, Ray, 2009: Jumping off Arnstein's ladder: Social learning as a new policy paradigm for climate change adaptation, in: Environmental Policy and Governance 19, 358-373.

Grothmann, Torsten/Daschkeit, Achim, 2014: Sozialwissenschaftliche Forschung zur Klimaanpassung – erweitern und konkretisieren, in: GAIA 23/3, 221-225.

Hoffmann, Volker/Thomas, Angelika/Gerber, Alexander (Hrsg.), 2009: Transdisziplinäre Umweltforschung. Methodenhandbuch, München.

Hoffmann, Volker/Gerster-Bentaya, Maria/Christinck, Anja/Lemma, Maurice, 2009: Handbook Rural Extension – Basic Issues and Concepts, Bd. 1, 3. Aufl., Weikersheim.

Hutter, Gérard/Bohnefeld, Jörg, 2013: Vielfalt und Methode – Über den Umgang mit spannungsreichen Anforderungen beim Formulieren eines Klimaanpassungsprogramms am Beispiel von REGKLAM, in: Andrea Knierim/Stefanie Baasch/Manuel Gottschick (Hrsg.), Partizipation und Klimawandel – Ansprüche, Konzepte und Umsetzung, München, 151-172.

INKA BB, 2010: Leitbild, Zielsystem und Arbeitsweisen. Elektronisches Dokument, http://project2.zalf.de/inkabb/publikationen/hintergrund/INKA_BB_Zielsystem_Juni_2010.pdf (Stand: 20.01.2014).

IPCC, 2014: Summary for policymakers, in: C. B. Field/V. R. Barros/D. J. Dokken/K. J. Mach/M. D. Mastrandrea/T. E. Bilir/M. Chatterjee/K. L. Ebi/Y. O. Estrada/R. C. Genova/B. Girma/E. S.Kissel/A. N. Levy/S. MacCracken/P. R. Nastrandrea/L. L. White (Hrsg.), Climate Change 2014: Impacts, Adaptation and Vulnerability. Part A: Global and Sectoral Aspects. Contribution of Working Group II to the Fifth Assessment Report of the Intergovernmental Panel on Climate change, Cambridge/New York, 1-32.

Joas, Hans, 1996: Die Kreativität des Handelns, Frankfurt a. M.

Knierim, Andrea, 2014: Stakeholder involvement for developing adaption innovations in rural areas: Examples from Berlin-Brandenburg, in: Climate Change Adaptation Manual: Lessons Learned from European and Other Industrialised Countries, London, 128-135.

Knierim, Andrea/Schmid, Julia Christiane/Knuth, Ulrike, 2014: Aktionsforschung zur Anpassung an den Klimawandel – Methodische Potentiale und Herausforderungen am Beispiel eines transdisziplinären Verbundprojektes in Brandenburg Berlin. Proceedings der 54. Tagung der GEWISOLA vom 17.-19. September 2014 in Göttingen.

Knierim, Andrea/Bauriedl, Sybille/Foos, Eva/Hutter, Gerard, 2013: Zur Rolle der Forschenden beim Praktizieren von Partizipation, in: Andrea Knierim/Stefanie Baasch/Manuel Gottschick (Hrsg.), Partizipation und Klimawandel – Ansprüche, Konzepte und Umsetzung, München, 259-265.

Knierim, Andrea/Hirte, Katrin, 2011: Aktionsforschung: ein Weg zum Design institutioneller Neuerungen zur regionalen Anpassung an den Klimawandel, in: Frank Buchholz/Birte Frommer/Hans Reiner Böhm (Hrsg.), Anpassung an den Klimawandel – regional umsetzen!, München, 156-174.

Knierim, Andrea/Toussaint, Verena/Müller, Klaus/Wiggering, Hubert/Bachinger, Johannes/Kaden, Stefan/Scherfke, Wolfgang/Steinhardt, Uta/Aenis, Thomas/

Wechsung, Frank, 2009: Innovationsnetzwerk Klimaanpassung Region Brandenburg Berlin – INKA BB. Rahmenplan, gekürzte Version [Elektronische Ressource], Leibniz-Zentrum für Agrarlandschaftsforschung (ZALF) e.V., Müncheberg.
König, Oliver, 2007: Macht in Gruppen. Gruppendynamische Prozesse und Interventionen, Stuttgart.
Koordinationsrunde INKA BB, 2009: Selbstverständnis. Internes, unveröffentlichtes Dokument, Müncheberg.
Lang, Daniel J./Wiek, Arnim/Bergmann, Matthias/Stauffacher, Michael/Martens, Pim/Moll, Peter/Swilling, Mark/Thomas, Christopher J., 2012: Transdisciplinary research in sustainability science: practice, principles and challenges, in: Sustainability Science 7 (Supplement 1), 25-43.
Orthey, Frank M., 2005: Lernende Netzwerke? Überlegungen zum Netzwerkbegriff und seiner Anschlussfähigkeit für Lernprozesse, in: Gruppendynamik und Organisationsberatung 26 (1), 7-22.
Ostrom, Elinor, 2005: Understanding Institutional Diversity, Princeton.
Pohl, Christian/Hirsch Hadorn, Gertrud, 2008: Methodological challenges of transdisciplinary research, in: Natures Sciences Sociétés 16, 111-121.
Rogers, Everett M., 2003: Diffusion of Innovations, 5. Aufl., New York.
Rosendahl, Judith/Zanella, Matheus A./Rist, Stephan/Weigelt, Jes, 2015: Scientists‘ situated knowledge: Strong objectivity in transdisciplinarity, in: Futures 65, 17-27.
Stöber, Silke, 2010: Nicht am Bedarf vorbei forschen. Interview mit Wolfgang Scherfke, in: B & B Agrar 5, 12-13.
WBGU (Wissenschaftlicher Beirat für Globale Umweltfragen), 2011: Welt im Wandel. Gesellschaftsvertrag für eine große Transformation, Berlin.
Weyer, Johannes, 2008: Innovations-Netzwerke, in: Johannes Weyer (Hrsg.), Soziale Netzwerke. Konzepte und Methoden der sozialwissenschaftlichen Netzwerkforschung, München 2011, 219-245.
Willke, Helmut, 1989: Systemtheorie entwickelter Gesellschaften. Dynamik und Riskanz moderner gesellschaftlicher Selbstorganisation. Grundlagentexte Soziologie, Weinheim.
Willke, Helmut, 2001: Systemtheorie III: Steuerungstheorie, 3. Aufl., Stuttgart.
Zscheischler, Jana/Rogga, Sebastian, 2015: Transdisciplinarity in land use science – a review of concepts, empirical findings and current practices, in: Futures 65, 28-44.

Korrespondenzanschrift:

Jun.-Prof. Dr. Andrea Knierim
Universität Hohenheim, FG Ländliche Soziologie und
Leibniz-Zentrum für Agrarlandschaftsforschung (ZALF), Müncheberg
Schloss, Museumsflügel
70599 Stuttgart
E-Mail: andrea.knierim@uni-hohenheim.de

Teil IV: Schluss

Sabine Weiland und Lena Partzsch

Zum Nexus von Macht und Wandel

Kurzfassung

Der Schlussbeitrag wirft einen zusammenfassenden Blick auf den Nexus von Macht und Wandel. Deutlich wird in den Beiträgen des Sonderbandes, dass die drei Kategorien ‚power over' (Zwang und Manipulation), ‚power to' (Gestaltungsfähigkeit) und ‚power with' (gemeinsames Handeln) eine hilfreiche Heuristik zum Verständnis von Wandel (und Stillstand) in der Umweltpolitik darstellen, dass sie in der Praxis als Formen der Machtausübung jedoch miteinander verbunden sind. Wandel ist immer ein ‚machtgeladener' Prozess, in dem die Dimensionen der Macht unterschiedliche Funktionen einnehmen: Während ‚power to' und ‚power with' häufig den *Anstoß* zu einem umweltpolitischen Wandel und zur Emanzipation ‚grüner' Ideen und Werte geben, ist ‚power over' gerade bei der *Durchsetzung* des Wandels eine wichtige Ressource. Ihr Zusammenspiel ist die Voraussetzung für einen erfolgreichen Wandel zu mehr Nachhaltigkeit.

Inhalt

1. Einleitung

Angesichts globaler und persistenter Umweltprobleme, wie Klimawandel, Biodiversitätsverlust, Bodendegradation und Flächeninanspruchnahme usw., ist die Notwendigkeit zu einem gesellschaftlichen Wandel für kaum ein anderes Politikfeld so offensichtlich wie für die Umweltpolitik. Um das Verhältnis zwischen Wandel und Stillstand in politischen Prozessen besser zu verstehen, haben wir in diesem Sonderband einen Fokus auf *Macht* gewählt: Politik wird verstanden als strukturiert durch Machtbeziehungen.

In der Forschung zur Umweltpolitik geht es häufig um Gestaltungsfähigkeit und ‚grünen' Widerstand (‚power to') sowie gemeinsames Handeln im Sinne einer ‚Leadership für die Umwelt' (‚power with'). Wenn Macht jedoch explizit thematisiert wird, geschieht das meist durch Vertreter/innen konfrontativer und diskursiver Machtansätze (‚power over'). Mächtige Akteure, Strukturen und Diskurse (z. B. liberale Wachstumsnormen) bestimmen aus dieser Perspektive über die Handlungen oder auch Gedanken anderer. Sie erklären in erster Linie – so auch in diesem Sonderband – warum sich *kein* Wandel vollzieht.

Die Analyse von Wandel und Stillstand in der Umweltpolitik steht im Mittelpunkt dieses Sonderbandes. Seine übergeordneten Fragestellungen lauten: Welche Arten von Macht gibt es, die einen Wandel fördern oder verhindern können? Wie hängen Macht und Wandel zusammen? Sie sollen nun im Schlusskapitel zusammenfassend betrachtet werden.

2. Formen der Macht: ‚power over', ‚power to', ‚power with'

Die drei Konzeptionen von ‚power over', ‚power to' und ‚power with' bilden die übergeordnete Gliederungsebene des Sonderbandes. Wie im Einleitungsbeitrag (Partzsch in diesem Band) bereits ausführlich dargelegt, bezeichnet ‚power over' die Macht über Andere – über Akteure, Strukturen und Diskurse – und die Kämpfe um die Durchsetzung der je eigenen Position; ‚power to' die emanzipative Macht von Akteuren, Diskursen oder Strukturen, die sich aus dem Streben nach alternativen Werten und Entwicklungen speist; und ‚power with' das kollektive Empowerment der Gesellschaft, das auf die gemeinsame Entwicklung von Werten und deren Verankerung zielt. Die verschiedenen Beiträge liefern vielfältige Einsichten in die Logiken und Wirkungsweisen der verschieden Machtformen.

In Teil I zu ‚power over' zeigen die Beiträge von Hubo und Krott zum Waldnaturschutz, von Brunnengräber und Häfner zur Endlagerproblematik und von Altmann zu den Auseinandersetzungen um das ‚Gute Leben' eindrucksvoll, wie Politikwandel geprägt ist von Konflikten zwischen beharrenden Kräften, die von den bestehenden Verhältnissen profitieren, und solchen Kräften, die bestehende Verhältnisse kritisieren und Veränderungen anstreben. Welche Kräfte sich letztlich durchsetzen, hängt von verschiedenen Faktoren ab: von den Ressourcen der beteiligten Akteure, von den Möglichkeitsstrukturen, die z. B. Politiksektoren bieten, wie Hubo und Krott zeigen, aber auch von Gelegenheitsfenstern, die sich im Politikverlauf öffnen (und wieder schließen) können. Der Reaktorunfall von Fukushima 2011 war ein solches Gelegenheitsfenster, das nicht nur den deutschen Diskurs zum Atomausstieg (Beitrag Möldner) beeinflusst hat, sondern auch die Debatte um die Atommüllendlagerung (Beitrag Brunnengräber/Häfner). Die verschiedenen Faktoren beeinflussen die verfügbaren Machtpotenziale der beteiligten Akteure und Diskurse entscheidend.

In Teil II zu ‚power to' beleuchten die Beiträge die ‚emanzipatorische Macht', die Diskurse haben können, z. B. zu Nachhaltiger Entwicklung, welche glaubensbasierte Akteure im Kontext der Rio+20 Konferenz führen (Beitrag Glaab/Fuchs). Auch alternative Vorstellungen von Landwirtschaft, wie sie in Projekten der *Community Supported Agriculture* verwirklicht werden (Beitrag Peuker), haben eine solche emanzipatorische Macht. Zentral dabei ist, dass es um das Aufzeigen und Begründen einer Alternative zu einem herrschenden Diskurs oder Modell geht – um damit dem ‚Normalen', ‚Etablierten', mitunter auch ‚fraglos Geltenden' etwas entgegenzusetzen. Interessant zu sehen ist hierbei, dass die Wirkungen, mithin die *Macht* dieser Alternativen sich oftmals eher indirekt entfaltet. Sie wirkt nicht notwendigerweise, wie im Modus ‚power over', als ‚Durchsetzung' des alternativen Entwurfs, sondern häufig als (latente) Beeinflussung des herrschenden Modells oder der geltenden Regeln – als eine „stille gestalterische Macht", wie es Möldner (in diesem Band) in Bezug auf die Wirkung von sich wandelnden Diskursen beschreibt.

In Teil III zu ‚power with' versammeln sich Beiträge, die in verschiedenen Feldern die Herstellung gemeinsamer Gestaltungsmacht untersuchen, so z. B. beim gemeinschaftlichen Leben in Öko-Dörfern (Beitrag Wallmeier) oder in Bezug auf die Arbeit eines transdisziplinären Forschungsnetzwerks (Beitrag Knierim). Dabei werden Dichotomien (z. B. gut vs. böse oder Mächtige vs. Entmachtete) zugunsten des Gemeinsamen ausgeblendet, was auch bedeutet, dass – anders als bei ‚power to' – es keinen Zwang zu Emanzipation oder zum Widerstand gibt. Im Gegenteil kann dadurch der Blick auf das Ganze bzw. das Gemeinwohl entstehen, was sich beispielsweise in einer Leadership manifestiert (siehe Beitrag Lindenthal zur umweltpolitischen Leadership-Rolle der EU).

Der Gruppierung der Beiträge für diesen Sonderband zum Trotz sollte nicht vergessen werden, dass es sich bei den drei Konzeptionen von ‚power over', ‚power to' und ‚power with' um analytische Heuristiken handelt, die in der empirischen

Forschung nicht ohne weiteres zu trennen sind. Die unterschiedlichen Verständnisse als analytische Zugänge und als in der Praxis bestehende Formen der Machtausübung sind miteinander verbunden. In den Beiträgen zeigt sich das in den vielfältigen Querverbindungen zwischen den Machtdimensionen, die dort immer wieder gezogen werden. Uns geht es hier auch weniger darum, die Sichtweisen scharf gegeneinander abzugrenzen, die eine gegen die anderen abzuwägen oder sie gar hypothesenartig gegeneinander zu ‚testen'. Vielmehr sollten gerade im Zusammenspiel der Perspektiven die Verbindungen bzw. der Nexus zwischen Macht und Wandel am Beispiel der Umweltpolitik diskutiert werden.

3. Wandel als ‚machtvolle' Auseinandersetzung

Im empirischen Feld der Umweltpolitik gibt es viele Akteure, Strukturen und Diskurse, die mit einem rein strategischen Verständnis von Macht (‚power over') nur unzureichend zu erfassen sind. Am deutlichsten wird das anhand alternativer Diskurse, etwa zum ‚Guten Leben' (Beitrag Altmann), und anhand alternativer Lebensformen wie der Ökodörfer (Beitrag Wallmeier), die das Gemeinsame über individuelle Freiheiten stellen. Zugleich fand keiner der Beiträge Prozesse von ‚power with' oder ‚power to' vor, die frei von Machtasymmetrien waren. Beispielhaft lässt sich dies ablesen an dem in Ecuador geführten Diskurs zum ‚Guten Leben', bei dem verschiedene Akteursgruppen (mit eigentlich anderen Machtstrategien) immer wieder in Auseinandersetzungen um Deutungshoheit (‚power over') verwickelt wurden – was die Verschränkung der Machtperspektiven in der politischen Praxis verdeutlicht. Weitere Verbindungen offenbaren sich in unterschiedlichen Fähigkeiten der beteiligten Akteure, ihre Ziele zu verfolgen, und in offenen oder verdeckten Exklusionsmechanismen.

Dem in der Umweltforschung dominanten Regime-Ansatz und der Nachhaltigkeitsforschung im Allgemeinen wird schon lange eine Blindheit gegenüber ‚power over' vorgeworfen (Brand 2002: 14; Okereke/Bulkeley/Schröder 2009). Entwicklungsländer verfügen über weniger Fähigkeiten, sich in Verhandlungen einzubringen (Bauer/Richerzhagen 2007). Wenn nicht-staatliche Akteure, z. B. im Rahmen privat-öffentlicher Partnerschaften, beteiligt werden, sind Unternehmen gegenüber zivilgesellschaftlichen Akteuren i. d. R. im Vorteil: „[Transnational corporations] seem to be much more powerful actors than NGOs: they are larger; they have more resources; and they are more powerful in terms of ‚structural dependence'" (Arts 2003: 7).

So stellt auch Knierim im Innovationsnetzwerk Klimaanpassung Brandenburg Berlin (INKA BB), dessen Arbeitsprozess sie als ‚power with' beschreibt, „individuelle Machtnahmen“ fest. Sie zeigt beispielsweise, wie selbstbewusste Unternehmensvertreter den INKA BB-Prozess besser zu nutzen wussten als andere. Peuker zeigt am Beispiel der *Community Supported Agriculture*, dass es bei diesen emanzipatorischen Projekten (‚power to‘) auch um die Erzeugung einer Gegenmacht geht und dass aus praxissoziologischer Sicht dieser Prozess als machtgeladener Hegemoniekampf gedeutet werden kann.

Die empirische Forschung zu deliberativen Prozessen legt nahe, dass Kommunikation und gemeinsames Handeln niemals nur unter Gleichen und damit nicht frei von Formen von ‚power over‘ stattfinden (Dryzek 2000; Prittwitz 1996). ‚Power with‘ und auch ‚power to‘ müssen demnach als Formen der Machtausübung verstanden werden, die sowohl strategisch (*bargaining*) als auch kommunikativ (*arguing*) angelegt ist. Für die Theorie des kommunikativen Handelns (Habermas 1992), die sich wie ‚power with‘ auf Arendt stützt, ist *arguing* relevanter. *Bargaining* kann in der Praxis jedoch ebenso maßgebend sein. Entscheidend ist, dass nicht angenommen wird, dass es sich bei kommunikativem Handeln allein um „cheap talk“ handelt, sondern die Akteure sich an kollektiven Zielen orientieren (Saretzki 2007: 113-115). Entsprechend ist auch für ‚power with‘ und ‚power to‘ die Orientierung der Akteure entscheidend. Wenn Akteure offen für neues Wissen, einen Austausch von Positionen und letztlich für die Veränderung ihrer eigenen Position sind, ist es möglich, dass aus einem Dialog gesellschaftlicher Wandel entstehen kann.

Die empirischen Untersuchungen können indes keine rationalen Diskurse in Reinform beschreiben. Deswegen sollte jedoch ein verständigungsorientiertes Handeln, insbesondere im Sinne von ‚power with‘ gegenüber strategisch-konfrontativem Handeln im Sinne von ‚power over‘ nicht ausgeschlossen werden. Lindenthal plädiert in ihrem Beitrag zur Rolle der EU in der Politik zur Emissionsreduktion in der internationalen Luft- und Schifffahrt für ‚power with‘ und entwickelt eine entsprechende Definition von direktionaler Leadership, die auf der Fähigkeit eines Akteurs zu vorbildlichem, richtungsweisendem Handeln und der Attraktivität seiner Politiklösungen basiert. Diesem Verständnis von Leadership zufolge kommt es also mehr auf die Argumentations- und Überzeugungskraft des Leaders als auf seine Verhandlungskenntnisse an.

Auch wenn davon auszugehen ist, dass Akteure in solchen Prozessen nicht losgelöst von Eigeninteressen handeln, ist die Annahme eines rein egoistisch-rationalen Verhaltens ebenso deplatziert. Knierim führt am konkreten Beispiel aus, wie Akteure aus Wissenschaft, Wirtschaft, Verwaltung und anderen gesellschaftlichen Gruppen zusammenarbeiten. Sie ist selbst erstaunt, dass die Koordinationsrunde als leitendes Gremium der INKA BB tatsächlich „koordiniert“ und nicht „dominiert“, und stellt heraus, wie einige Akteure im INKA BB-Prozess neue Fähigkeiten durch den Aufbau von Netzwerken und Wissen entwickelten. Denselben Zusammenhang thematisiert auch Wallmeier am Ende seines Beitrags zu Gemeinschaften in Ökodörfern, indem er fragt, wie die Transformation aktueller Lebensformen ausgestaltet werden müsste, damit der Prozess keinen „normierenden und sozialtechnologischen Charakter" annimmt – also ein kollektiver Lernprozess bleiben kann.

4. Neue Impulse durch ‚power to' und ‚power with'

Der Anstoß zum – wenn auch nicht immer erfolgreichen – Wandel beruht in vielen Beiträgen des Sonderbandes auf dem von bestimmten Akteuren vorgebrachten Imperativ zur Emanzipation ‚grüner' Ideen und Werte, die auf den Schutz der Umwelt und die Erhaltung der natürlichen Lebensgrundlagen zielen. Am deutlichsten wird das in Möldners Beitrag zum erfolgreichen Widerstand gegen Atomkraft. Er verdeutlicht die „emanzipatorische Macht der Diskurse", bei der die Medien sich aktiv an der Wissensproduktion beteiligten und nach dem Reaktorunfall von Fukushima 2011 eine wachsende Zahl kollektiver Akteure das Deutungsmuster der Atomkraftgegner unterstützte. Das Deutungsmuster der Befürworter der Atomkraft verlor in diesem Prozess schlicht an Relevanz.

In Knierims Fall des INKA BB ergriffen einige Akteure eigenmächtig die Initiative („individuelle Machtnahme"), um Anpassungsmaßnahmen an den Klimawandel in Brandenburg und Berlin voranzutreiben. Ihre Gestaltungsfähigkeit baut auf dem ‚power with'-basierten Wissenschafts-Praxis-Dialog auf, findet aber letztlich als ‚power to' außerhalb des kollektiven Erfahrungsprozesses statt.

Ein ‚grüner' bzw. alternativer Impuls wird im Beitrag Altmanns auch von der Indigenenbewegung formuliert, für die das ‚Gute Leben' ein „Ausweg aus dem im Kapitalismus angelegten Wachstumszwang" ist. Stattdessen sollen „die Erde und die Natur in das Zentrum des kollektiven Handelns" gestellt werden. Im Weiteren wird der Begriff zunächst in Prozessen von ‚power with' durch lokale Organisationen der Indigenenbewegung gemeinsam mit auch nicht-indigenen Intellektuellen gefüllt. Impulse kamen aber vor allem durch ‚power to' der Indigenenbewegung, auch wenn der Begriff letztlich zum Gegenstand machtvoller Auseinandersetzungen (‚power over') wurde.

Ähnlich sehen Glaab und Fuchs in glaubensbasierten Akteuren (GBAs) „Pioniere des Wandels", insofern als diese ebenfalls alternative Narrative im Nachhaltigkeitsdiskurs bereitstellen. Ökodörfer stellen ein weiteres Beispiel dar: Sie bieten Räume, in denen Alternativen tatsächlich gelebt werden. Auch wenn, wie Wallmeier es beschreibt, Einzelne sich in ihrer Handlungsfähigkeit zugunsten des Gemeinsamen einschränken lassen, entwickeln diese Menschen im Prozess (einzeln und gemeinsam) neue Fähigkeiten, die ihre Handlungsfähigkeit insgesamt zu stärken vermögen. In gleicher Weise beschreibt Peuker die Emanzipation der Akteure in der *Community Supported Agriculture*, die in und durch Projekte dazu befähigt werden, ihre Alltagspraktiken zu verändern.

Für Studien, denen ein Verständnis von ‚power to' zugrunde liegt, sind Machtasymmetrien zentral. Parsons' (1963) Machtkonzeption, die mit der ‚power to' in Verbindung gebracht wird, ist jedoch im Liberalismus verankert. Gleichermaßen negieren Untersuchungen, die sein Machtverständnis (implizit) teilen, häufig die unterschiedlichen Fähigkeiten der Akteure, die sich emanzipieren und/oder Widerstand leisten (z. B. unter den Teilnehmer/innen an CSA-Projekten, den Bewohner/innen eines Ökodorfs und den Beteiligten im INKA BB). Es ist somit anzunehmen, dass auch allgemein innerhalb der Umweltbewegung Machasymmetrien bestehen und nicht alle Beteiligten gleichermaßen von Empowerment und Widerstand profitieren und einen Wandel tatsächlich anstoßen (können) (Nepstad/Bob 2006).

Darüber hinaus ist die tatsächliche Macht sozialer Bewegungen und NGOs vor dem Hintergrund hegemonialer Diskurse grundsätzlich umstritten. Mithilfe der neogramscianischen Internationalen Politischen Ökonomie als einer heuristischen Brille wird der einfachen Unterscheidung zwischen „den Befürwortern" von Umweltpolitik (z. B. Umwelt- und Indigenenbewegungen, NGOs) und „den Blockierern" (z. B. USA, China) eine Absage erteilt (Brunnengräber 2011; Lederer 2012). Bedall (2011) zeigt beispielsweise, wie dominante NGOs innerhalb der heterogenen Zivilgesellschaft im Feld der Klimapolitik, insbesondere das Climate Action Network (CAN), die neoliberale Hegemonie absichern – anstatt ein gegen-hegemoniales Projekt voranzutreiben. Grundsätzlich sind immer die gesamte Akteurskonstellation sowie der umgebende Kontext einzubeziehen, um die tatsächliche Macht von Akteuren, die einen ‚grünen' Wandel anstreben, beurteilen zu können.

5. Transformation ‚von oben' durch legitimierte ‚power over'

Auffällig ist die hohe Relevanz des Staates und seiner ‚power over' in den Beiträgen des Sonderbands. So zeigen Hubo und Krott in ihrem Beitrag zum Waldnaturschutz, wie stark der Einfluss der Sektorakteure von staatlichen Bündnispartnern und der jeweiligen parteipolitischen Konstellation abhängig ist. So konnte u. a. der Naturschutzsektor sein Ziel bei der Nationalparkausweisung über eine Regierung mit Beteiligung von Bündnis 90/Die Grünen durchsetzen, während dem Forstsektor die Abwehr der Naturschutzanliegen bei der Novellierung des Bundeswaldgesetzes überwiegend durch die Regierungskoalition von CDU/CSU und FDP sowie die Kompetenzen der Forstverwaltung gelang.

Häufig – und für Viele im Bereich der Umweltpolitikforschung wenig überraschend – übt der Staat Macht aus, um eine weitreichende(re) Transformation zu verhindern. Brunnengräber und Häfner zeigen, wie sich dabei Worte und Handeln widersprechen: Vermeintlich soll nach einem „nationalen Konsens“ für ein nukleares Endlager gesucht werden. Tatsächlich geht es aber darum, einen Standort mittels nicht sichtbarer ‚power over‘ durchzusetzen. In ähnlicher Weise legt Altmann dar, wie der ecuadorianische Staat seine im Vergleich zu anderen Diskursakteuren größeren Ressourcen einsetzt, um seine Interpretation des Guten Lebens zu verbreiten, so dass diese Vorherrschaft übernehmen kann. Der Begriff des Guten Lebens wird fortan mit dem Land Ecuador und mit dessen Regierung verbunden.

In den Beiträgen von Brunnengräber/Häfner und Altmann fällt auf, dass die Legitimität des Staates im politischen Prozess hinterfragt wird (die Bestimmung eines „sicheren“ Standortes durch die Anti-Atom-Bewegung und die Definitions- und Auslegungsmacht politischer Begriffe durch die Indigenenbewegung). Bei dem von Knierim untersuchten Prozess von ‚power with‘ des Netzwerkes INKA BB ist dies nicht der Fall. Sie beschreibt, wie auf die Entwicklung einer Gesamtstrategie zur Anpassung der Region Brandenburg-Berlin an den Klimawandel nicht nur aufgrund der thematischen Breite (und Überforderung der teilnehmenden Akteure) verzichtet wird, sondern auch deshalb, weil die beteiligten Akteure sich nicht als hierzu legitimiert verstanden. Impulse verpufften laut Knierim, weil gewählte kommunale Vertreter/innen nicht beteiligt wurden. Nur sie aber wurden von den meisten Beteiligten als legitime Akteure wahrgenommen, politische Maßnahmen in der Region tatsächlich umzusetzen. Ein Wandel kann in solchen Konstellationen demnach nur ‚von oben‘ durch die (gewählten) staatlichen Vertreter/innen erfolgen – auch wenn die Impulse zum Wandel aus einer ‚power to‘ resultieren bzw. in Prozessen von ‚power with‘ entwickelt wurden.

6. Fazit

Die theoretische Reflektion der unterschiedlichen Machtverständnisse in der Umweltpolitikforschung hilft, Verbindungen wie auch Grenzen der jeweiligen Perspektiven zu beleuchten. ‚Power with‘, ‚power to‘ und ‚power over‘ sind idealtypische Konzeptionen der Macht, die sich in der Forschung zu Umweltpolitik und Transformation – oft nur implizit – wiederfinden lassen. Sie erlauben zum einen unterschiedliche analytische Perspektiven auf dieselben empirischen Phänomene. Es handelt sich zum anderen aber auch um unterschiedliche Formen der Machtausübung in der Praxis. Sie überlappen sich nicht nur theoretisch, sondern sind praktisch miteinander verbunden. ‚Power with' und ‚power to' werden in der umweltpolitischen Praxis nicht unabhängig von ‚power over' ausgeübt. Umgekehrt gibt es aber auch Situationen, in denen Asymmetrien zugunsten des Gemeinsamen in den Hintergrund treten oder durch ein Empowerment überwunden werden. Die Ausübung von ‚power with' und ‚power to' bleibt nicht ohne Wirkung auf bestehende ‚power over'-Verhältnisse. Offensichtlich wird damit auch der *relationale* Charakter von Macht, die immer hergestellte Macht ist und die ihrerseits neue Strukturen von Macht erzeugt.

Auch wenn ‚power with' und ‚power to' nicht im selben Maße wie ‚power over' einen gesellschaftlichen Wandel herbeizuführen vermögen, finden Widerstand und Empowerment statt – und hieraus entwickeln sich entscheidende Impulse zu gesellschaftlichem Wandel. So zeigt Altmann, wie der Begriff des ‚Guten Lebens' zunächst neue Räume für alternative Diskurse öffnete. Wallmeier erläutert, wie Ökodörfler/innen zum einen ein neues Selbstverständnis entwickeln und sich selbst neu deuten. Zum anderen bilden die Ökodörfer als physische Orte mit Regeln und Institutionen eine Alternative zur ‚dominanten Ordnung'. Gleiches gilt für die von Peuker untersuchten CSA-Projekte, die eine Alternative zum industriellen Agri-Food-System darstellen. Auch Bedall (2011) erläutert für das Feld der Klimapolitik einerseits, dass das dominante NGO-Netzwerk CAN hegemonialen Konsens durch ‚konfliktive Kooperation' stützt. Ebenso zeigt er jedoch die Formierung eines gegen-hegemonialen Projekts im Rahmen von *Never trust a COP* (NTAC) auf. Getragen werden solche Projekte durch sich neu konstituierende Akteure auf lokaler, nationaler wie auch internationaler Ebene.

Wir leben in einer Welt des „we could have done things otherwise" (Guzzini 2007: 24). Konflikte bzw. Alternativen bestehen nicht nur hinsichtlich eines grundsätzlichen Für und Wider des Umweltschutzes, sondern auch hinsichtlich sehr konkreter Fragen, wie sich z. B. die Luft- und Seeverkehrsemissionen reduzieren oder die Anpassung an den Klimawandel in Berlin-Brandenburg gestalten lassen. Umweltprobleme können auf vielfältige Weise gerahmt werden, und es bestehen zahlreiche Optionen, ihnen zu begegnen. Die Herbeiführung eines gesellschaftlichen Wandels, z. B. die angestrebte ‚Globalisierung' des europäischen Emissionshandelssystems, bedeutet insofern nicht nur eine positiv konnotierte und allzu oft idealisierte Vorreiterschaft („Leadership […] to solve or circumvent the collective action problems", Young 1991: 285). Sie impliziert auch den Ausschluss anderer Optionen und in vielen Fällen die Ausübung von ‚power over'. Wer jedoch darlegen will, dass Leadership in der Umweltpolitik allein strategisch erfolgt, übersieht Prozesse kooperativer Machtausübung und alternative Gestaltungsfähigkeiten. Die Macht, eine Transformation voranzutreiben, würde auf diese Weise nur unzureichend erfasst.

Zusammenfassend lässt sich festhalten, dass ‚power to' und ‚power with' auf bestehende Machtasymmetrien wirken können, z. B. indem durch sie bisher schwächere Akteure und Positionen als stärker legitim wahrgenommen werden. Sie geben vor allem neue Impulse. Prozesse von ‚power with' und ‚power to' sind jedoch auch nicht frei von bestehenden Machtungleichgewichten. Wer einen Wandel durchsetzen will, braucht deshalb (auch) ‚power over'. Letztlich stellt also das Zusammenspiel der drei Machtformen die Voraussetzung für einen erfolgreichen umweltpolitischen Wandel dar.

Literatur

Arts, Bas, 2003: Non-state Actors in Global Governance. Three Faces of Power. Max-Planck-Gesellschaft, Bonn, www.coll.mpg.de/pdf_dat/2003_04online.pdf (Stand: 15.05.2013).

Bauer, Steffen/Richerzhagen, Carmen, 2007: Nachholende Entwicklung und Klimawandel, in: Aus Politik und Zeitgeschichte 47, 20-26.

Bedall, Philipp, 2011: NGOs, soziale Bewegungen und Auseinandersetzungen um Hegemonie. Eine gesellschaftstheoretische Verortung in der Internationalen Politischen Ökonomie, in: Achim Brunnengräber (Hrsg.), Zivilisierung des Klimaregimes. NGOs und soziale Bewegungen in der nationalen, europäischen und internationalen Klimapolitik, Wiesbaden, 59-84.

Brand, Ulrich/Görg, Christoph, 2002: Nachhaltige Globalisierung? Sustainable Development als Kitt des neoliberalen Scherbenhaufens, in: Christoph Görg/ Ulrich Brand (Hrsg.), Mythen globalen Umweltmanagements. Rio + 10? Und die Sackgassen nachhaltiger Entwicklung, Münster, 12-47.

Brunnengräber, Achim (Hrsg.), 2011: Zivilisierung des Klimaregimes. NGOs und soziale Bewegungen in der nationalen, europäischen und internationalen Klimapolitik, Wiesbaden.

Dryzek, John S., 2000: Deliberative Democracy and Beyond. Liberals, Critics, Contestations. Oxford University Press, New York.

Guzzini, Stefano, 2007: The concept of power. A constructivist analysis, in: Felix Berenskoetter/M. J. Williams (Hrsg.), Power in World Politics, New York, 23-42.

Habermas, Jürgen, 1992: Faktizität und Geltung, Frankfurt a. M.

Lederer, Markus, 2012: The practice of carbon markets, in: Environmental Politics 21 (4), 640-656.

Nepstad, Sharon Erickson/Bob, Clifford, 2006: When so leaders matter? Hypotheses on leadership dynamics in social movements, in: Mobilization: An International Journal 11 (1), 1-22.

Okereke, Chukwumerije/Bulkeley, Harriet/Schröder, Heike, 2009: Conceptualizing climate governance beyond international regime, in: Global Environmental Politics 9 (1), 56-76.

Parsons, Talcott, 1963: On the concept of political power, in: Proceedings of the American Philosophical Society 107 (3), 232-262.

Prittwitz, Volker (Hrsg.), 1996. Verhandeln und Argumentieren, Opladen.

Saretzki, Thomas, 2007: Argumentieren, Verhandeln und Strategie. Theoretische Referenzen, begriffliche Unterscheidungen und empirische Studien zu arguing und bargaining in der internationalen Politik, in: Peter Niesen/Benjamin Herborth (Hrsg.), Anarchie der kommunikativen Freiheit. Jürgen Habermas und die Theorie der internationalen Politik, Frankfurt a. M., 111-171.

Young, Oran R., 1991: Political leadership and regime formation. On the development of institutions in international society, in: International Organization 45 (3), 281-308.

Korrespondenzanschrift:

Dr. Sabine Weiland
Forschungszentrum für Umweltpolitik
Freie Universität Berlin
Ihnestraße 22
14195 Berlin
E-Mail: sabine.weiland@fu-berlin.de

PD Dr. Lena Partzsch
Environmental Governance
Fakultät für Umwelt und Natürliche Ressourcen
Universität Freiburg
Tennenbacher Strasse 4
79106 Freiburg
E-Mail: lena.partzsch@envgov.uni-freiburg.de

Verzeichnis der Autorinnen und Autoren

Dr. Philipp Altmann, Profesor Titular für Soziologische Theorie an der Escuela de Sociología y Ciencias Políticas der Universidad Central del Ecuador. Forschungsschwerpunkte u. a. Soziale Bewegungen, Diskursanalyse, Identität.

PD Dr. Achim Brunnengräber, Privatdozent, Fachbereich Politik- und Sozialwissenschaften, Freie Universität Berlin. Forschungsschwerpunkte u. a. Energie- und Klimapolitik, Global und Multi-Level-Governance, NGOs und internationale Zivilgesellschaft.

Prof. Doris Fuchs, Ph.D., Professorin für Internationale Beziehungen und Nachhaltige Entwicklung, Westfälische Wilhelms-Universität Münster. Forschungsschwerpunkte u. a. nachhaltige Entwicklung/nachhaltiger Konsum, Rolle und Macht nicht-staatlicher Akteure, Agrifood-, Energie- und Klima-, Finanzpolitik.

Dr. Katharina Glaab, Wissenschaftliche Mitarbeiterin, Exzellenzcluster 'Religion und Politik', Westfälische Wilhelms-Universität Münster. Forschungsschwerpunkte u. a. Internationale Umweltpolitik, Theorien der Internationalen Beziehungen, Religiöse Akteure in globaler Politik.

Daniel Häfner, M.A., Wissenschaftlicher Mitarbeiter, Forschungszentrum für Umweltpolitik (FFU), Freie Universität Berlin, und Lehrbeauftragter, BTU Cottbus-Senftenberg. Forschungsschwerpunkte u. a. Neue Soziale Bewegungen, Technikakzeptanz, Kampagnen im Bereich der Umweltpolitik.

Dr. Christiane Hubo, Akademische Rätin der Professur für Forst- und Naturschutzpolitik und Forstgeschichte, Georg-August-Universität Göttingen. Forschungsschwerpunkte: Naturschutzpolitik, Politische Strategien, Politiksektoren.

Jun.-Prof. Dr. Andrea Knierim, Leitung des FG Ländliche Soziologie, Universität Hohenheim, und der Arbeitsgruppe ‚Prozessgestaltung, Beratung und Kommunikation' am Leibniz-Zentrum für Agrarlandschaftsforschung (ZALF), Müncheberg. Forschungsschwerpunkte u. a. landwirtschaftliche Wissenssysteme, Partizipation in der ländlichen Entwicklung, Ansätze und Methoden aktionsorientierter Forschung.

Prof. Max Krott, Direktor der Professur für Forst- und Naturschutzpolitik und Forstgeschichte, Georg-August-Universität Göttingen. Forschungsschwerpunkte: Nationale und internationale Forst- und Naturschutzpolitik, Forschungspolitik und Wissenstransfer im Umweltbereich.

Dr. Alexandra Lindenthal, Wissenschaftliche Mitarbeiterin am Umweltbundesamt. Forschungsschwerpunkte u. a. nationale, europäische und internationale Nachhaltigkeits- und Umweltpolitik, Transformationsprozesse.

Henning Möldner, M.A., Promovierender an der Friedrich-Alexander-Universität Erlangen-Nürnberg, Zentralinstitut für Regionenforschung, Promotionsstipendiat der Heinrich-Böll-Stiftung. Forschungsschwerpunkte u. a. Vergleichende Politikwissenschaft, Diskurse der Klima- und Energiepolitik.

PD Dr. Lena Partzsch, Privatdozentin, Institut für Politikwissenschaft, Universität Münster, und Projektleiterin, Environmental Governance, Institut für Umweltsozialwissenschaften und Geographie, Universität Freiburg. Forschungsschwerpunkte u. a. Umweltpolitik (Wasser, Klima, Agrartreibstoffe) und Internationale Politik (Global Governance, Macht und Legitimität).

Dr. phil. Birgit Peuker, Wissenschaftliche Mitarbeiterin an der Katastrophenforschungsstelle an der Freien Universität Berlin. Forschungsschwerpunkte u. a. Umweltsoziologie und Praxissoziologie.

Philip Wallmeier, M.A., wissenschaftlicher Mitarbeiter am Institut für Politikwissenschaften und am Exzellenzcluster ‚Die Herausbildung normativer Ordnungen' der Goethe Universität Frankfurt. Forschungsschwerpunkte u. a. Herrschaft und Widerstand in der globalen Politik, Theorien globaler Ordnung und interpretative Forschungsmethoden.

Dr. Sabine Weiland, Wissenschaftliche Mitarbeiterin, Forschungszentrum für Umweltpolitik, Freie Universität Berlin, und Helmholtz-Zentrum für Umweltforschung – UFZ, Leipzig. Forschungsschwerpunkte u. a. Umwelt- und Nachhaltigkeitspolitik, Reflexive Governance, Wissen in Politikprozessen.

Übersicht bisher erschienener Sonderbände der Zeitschrift für Politikwissenschaft (ZPol)

Gerd Strohmeier (Hrsg.), 2009: Wahlsystemreform, Baden-Baden.

Karl-Rudolf Korte/Jan Treibel (Hrsg.), 2012: Wie entscheiden Parteien? Prozesse innerparteilicher Willensbildung in Deutschland, Baden-Baden.

Christoph Bieber/Sven Sebastian Grundmann (Hrsg.), 2013: Ethik und Politikmanagement, Baden-Baden.

Marianne Kneuer/Carlo Masala (Hrsg.), 2014: Solidarität. Politikwissenschaftliche Zugänge zu einem vielschichtigen Begriff, Baden-Baden.

Eckhard Jesse (Hrsg.), 2015: Wie gefährlich ist Extremismus? Gefahren durch Extremismus, Gefahren im Umgang mit Extremismus, Baden-Baden.